高等职业院校精品教材系列

# 电机与电气控制技术

## （第2版）

程　周　主　编

马为民
李　彦　副主编

温小玲　主　审



電子工業出版社

Publishing House of Electronics Industry

北京·BEIJING

## 内 容 简 介

本书将电机技术和电气控制技术相互贯通，对传统内容进行压缩，加强电机与电气控制技术在工业生产和日常生活中的应用，注重提高学生素质和继续学习的能力。本书主要内容有：变压器、交流异步电动机、直流电机、控制电机、常用低压电器、继电器-接触器基本控制环节、三相交流异步电动机的启动制动和调速控制、常用机床的电气控制、磨床的电气控制、摇臂钻床的电气控制、卧式镗床的电气控制、铣床的电气控制。

本书可作为高职高专院校电类专业及相关专业的教学用书。



**图书在版编目（CIP）数据**

电机与电气控制技术 / 程周主编．—2 版．—北京：电子工业出版社，2014.1（2024.4 重印）
新编高等职业教育电子信息、机电类规划教材 • 机电一体化技术专业
ISBN 978-7-121-21806-4

Ⅰ. ①电…　Ⅱ. ①程…　Ⅲ. ①电机学-高等职业教育-教材　②电气控制-高等职业教育-教材　Ⅳ. ①TM3 ②TM921.5

中国版本图书馆 CIP 数据核字（2013）第 262243 号

策　　划：陈晓明
责任编辑：郭乃明　　特约编辑：张晓雪
印　　刷：涿州市般润文化传播有限公司
装　　订：涿州市般润文化传播有限公司
出版发行：电子工业出版社
　　　　　北京市海淀区万寿路 173 信箱　邮编：100036
开　　本：787×1092　1/16　印张：14　字数：358 千字
版　　次：2009 年 10 月第 1 版
　　　　　2014 年 1 月第 2 版
印　　次：2024 年 4 月第 12 次印刷
定　　价：42.00 元

凡所购买电子工业出版社图书有缺损问题，请向购买书店调换。若书店售缺，请与本社发行部联系，联系及邮购电话：（010）88254888。

质量投诉请发邮件至 zlts@phei.com.cn，盗版侵权举报请发邮件至 dbqq@phei.com.cn。

服务热线：（010）88258888。

# 参加“高等职业院校精品教材系列”编写的院校名单（排名不分先后）

江西信息应用职业技术学院
吉林电子信息职业技术学院
保定职业技术学院
安徽职业技术学院
黄石高等专科学校
天津职业技术师范学院
湖北汽车工业学院
广州铁路职业技术学院
台州职业技术学院
重庆科技学院
四川工商职业技术学院
吉林交通职业技术学院
天津滨海职业技术学院
杭州职业技术学院
重庆电子工程职业学院
重庆工业职业技术学院
重庆工程职业技术学院
广州大学科技贸易技术学院
湖北孝感职业技术学院
广东轻工职业技术学院
广东技术师范职业技术学院
西安理工大学
天津职业大学
天津大学机械电子学院
九江职业技术学院
北京轻工职业技术学院
黄冈职业技术学院

南京理工大学高等职业技术学院
南京金陵科技学院
无锡职业技术学院
西安科技学院
西安电子科技大学
河北化工医药职业技术学院
石家庄信息工程职业学院
三峡大学职业技术学院
桂林电子科技大学
桂林工学院
南京化工职业技术学院
江西工业职业技术学院
柳州职业技术学院
邢台职业技术学院
苏州经贸职业技术学院
金华职业技术学院
绵阳职业技术学院
成都电子机械高等专科学校
河北师范大学职业技术学院
常州轻工职业技术学院
常州机电职业技术学院
无锡商业职业技术学院
河北工业职业技术学院
安徽电子信息职业技术学院
合肥通用职业技术学院
安徽职业技术学院
上海电子信息职业技术学院

上海天华学院
浙江工商职业技术学院
深圳信息职业技术学院
河北工业职业技术学院
江西交通职业技术学院
温州职业技术学院
温州大学
湖南铁道职业技术学院
南京工业职业技术学院
浙江水利水电专科学校
吉林工业职业技术学院
上海新侨职业技术学院
江门职业技术学院
广西工业职业技术学院
广州市今明科技公司
无锡工艺职业技术学院
江阴职业技术学院
南通航运职业技术学院
山东电子职业技术学院
顺德职业技术学院
广州轻工高级技工学校
江苏工业学院
长春职业技术学院
广东松山职业技术学院
徐州工业职业技术学院
扬州工业职业技术学院
徐州经贸高等职业学校
海南软件职业技术学院

# 第 2 版前言

本书是《电机与电气控制》第 1 版的修订版，根据教育部“关于申报普通高等职业教育‘十二五’国家级规划教材选题的通知”精神而编写。可作为全国高等职业院校电类各专业及其他相关专业的教学用书。

本书编写的基本思路是抓住职业教育特点，进一步使教材结构和教学内容符合高等职业教育教学规律，突出工程技术应用的基础知识与中高级技能型、应用型人才应该具备的专业知识。教材内容组织上不以学科体系知识为核心，重点突出高等职业教育特色。特别注重基础知识与技术应用之间的关系。在解决知识与技能、理论与实践、通用知识与专业知识的关系上处理得恰到好处。各部分知识内容比例协调，深浅适宜，选材上渗透职业教育的理念，体现了以就业为导向，适应经济社会和科学进步的需要。

本书强调“学以致用”，对构成电气工程技术的各种环节或器件以“用”为目标进行编排。在注重基础知识与理论为技术应用服务的前提下，强调元器件的外部特性与使用，淡化其内部机理，删除深奥的理论说明和复杂的参数计算及公式的推导等。这种编写方案有利于学生把握学习重点，分清主次，明确该课程的学习目的。

在编写过程中，已经充分考虑到学生现有的自学能力及基础知识，学生在教师指导下自学是有可能的。要鼓励学生主动学习，勤于思考，学会学习，掌握分析问题的方法，提高解决问题的能力。

本书的重点内容是电机和电气控制技术在工业生产中的应用，而对于构成电气控制电路的各种器件（包括电动机）本身，注重它们的外部特性，淡化内部机理，对器件内部复杂的结构和工作原理，宜“浅”不宜“深”，以“了解”层次为主体，将重点放在电气控制线路设计与读图能力上。在改正第 1 版错误的基础上，重点修订了第 7 章的内容，删除了共计 12 节的内容，增加了第 13 章。考虑到第 1 版器件外形图比较陈旧，本次修订更换为新的插图。增加了变频器和电动机软启动内容，增加了桥式起重机电气控制内容。

本书由安徽职业技术学院程周修订，在修订的过程中得到黄琼老师的大力帮助。在本书修订过程中，得到了李彦、杨林国、杨洁霞、高钟明、黄琼、常辉、洪应、黄有金、温小玲、秦勇、裴文荣等老师的帮助和支持，在此向他们表示感谢。

由于编者学识和水平有限，书中难免存在缺点，恳请同行和使用本书的广大读者批评指正。编者电子邮箱为：ahchzh@163.com。

书中所有实例的源文件放在电子工业出版社的华信教育资源网上（网址是：www.hxedu.com.cn）可供读者练习使用。为照顾 NX4 读者的需要，练习文件也可在 NX4 上使用。

程　周

2013 年 8 月

# 目　录

# 第1章 变 压 器

## 1.1 变压器的用途及分类

变压器是一种利用电磁感应原理，将某一数值的交变电压变换为同频率的另一数值的交变电压的电气设备。变压器在许多方面都得到了广泛的应用，如电力系统中的输、配电和电子技术领域、测试技术领域、焊接技术领域等。

### 1.1.1 变压器的用途

在输、配电系统中，由发电站发出的电能向用户输送，通常需用很长的输电线，根据 $P=\sqrt{3}\,UI\cos\varphi$ 可知，在输送功率 $P$ 和负载的功率因数 $\cos\varphi$ 一定时，输电线路上的电压 $U$ 越高，则流过输电线路中的电流 $I$ 就越小。这不仅可以减小输电线的截面积，节约导体材料，同时还可减小输电线路的功率损耗。因此，目前世界各国在电能的输送与分配方面都朝建立高电压、大功率的电力网系统方向发展，以便集中输送、统一调度与分配电能。这就促使输电线路的电压由高压（110～220kV）向超高压（330～750kV）和特高压（750kV 以上）不断升级。目前我国高压输电的电压等级有 110kV、220kV、330kV 及 500kV 等多种。发电机本身由于其结构及所用绝缘材料的限制，不可能直接发出这样的高压，因此在输电时必须首先通过升压变电站，利用变压器将电压升高，其过程如图 1.1 所示。

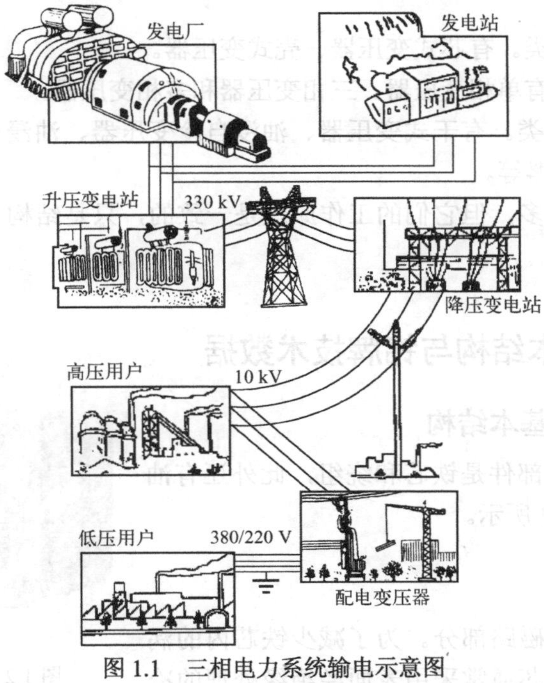


图 1.1 三相电力系统输电示意图

高压电能输送到用电区后，为了保证用电安全和符合用电设备的电压等级要求，还必须通过各级降压变电站，利用变压器将电压降低。例如，工厂输电线路，高压为 35kV 及 10kV 等，低压为 380V、220V 等。

变压器是输、配电系统中不可缺少的重要电气设备，从发电厂发出的电压经升压变压器升压，输送到用户区后，再经降压变压器降压供电给用户，中间一般要经过 4～5 次，甚至是 8～9 次变压器的升降压。根据最近的统计资料显示，1kW 的发电设备需 8kV・A～8.5kV・A 变压器容量与之配套，由此可见，在电力系统中变压器是容量最多最大的电气设备。

变压器除用于改变电压外，还可用来改变电流、变换阻抗等。

### 1.1.2 变压器的分类

变压器种类很多，通常可按其用途、绕组结构、铁芯结构、相数和冷却方式等进行分类。

（1）按用途分类。

① 电力变压器。电力变压器用作电能的输送与分配，是使用最广泛的变压器。按其功能不同又可分为升压变压器、降压变压器和配电变压器等。

② 特种变压器。在特殊场合使用的变压器，如作为焊接电源的电焊变压器、专供大功率电炉使用的电炉变压器和将交流电整流成直流电的整流变压器等。

③ 仪用互感器。用于电工测量领域，如电流互感器、电压互感器等。

④ 其他变压器。如试验用的高压变压器、输出电压可调的调压变压器和产生脉冲信号的脉冲变压器等。

（2）按绕组构成分类。有双绕组变压器、三绕组变压器、多绕组变压器和自耦变压器等。

（3）按铁芯结构分类。有芯式变压器、壳式变压器。

（4）按相数分类。有单相变压器、三相变压器和多相变压器。

（5）按冷却方式分类。有干式变压器、油浸自冷变压器、油浸风冷变压器、强迫油循环变压器和充气式变压器等。

尽管变压器种类繁多，但它们的工作原理是一致的，只是结构有所不同，以满足不同的需求。

## 1.2 变压器的基本结构与铭牌技术数据

### 1.2.1 变压器的基本结构

电力变压器的基本部件是铁芯和绕组，此外还有油箱及其他附件，如图 1.2 所示。

图 1.2 油浸式电力变压器

**1. 铁芯**

铁芯是变压器中的磁路部分。为了减少铁芯内的涡流损耗和磁滞损耗，铁芯通常采用表面经绝缘处理的冷轧硅钢片叠装而成。使用硅钢片是因为它具有较优良的导磁性能和较低的损耗。

铁芯分为铁芯柱和铁轭（磁轭）两部分，铁芯柱上套有绕组，磁轭作为连接磁路之用。根据使用场合及用途不同，铁芯结构的基本形式分为芯式和壳式两种，如图 1.3 和图 1.4 所示。

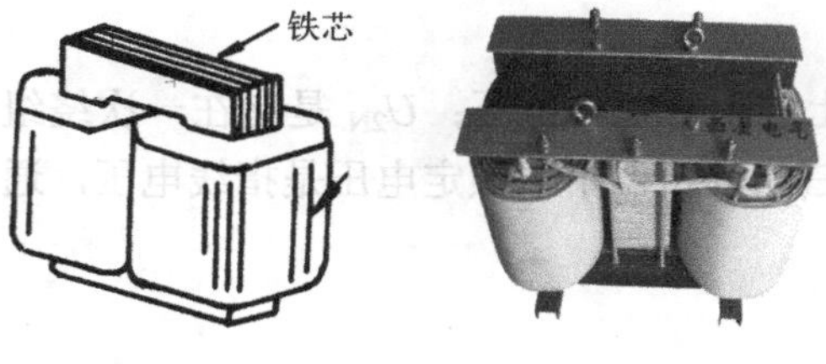


图 1.3　单相芯式变压器

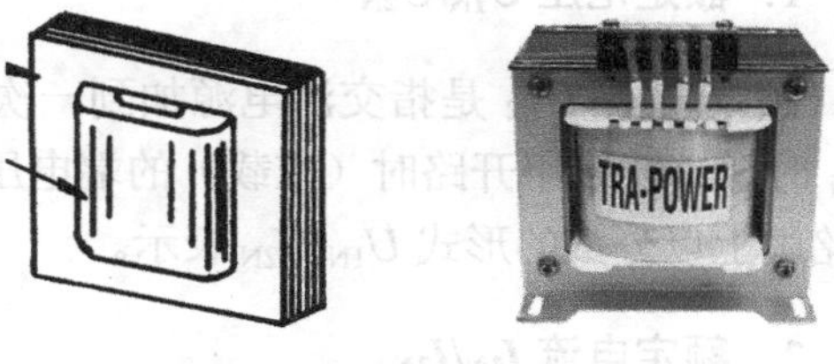


图 1.4　单相壳式变压器

**2．绕组**

绕组是用导线绕制的线圈，是变压器的电路部分，应具较高的耐热、机械强度及良好的散热条件，以保证变压器的可靠运行。与电源相连的称一次绕组，与负载相连的称二次绕组。也可根据电压大小分为高压、低压绕组。

**3．油箱和其他附件**

（1）油箱。变压器油是经提炼的绝缘油，绝缘性能比空气好，在变压器油箱中作为一种冷却介质，通过热对流方法，及时将绕组和铁芯产生的热量传到油箱和散热油管壁，向四周散热，使变压器的温升不致超过额定值。变压器油按要求应具有低的黏度，高的发火点和低的凝固点，不含杂质和水分。

（2）储油柜。储油柜又称油枕，一般装在变压器油箱上面，其底部有油管与油箱相通。当变压器油热胀时，将油收进储油柜内，冷缩时，将油灌回油箱，始终保持器身浸在油内。油枕上还装有吸湿器，内含氧化钙或硅胶等干燥剂。

（3）安全气道。较大容量的变压器油箱盖上装有安全气道，它的下端通向油箱，上端用防爆膜封闭。当变压器发生严重故障或气体继电器保护失败时，箱内会产生很大压力，可以冲破防爆膜，使油和气体从安全气道喷出，释放压力以避免造成更大事故。

（4）气体继电器。气体继电器安装在油箱与油枕之间的三连通管中。当变压器发生故障时，内部绝缘材料及变压器油受热分解，产生的气体沿连通管进入气体继电器，使之动作。接通继电器保护电路发出信号，以便工作人员进行处理，或引起变压器前方断路器跳闸保护。

（5）绝缘套管。作为高、低压绕组的出线端，在油箱上装有高、低压绝缘套管，使变压器进、出线与油箱（地）之间绝缘。高压（10kV 以上）套管采用空心充气式或充油式瓷套管，低压（1kV 以下）套管采用实心瓷套管。

（6）分接开关。箱盖上的分接开关，可以改变高压绕组的匝数（±5%），以调节变压器的输出电压，改善电压质量。

### 1.2.2　变压器的铭牌技术数据

为保证变压器的安全运行和方便用户正确使用变压器，在其外壳上装有一块铝制刻字的铭牌。铭牌上的数据为额定值。

**1．额定电压 $U_{1N}/U_{2N}$**

额定电压 $U_{1N}$ 是指交流电源加到一次绕组上的正常工作电压；$U_{2N}$ 是指在一次绕组加 $U_{1N}$ 时，二次绕组开路时（空载）的端电压。在三相变压器中，额定电压是指线电压，通常在铭牌上以分数的形式 $U_{1N}/U_{2N}$ 表示。

**2．额定电流 $I_{1N}/I_{2N}$**

额定电流是变压器绕组允许长时间连续通过的最大工作电流，由变压器绕组的允许发热程度决定。在三相变压器中额定电流是指线电流。

**3．额定容量 $S_N$**

额定容量是指在额定条件下，允许变压器最大功率输出，即视在功率。通常把变压器一、二次绕组的额定容量设计得相同。在三相变压器中 $S_N$ 是指三相总容量。额定电压、额定电流、额定容量三者关系如下。

单相：
$$I_{1N}=\frac{S_N}{U_{1N}},\quad I_{2N}=\frac{S_N}{U_{2N}}$$

三相：
$$I_{1N}=\frac{S_N}{\sqrt{3}U_{1N}},\quad I_{2N}=\frac{S_N}{\sqrt{3}U_{2N}}$$

**4．额定频率 $f_N$**

我国规定标准工业用电的频率为 50Hz。除此之外，铭牌上还有效率$\eta$、温升$\tau$、短路电压标幺值 $u_k$、连接组别号、相数 $m$ 等。

## 1.3　变压器的工作原理

变压器的工作原理示意图如图 1.5 所示。当一次绕组输入端接交流电源时，产生交流电流，这一电流将产生交变磁通从铁芯通过。由于一、二次绕组套在同一铁芯上，所以，交变磁通同时交链一、二次绕组。根据电磁感应定律，必然在两绕组上都感生出电动势，在二次绕组上感应的电动势即作为负载的直接电源，若负载接上，便有电流通过。可见，一次绕组从交流电源获得电能并转换成磁场能传递到二次绕组，然后还原成不同交流电压等级的电能再供给负载。负载所消耗的电能最终还是来自一次绕组的交流电源，变压器本身不产生电能，仅起传递电能、变换电压的作用。

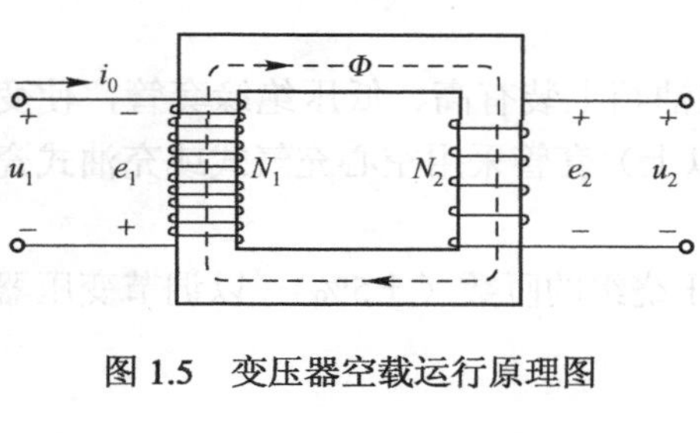

图 1.5　变压器空载运行原理图

### 1.3.1 变压器的空载运行

**1. 空载运行时的物理情况**

如图 1.5 所示电路中，变压器的一次绕组接在额定电压、额定频率的交流电源上，二次绕组开路无电流的运行状态，称为空载运行。由交变磁通所产生的感应电动势的正方向与产生它的磁通符合右手螺旋定则关系，在此关系下：

$$e = -N\mathrm{d}\Phi/\mathrm{d}t。$$

变压器的一次绕组匝数为 $N_1$，二次绕组匝数为 $N_2$，一次绕组接电源电压 $U_1$，空载时一次绕组中的电流为 $I_0$，称为空载电流。它在一次绕组中建立空载磁动势 $F_0=I_0N_1$。在 $F_0$ 作用下，铁芯磁路中产生磁通，因此，空载磁动势又称励磁磁动势，空载电流又称励磁电流。

变压器中磁通分布较复杂，为便于研究，将其分为两部分：一部分是同时交链着一次绕组和二次绕组的主磁通 $\Phi$。另一部分是只交链一次绕组本身而不交链二次绕组的漏磁通 $\Phi_{1\sigma}$。主磁通 $\Phi$ 沿铁芯闭合，漏磁通沿非铁磁性材料（空气或变压器油等）闭合。由于铁芯的导磁系数比空气和油等的导磁系数大得多，所以空载时主磁通占总磁通的绝大多数，漏磁通只占 0.2%左右。两者都是空载磁动势或空载电流产生的，主磁通 $\Phi$ 与空载电流 $I_0$ 之间的关系由其磁路性质决定，因此它是非线性的，即 $\Phi$ 与 $I_0$ 不成正比；而漏磁通磁路主要是非铁磁材料，是线性的，即 $\Phi_{1\sigma}$ 与 $I_0$ 成正比关系。另外，漏磁通只交链一次绕组，仅在一次绕组上感应电动势，起电压降作用而不能传递能量；主磁通可在一、二次绕组上都感应电动势，若二次绕组带上负载，二次绕组电动势即可输出电功率，所以主磁通是能量传递的桥梁。

一次绕组所加正弦交流电源电压的频率为 $f_1$，主磁通、漏磁通及其感应电动势也是频率为 $f_1$ 的正弦交流量。根据电磁感应定律，主磁通 $\Phi$ 分别在一次、二次绕组上感应电动势 $e_1$ 和 $e_2$，漏磁通在一次绕组中感应漏电动势 $e_{1\sigma}$。

设主磁通 $\Phi = \Phi_\mathrm{m} \sin \omega t$，漏磁通 $\Phi_{1\sigma} = \Phi_{1\sigma\mathrm{m}} \sin \omega t$，代入 $e = -N\mathrm{d}\Phi/\mathrm{d}t$，可得：

$$e_1 = \omega N_1 \Phi_\mathrm{m} \sin(\omega t - 90^\circ) = E_{1\mathrm{m}} \sin(\omega t - 90^\circ)$$

$$e_2 = \omega N_2 \Phi_\mathrm{m} \sin(\omega t - 90^\circ) = E_{2\mathrm{m}} \sin(\omega t - 90^\circ)$$

$$e_{1\sigma} = \omega N_1 \Phi_{1\sigma\mathrm{m}} \sin(\omega t - 90^\circ) = E_{1\sigma\mathrm{m}} \sin(\omega t - 90^\circ)$$

各电动势有效值分别为：

$$E_1 = E_{1\mathrm{m}} / \sqrt{2} = 4.44 f_1 N_1 \Phi_\mathrm{m}$$

$$E_2 = E_{2\mathrm{m}} / \sqrt{2} = 4.44 f_1 N_2 \Phi_\mathrm{m}$$

$$E_{1\sigma} = E_{1\sigma\mathrm{m}} / \sqrt{2} = 4.44 f_1 N_1 \Phi_{1\sigma\mathrm{m}}$$

由上述表达式可见：感应电动势正比于产生它的磁通最大值、频率及绕组匝数，其相位滞后于相应的磁通 90°。一、二次绕组感应电动势之比为变压器的变比，用 $k$ 表示，也等于匝数之比。当变压器空载运行时，一次绕组忽略绕组阻抗，$U_1 \approx E_1$；二次绕组 $U_2=E_2$，故

$$k = E_1/E_2 = N_1/N_2 \approx U_1/U_2$$

## 2．空载电流 $I_0$

在变压器中建立磁场时只需要从电源输入无功功率，因此用来产生主磁通的电流与主磁通$\Phi$同相位，而落后于电源电压 $U_1 \approx E_1$ 的相位 90°，此电流称之为磁化电流，用 $I_\mu$ 表示，在变压器中，也称之为励磁电流的无功分量。

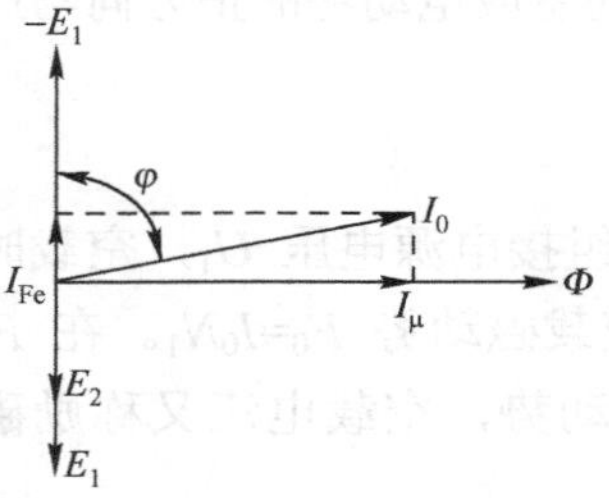


图 1.6　励磁电流与主磁通及其感应电动势相量图

铁芯中存在着磁滞损耗和涡流损耗，也就是说，建立主磁通$\Phi$除了需要从电源输入无功功率外，还需要输入有功功率，即励磁电流中存在一个与 $U_1$ 同相位的电流分量，它就是励磁电流的有功分量，用 $I_{Fe}$ 表示。磁滞和涡流损耗的结果都因消耗有功功率而使铁芯发热，对变压器是不利的，所以变压器铁芯材料应该选用软磁材料，并且要片间彼此绝缘，这样可以尽量减少 $I_{Fe}$ 的数值。

图 1.6 所示为励磁电流、主磁通及其感应电动势的相量图。由图可见，$I_0$ 比$\Phi$在相位上超前一个角度，称为铁耗角，一般很小，可忽略。

在一般电力变压器中，$I_0 = (0.02 \sim 0.1)I_{1N}$，容量越大，$I_0$ 相对越小。因空载时有功分量很小，绝大部分是无功分量，所以变压器空载功率因数很低。

### 1.3.2　变压器的负载运行

变压器一次绕组接在额定电压和额定频率的交流电源上，二次绕组接入负载时的运行状态，称为变压器负载运行。图 1.7 为变压器负载运行的原理示意图。

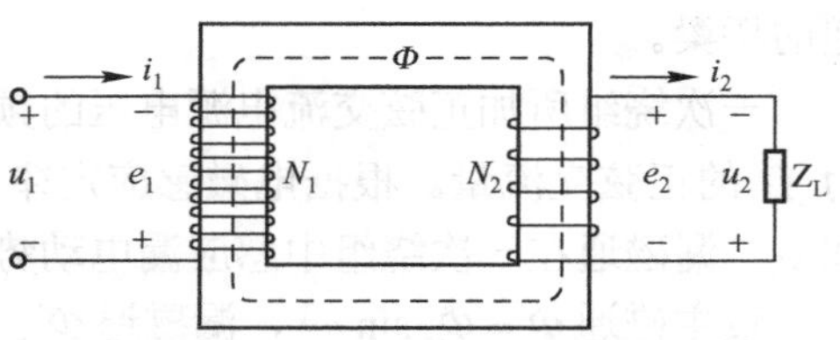


图 1.7　变压器负载运行原理图

负载运行时，二次绕组输出端接上负载 $Z_L$，在 $E_2$ 的作用下产生二次电流 $I_2$，二次绕组则出现磁动势 $F_2 = I_2 Z_2$，与一次磁动势 $F_1$ 共同作用于同一铁芯磁路。这样，$F_2$ 的出现就有可能使原来空载时的主磁通发生变化，并且影响感应电动势 $E_1$ 和 $E_2$ 也发生变化，打破原来的电磁平衡状态。其实，在实际的电力变压器中，$Z_1$ 一般被设计得很小，只要空载和负载时电压 $U_1$ 不变，一次绕组感应电动势 $E_1$ 就基本相同，空载和负载时主磁通$\Phi$也是基本相同的，即负载时磁路总的合成磁动势等于空载时的励磁磁动势 $F_0$：

$$F_1 + F_2 = F_0$$

或

$$I_1 N_1 + I_2 N_2 = I_0 N_0$$

这就是变压器负载运行的磁动势平衡式，也适用空载 $I_2=0$，$I_1 = I_0$ 的情况。式中 $F_1$ 可以看成一次绕组在空载磁动势 $F_0$ 的基础上增加了一个（$-F_2$）的磁动势，这个增加量正好与二次绕组的磁动势 $F_2$ 大小相等，相位相反，完全抵消。$\dot{F}_1$ 由两个分量组成，一个分量是励磁磁动势 $F_0 = I_0 N_1$，用来建立主磁通；另一个分量 $-F_2 = -I_2 N_2$，用来平衡二次绕组磁动势，称为负载分量，随负载不同而变化。额定运行时，$I_0 \leqslant I_N, F_0 \leqslant F_N$，$F_1$ 中主要的是负载分量。忽略 $I_0$ 可得一、二次电流关系式为：

$$I_1 \approx \frac{N_2}{N_1} I_2$$

变压器是将一种等级电压的电能转变成另一等级电压的电能的电气设备。当负载电流增加时，一次绕组上的电流也随之增加，这就意味着通过电磁感应作用，变压器的功率从一次绕组传递到了二次绕组。当然传递的过程中，变压器自身也消耗一小部分能量（电流通过一次、二次绕组时产生热效应），所以输出功率小于输入功率。

### 1.3.3 变压器的运行特性

变压器对负载来说是电源，所以要求其供电电压稳定，供电损耗小，效率高。即表征变压器运行性能的两个主要指标：一是二次绕组电压的变化率，二是效率。

#### 1. 电压变化率和外特性

由于变压器一、二次绕组上有电阻和漏抗，负载时电流通过这些漏阻抗必然产生内部电压降，引起二次绕组电压随负载的变化而波动。

电压变化率是当一次绕组接在额定频率和额定电压的电网上，在给定负载功率因数下，二次绕组空载电压 $U_{20}$ 与负载时二次绕组电压 $U_2$ 的算术差和二次绕组额定电压之比值，用 $\Delta U\%$ 表示。它反映了电源电压的稳定性即电能的质量。

$$\Delta U\% = \frac{U_{20} - U_2}{U_{20}} \times 100\% = \frac{U_{2N} - U_2}{U_{2N}} \times 100\%$$

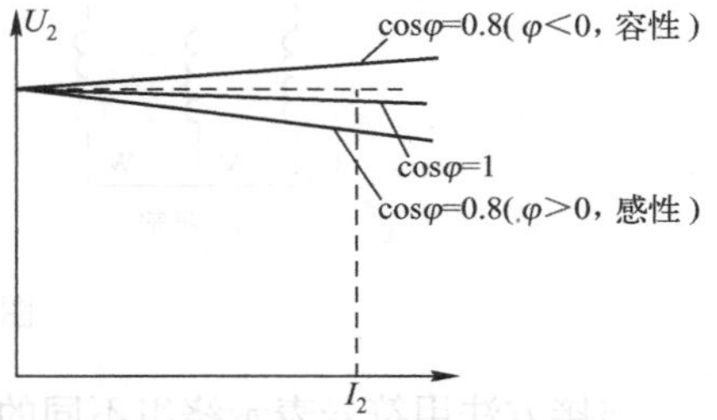

图 1.8 变压器的外特性

变压器的外特性是指当一次绕组为额定电压，负载功率因数一定时，二次绕组端电压 $U_2$ 随二次绕组负载电流 $I_2$ 变化的关系曲线，如图 1.8 所示。带纯电阻负载时，端电压下降较小；带电感性负载时，端电压下降得较多；带电容性负载时，端电压却有所上升。负载的感性或容性程度增加，端电压的变化会更大。从带负载能力上考虑，要求变压器的漏阻抗压降小一些，使二次绕组输出电压受负载变化影响小一些；但从限制故障电流的角度来看，则希望漏阻抗电压大一些。故设计制造时采取两者兼顾。

#### 2. 效率

效率是指变压器输出有功功率 $P_2$ 与输入有功功率 $P_1$ 之比。考虑到变压器是静止设备，无转动部分，不存在机械损耗，一般效率都较高（95%以上）。$P_1$ 与 $P_2$ 相差不大，通常采用间接法测出各种损耗再计算效率。变压器的总损耗包括铁芯的铁损耗 $P_{Fe}$ 和绕组的铜损耗 $P_{Cu}$，通过试验能测出 $P_{Fe}$ 和 $P_{Cu}$。效率 $\eta$ 为：

$$\eta = \frac{P_2}{P_1} \times 100\% = \left(1 - \frac{P_{Cu} + P_{Fe}}{P_2 + P_{Fe} + P_{Cu}}\right) \times 100\%$$

分析上式可知，当铁损耗等于铜损耗时，变压器效率可达最大值。由于电力变压器长期接在线路上，总有铁损耗，但铜损耗却随负载（并随季节、时间而异）变化，不可能一直在满载下运行，因此铁损耗小一些对全年效率更有利。

## 1.4　三相变压器

三相变压器有两种形式：一种是三个同样的单相变压器通过三相连接组成变压器组，称为三相变压器组，各相磁路是彼此独立的；另一种是三相共用一个铁芯的三相变压器，各相磁路是彼此相关的。它们各有优点：必式变压器体积小、价格低、结构简单、维护方便，广泛用于一般中小型电力变压器；三相变压器组便于运输、备用容量小，可用于大容量的巨型变压器中。考虑到对称性，前面所述单相变压器的基本方程式、等效电路和运行特性的分析方式与结论也适用于三相变压器。

### 1.4.1　三相变压器的连接组

**1．三相绕组的连接方法**

三相绕组最基本的连接方法是星形（Y）和三角形（△）两种接法，如图 1.9 所示。变压器高、低压绕组首端规定分别用 $U_1$、$V_1$、$W_1$，$u_1$、$v_1$、$w_1$ 标记，末端规定分别用 $U_2$、$V_2$、$W_2$，$u_2$、$v_2$、$w_2$ 标记，星形接法的中点用 N、n 标记。

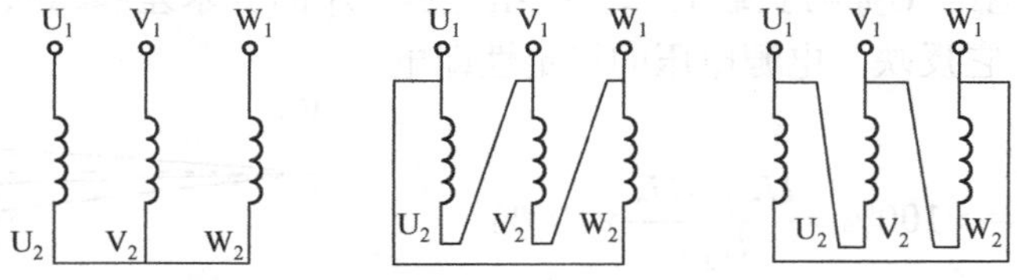


（a）星形　　（b）顺序三角形　　（c）逆序三角形

图 1.9　星形和三角形接法

连接方法用符号表示绕组不同的连接形式，如 Y/Y（或 Y，y）、Y/△（或 Y，d），规定高压绕组连接符号在左，低压绕组连接符号在右，中间用斜线隔开，$Y_N$（或 $Y_0$）表示星形接法且引出中线。

**2．三相连接组别**

三相绕组由于可以采用不同的连接，使得三相变压器一、二次绕组中的对应线电动势（线电压）出现不同的相位差。因此按一、二次绕组对应线电动势（线电压）的相位关系把变压器绕组的连接分成各种不同的组合，称为连接组。对于三相绕组，无论怎么连接，一、二次绕组对应的线电动势相位差总是 30° 的整数倍。因此，国际上规定了标志三相变压器一、二次绕组线电动势的相位关系采用时钟表示法，即一次线电动势的相量作为钟表上的长针始终对着“12”，以二次绕组对应的线电动势相量作为短针，它指向钟面上哪个数字，该数字就作为变压器连接组别的标号。

变压器的组别标号不仅取决于绕组的连接方法，而且还与绕组的绕向及绕组出线端的标记有关。或者说线电动势之间的相位差取决于相电动势之间的相位差。

在三相变压器同一铁芯柱上的高、低压绕组（单相变压器）被同一个主磁通所交链，因此高、低压绕组感应电动势（电压）的相位关系只有两种情况：要么两者同相，即高、低压绕组电动势相量都指在“12”点，用 I/I-12 表示；要么两者反相，用 I/I-6 表示。单相变压器连接组别和同名端如图 1.10 所示，其中“I/I”表示高、低压侧均为单相。

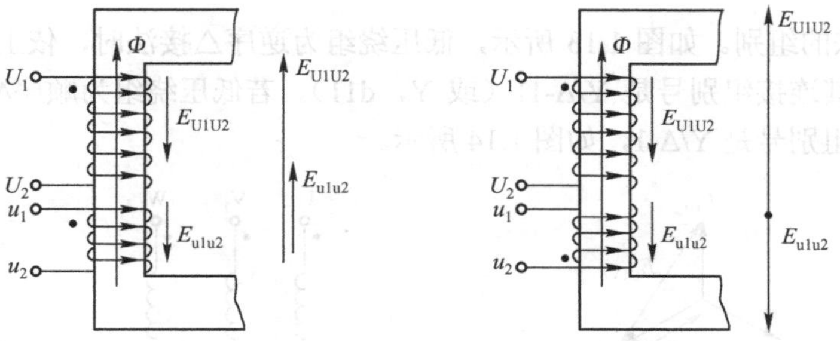


（a）I/I-12 （b）I/I-6

图 1.10 单相变压器连接组别和同名端

明确了三相变压器高、低压绕组相电动势的相位关系，就能确定高、低压绕组线电动势间的相位差，即可决定三相变压器连接组的标号。

（1）Y/Y 接法的组别。在图 1.11 中，上下对齐的高、低压绕组表示为同一铁芯柱上的两绕组（铁芯未画出），不管它们属于哪一相，只要两首端是同名端，则相电动势同相位；若两首端为异名端，则相电动势相位相反。根据相电动势这种关系及三相对称原理画出高、低压对应的线电动势相量图（$E_{U1V1}$ 和 $E_{u1v1}$），即可判定图 1.11 组别号为 12，用 Y/Y-12（或 Y，y12）表示。与其相比，在图 1.12 中，高、低压绕组首端为异名端，则相电动势相位相反，同样线电动势 $E_{U1V1}$ 和 $E_{u1v1}$ 也相差 180°，连接组别号为 Y/Y-6。

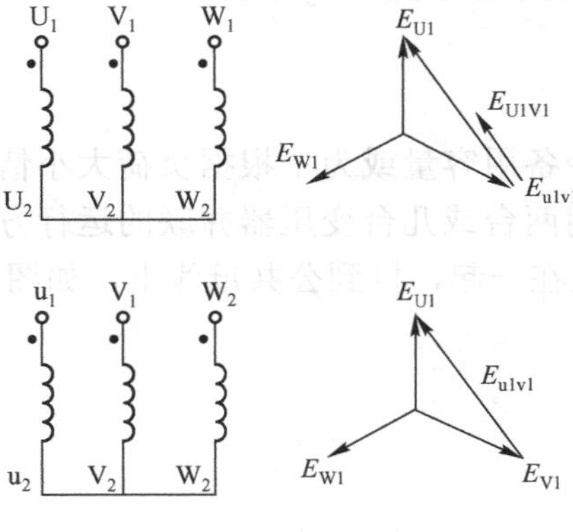


图 1.11 Y/Y-12 连接组

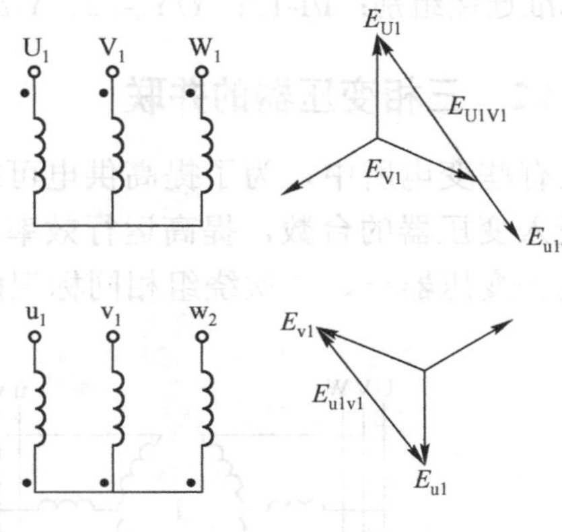


图 1.12 Y/Y-6 连接组

由上可知，确定变压器连接组别的具体步骤是：

① 在接线图上标出各个相、线电动势（可省略）。

② 按照高压绕组接线方式，首先画出高压绕组相、线电动势相量图。

③ 最关键的是根据同一铁芯柱上的高、低压绕组的相位关系，先确定低压绕组的相电动势相量，然后按照低压绕组的接线方式，画出低压绕组线电动势相量。

④ 在画好的高、低压绕组对应线电动势相量图中，根据时钟表示法，确定变压器组别号。

若把图 1.11 中低压绕组首端标记由原来的 $u_1$、$v_1$、$w_1$ 改为 $w_1$、$u_1$、$v_1$，即依次向右移一位，不难判断其连接组别号是在原来 Y/Y-12 的基础上加“4”，为 Y/Y-4；若左移一位，则减“4”。

（2）Y/Δ接法的组别。如图 1.13 所示，低压绕组为逆序△接法时，依上述步骤，画出相量图，从而确定其连接组别号是 Y/Δ-11（或 Y，d11）。若低压绕组为顺序Δ接法时，其他情况不变，则连接组别号是 Y/Δ-1，如图 1.14 所示。

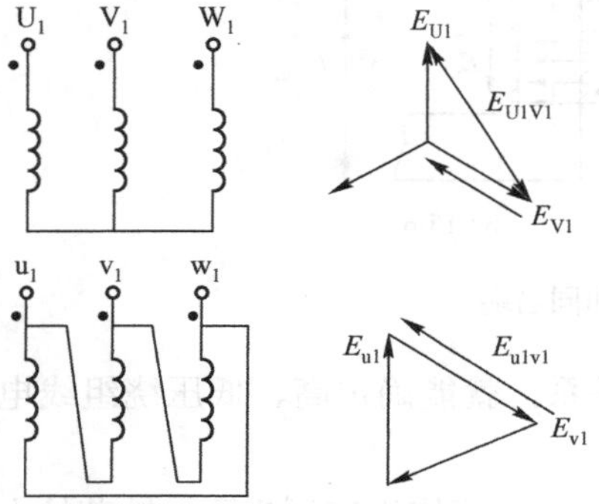


图 1.13　Y/Δ-11 连接组

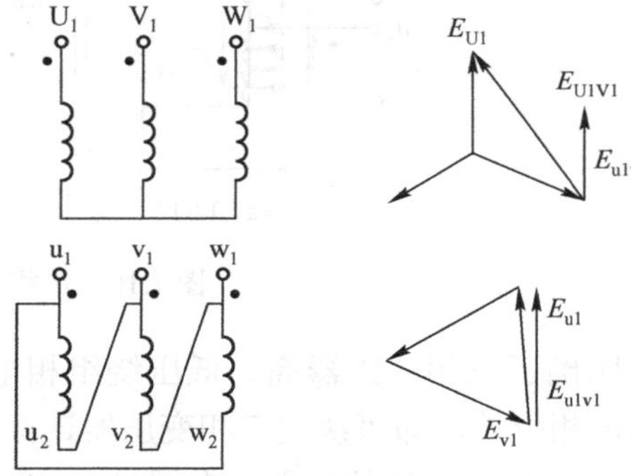


图 1.14　Y/Δ-1 连接组

在 Y/Δ接法的连接组别号中也有类似 Y/Y 接法中的加“4”或加“6”的规律。另外，Δ/Δ接法与 Y/Y 接法一样，组别号有 6 个偶数。Δ/Y 接法与 Y/Δ接法一样，组别号有 6 个奇数。

单相和三相变压器有很多连接组别，为了避免制造和使用时混乱，国家规定只有以下几个标准连接组别：I/I-12；Y/$Y_n$-12、Y/Δ-11、$Y_n$/Δ-11、Y/Y-12、$Y_n$/Y-12。

## 1.4.2　三相变压器的并联

在有些变电所中，为了提高供电可靠性，减少备用容量或为了根据负荷大小情况，调整投入变压器的台数，提高运行效率，经常采用两台或几台变压器并联的运行方式。即把几台变压器一、二次绕组相同标记的出线端连在一起，接到公共母线上，如图 1.15 所示。

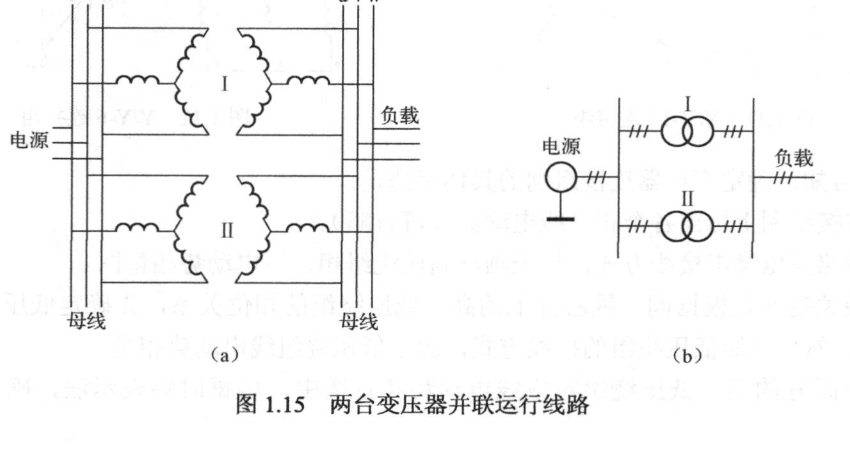


图 1.15　两台变压器并联运行线路

变压器并联运行时，各变压器之间不应产生环流，以避免产生环流损耗，降低带负载能力，甚至损坏变压器。各变压器还应能按其容量大小同比例合理分担负荷，以免有的变压器已经严重过载，而另外的变压器还欠载。这样可以提高并联变压器组总容量的利用率。为此，并联变压器变比 *k* 应一样，连接组别号应一样，其他有关参数应相等或相近。

# 1.5 其他用途的变压器

## 1.5.1 自耦变压器

自耦变压器是一种调压变压器，它能平滑地改变输出电压大小，一般容量不大，多作为实验室可调电源使用。

图 1.16 为自耦变压器外形图和原理图，一次绕组接在固定电压的电源上，K 是滑动触点，可沿绕组各部分移动，改变滑动触点 K 的位置，即可改变输出电压 $U_2$ 的大小，$U_2$ 调节的范围可以从零到稍大于 $U_1$ 的数值。

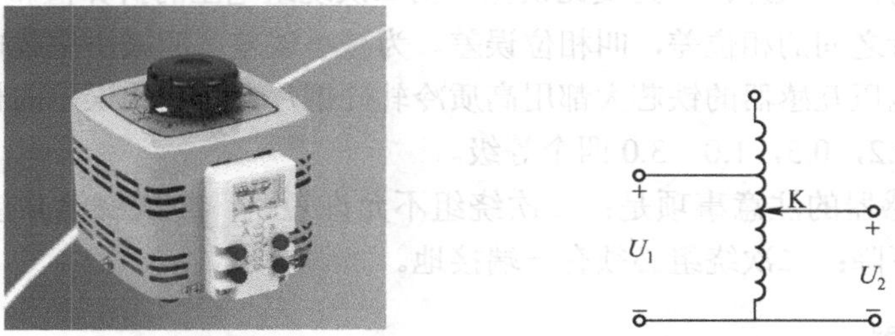

（a）外形图　　（b）原理图

图 1.16　自耦变压器

在自耦变压器的实际结构中，绕组一般连续地绕在环形铁芯上，滑动触点装在一个可转动的旋臂上，通过调节旋臂来调节电压。三相自耦变压器是由三个单相变压器分层叠装组成的，三个触点一起移动，以便对称调压。碳制电刷触点的变压器容量一般限制在几十千伏安，电压只到几百伏，不能很大，否则在触点移动时将产生火花。

## 1.5.2 仪用互感器

在电力系统中，检测高电压、大电流时使用的一种变压器称为仪用互感器。检测高电压用的是电压互感器，检测大电流用的是电流互感器。采用互感器可扩大测量仪表、继电器的使用范围；也可以使工作人员与主电路电磁隔离，以保证安全。

### 1. 电压互感器

电压互感器的主要结构和工作原理类似于空载运行的普通双绕组降压变压器。电压互感器的外形与工作原理如图 1.17 所示，由图可见，一次绕组匝数多，并联到被测高压线路，二次绕组匝数少，并联接入测量仪表的电压线圈，一端接地，既保证安全又防止静电荷积累影响读数。一般二次绕组额定电压取 100V，如果电压表与之配套，则电压表读数已按变比 $k$ 放大，可直接读取实际值；或将电压表的读数乘以变比 $k$ 后，即是被测值 $U_1$。

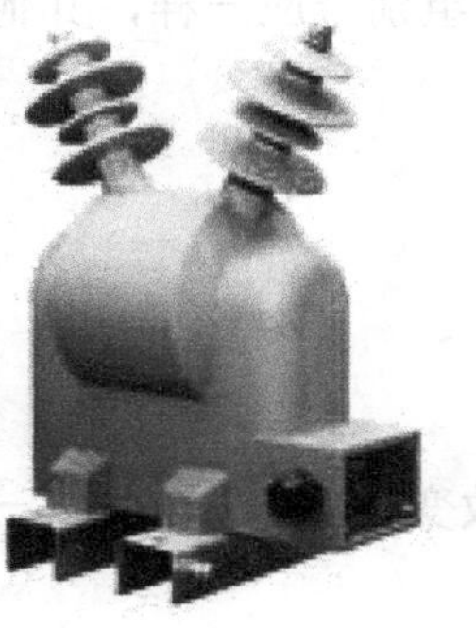
（a）外形

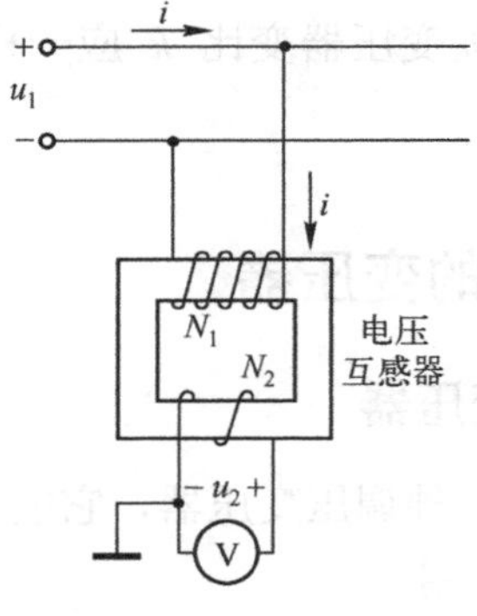

（b）原理图

图 1.17　电压互感器

电压互感器有两种误差：一为变比误差，指二次绕组电压的折算值和一次电压 $U_1$ 的算术差；另一为两者之间的相位差，叫相位误差。为减小误差，应减小空载电流和一、二次绕组漏阻抗。所以电压互感器的铁芯大都用高质冷轧硅钢片。按变比误差的相对值，电压互感器的精度可分为 0.2，0.5，1.0，3.0 四个等级。

使用电压互感器的注意事项是：二次绕组不允许短路；二次绕组并接的电压线圈不能过多，否则精度下降；二次绕组必须有一端接地。

**2．电流互感器**

测量高压线路的电流或测量大电流，同测量高电压一样，也不宜将仪表直接接入电路，而用有一定变比的升压变压器，即电流互感器将高压线路隔开或将大电流变小，再用电流表进行测量。若仪表配套时，电流表读数就是被测电流实际值；或者将电流表读数按变比放大，即得到被测电流实际值。电流互感器二次绕组额定电流一般均为 5A。

电流互感器的外形及原理如图 1.18 所示。和电压互感器一样，电流互感器二次绕组必须有一端接地。因电流互感器二次绕组接入电流表或其他测量仪表的电流线圈，其阻抗很小，故电流互感器使用时，相当于二次绕组处于短路状态。

电流互感器也同样存在变比和相位两种误差，这些误差也是由电流互感器本身的励磁电流和漏阻抗以及仪表的阻抗等一些因素所引起的，可从设计和材料两方面着眼去减小这些误差。按变比误差，电流互感器分为 0.2，0.5，1.0，3.0，10.0 等几级。

电流互感器使用时，特别要注意二次绕组绝对不能开路。二次绕组一旦开路，则它变为一台空载运行的升压变压器。因为它的一次绕组电流 $I_1$ 就是被测电流，其值是由线路负荷大小决定的，不随互感器的二次绕组开路或短路而变化。所以，一次绕组空载电流比正常运行变压器的空载电流大得多，使铁芯中磁通密度大为提高，铁耗急剧增加，互感器过热甚至烧坏绝缘。与此同时，在二次绕组出现高电压，不仅击穿绝缘，而且还危及操作人员及其他设备安全。

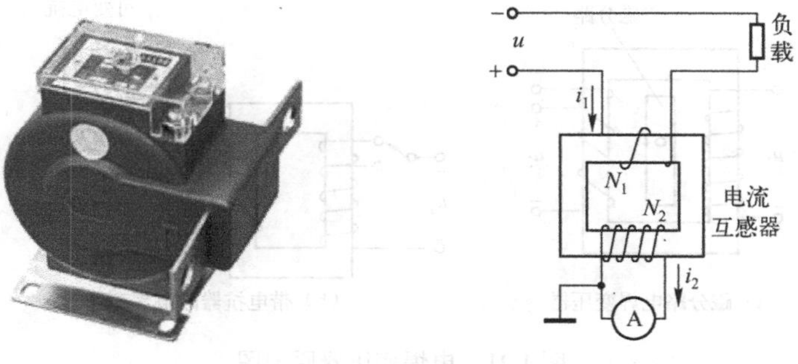


（a）外形图　　　　　　　　　　　　（b）原理图

图 1.18　电流互感器

### 1.5.3　电焊变压器

交流电焊机或弧焊机，实际就是一台特殊的降压变压器，又称为电焊变压器。其结构原理与普通变压器基本一样，但其工作特性差别很大，以适应其特殊的工作要求。电焊变压器外形如图 1.19 所示。

电焊变压器空载时要有足够的电弧点火电压（约 60～90V），还应有迅速下降的外特性，额定负载时约为 30V；在短路时，二次电流不能过大，一般不超过两倍额定电流，焊接工作电流要比较稳定，而且大小可调，以适应不同的焊条和被焊工件。

为满足这些要求，电焊变压器在结构上有其特殊性。如需要调节空载时的电弧点火电压，可在绕组上抽头，用分接开关调节二次绕组开路电压。电焊变压器的两个绕组一般分装在两个铁芯柱上，再利用磁分路法和串联可变电抗法，使绕组漏抗较大且可调节，以产生快速下降外特性，如图 1.20 所示。

图 1.19　电焊变压器外形

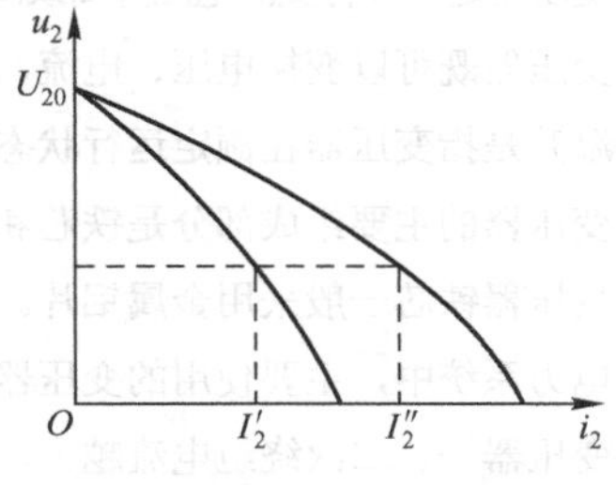


图 1.20　可调电焊变压器的外特性

磁分路电焊变压器如图 1.21（a）所示，是在一、二次绕组的两铁芯柱之间加一铁芯分支磁路，通过螺杆来回移动进行调节。当磁分路铁芯移出时，两绕组漏磁通及漏抗较小，工作电流增大；当磁分路铁芯移入时，两绕组漏磁通经磁分路闭合而增大，漏抗就很大，有载电压迅速下降，工作电流较小。因此调节分支磁路的磁阻即可调节漏抗大小，以满足焊条和工件对电流的不同要求。

图 1.21（b）是串联可变电抗电焊机，在二次绕组中串联一个可变电抗器，电抗器中的气隙可用螺杆调节。气隙越大，电抗越小，输出电流越大；气隙越小，电抗越大，输出电流越小，以满足其工作要求。

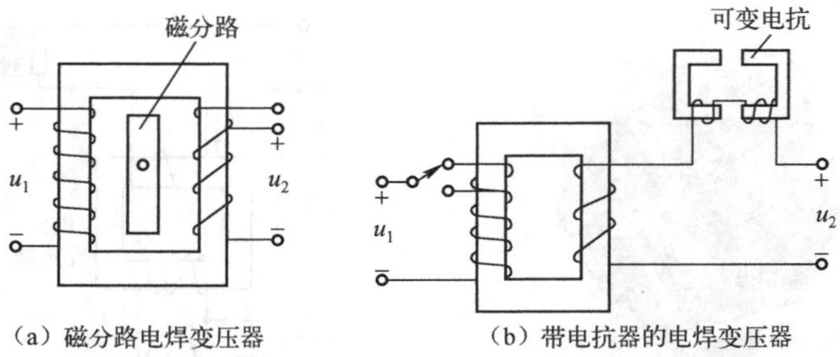


图 1.21　电焊变压器原理图

# 习　题　1

**一、判断题（正确的打√，错误的打×）**

1.1　电力变压器主要用于输、配电电力系统。（　　）

1.2　变压器一、二次绕组电流越大，铁芯中的主磁通就越多。（　　）

1.3　变压器二次绕组额定电压是变压器额定运行时二次绕组的电压。（　　）

1.4　变压器的额定容量是变压器额定运行时二次绕组的容量。（　　）

1.5　电流互感器工作时相当于变压器的空载状态。（　　）

1.6　电压互感器工作时相当于变压器的短路状态。（　　）

1.7　当变压器二次绕组电流增大时，一次绕组电流也会相应增大。（　　）

1.8　当变压器一次绕组电流增大时，铁芯中的主磁通也会相应增加。（　　）

1.9　当变压器二次绕组电流增大时，二次绕组端电压一定会下降。（　　）

1.10　变压器可以改变直流电压。（　　）

1.11　变压器是一种将交流电压升高或降低并且能保持其频率不变的静止电气设备。（　　）

1.12　变压器既可以变换电压、电流、阻抗，又可以变换相位、频率和功率。（　　）

1.13　温升是指变压器在额定运行状态下允许升高的最高温度。（　　）

1.14　变压器的主要组成部分是铁芯和绕组。（　　）

1.15　变压器铁芯一般采用金属铝片。（　　）

1.16　电力系统中，主要使用的变压器是自耦变压器。（　　）

1.17　变压器一、二次绕组电流越大，铁芯中的主磁通就越大。（　　）

1.18　变压器的额定容量是指变压器额定运行时二次绕组输出的有功功率。（　　）

1.19　三相变压器铭牌上标注的额定电压是指一、二次绕组的线电压。（　　）

1.20　变压器二次绕组额定电压是变压器额定运行时二次绕组的电压。（　　）

1.21　电流互感器运行时，严禁二次绕组开路。（　　）

1.22　电流互感器二次绕组电路中应设熔断器。（　　）

1.23　电压互感器在运行中，其二次绕组允许短路。（　　）

1.24　使用中的电压互感器的铁芯和二次绕组的一端必须可靠接地。（　　）

**二、选择题**

1.25　变压器按相数可分为（　　）变压器。

A．单相、两相和三相　　　　B．单相、三相和多相

C．单相和三相　　　　D．两相和三相

1.26 变压器能将（　　），以满足高压输电、低压供电及其他用途的需要。

A．某一电压值的交流电变换成同频率的所需电压值的交流电

B．某一电流值的交流电变换成同频率的所需电压值的交流电

C．某一电流值的交流电变换成同频率的所需电流值的交流电

D．某一电压值的交流电变换成不同频率的所需电压值的交流电

1.27 电力变压器的主要用途是（　　）。

A．变换阻抗　　B．变换电压　　C．改变相位　　D．改变频率

1.28 变压器的基本结构主要包括（　　）。

A．铁芯和绕组　　B．铁芯和油箱　　C．绕组和油箱　　D．绕组和冷却装置

1.29 变压器的基本工作原理是（　　）。

A．楞次定律　　B．电磁感应　　C．电流的磁效应　　D．磁路欧姆定律

1.30 一台单相变压器 $U_1$ 为 380V，变压比为 10，则 $U_2$ 为（　　）V。

A．38　　B．380　　C．3800　　D．3.8

1.31 一台单相变压器，$I_2$ 为 20 A，$N_1$ 为 200，$N_2$ 为 20，一次绕组电源 $I_1$ 为（　　）A。

A．2　　B．10　　C．20　　D．40

1.32 变压器的额定容量是指（　　）。

A．输出功率　　B．输入功率　　C．最大输出功率　　D．无功功率

1.33 电焊变压器常见的几种形式有（　　）。

A．带可调电抗器式、磁分路动铁式和动圈式　　B．动圈式和分组式

C．带可调电抗器式、动圈式和心式　　D．磁分路动铁式和箱式

1.34 下列关于电焊变压器性能的几种说法中，正确的是（　　）。

A．二次绕组电压空载时较大，焊接时较低，短路电流不大

B．二次绕组输出电压较稳定，焊接电流也稳定

C．空载时二次绕组电压很低，短路电流不大，焊接时二次绕组电压为零

D．空载时二次绕组电压很低，短路电流不大，焊接时二次绕组电压最大

1.35 电压互感器可以把（　　）供测量用。

A．高电压转换为低电压　　B．大电流转换为小电流

C．高阻抗转换为低阻抗　　D．低电压转换为高电压

1.36 电压互感器实质上是一台（　　）。

A．自耦变压器　　B．电焊变压器　　C．降压变压器　　D．升压变压器

1.37 为安全起见，安装电压互感器时，必须（　　）。

A．二次绕组的一端接地　　B．铁芯和二次绕组的一端要可靠接地

C．铁芯接地　　D．一次绕组的一端接地

1.38 电压互感器运行时，二次绕组（　　）。

A．可以短路　　B．不得短路　　C．不许装熔断器　　D．短路与开路均可

1.39 电流互感器用来（　　）。

A．将高电压转换为低电压　　B．将高阻抗转换为低阻抗

C. 将大电流转换为小电流　　　　　D. 改变电流相位

1.40 在不断电拆装电流互感器二次绕组的仪表时，必须（　　）。

A. 先将一次绕组接地　　　　　　　B. 直接拆装

C. 先将二次绕组断开　　　　　　　D. 先将二次绕组短接

1.41 下列关于电流互感器的叙述中，正确的是（　　）。

A. 电流互感器运行时二次绕组可以开路

B. 为测量准确，电流互感器二次绕组必须接地

C. 电流互感器和变压器工作原理相同，所以二次绕组不能短路

D. 电流互感器二次绕组额定电流一般均为 0.5A

1.42 电流互感器铁芯与二次绕组接地的目的是（　　）。

A. 防止绝缘击穿时产生的危险　　　B. 防止二次绕组开路时产生危险高压

C. 避免二次绕组短路　　　　　　　D. 防止一、二次绕组间的绝缘击穿

1.43 变压器铁芯所用硅钢片是（　　）。

A. 硬磁材料　　B. 软磁材料　　C. 顺软磁材料　　D. 矩软磁材料

1.44 变压器铁芯采用硅钢片的目的是（　　）。

A. 减小磁阻和铜耗　　　　　　　　B. 减小磁阻和铁耗

C. 减小涡流　　　　　　　　　　　D. 减小磁滞和矫顽力

1.45 理想双绕组变压器的变压比等于一、二次绕组的（　　）。

A. 电压之比　　B. 电动势之比　　C. 匝数之比　　D. 三种都对

1.46 变压器连接组标号中 d 表示（　　）。

A. 高压绕组星形连接　　　　　　　B. 高压绕组三角形连接

C. 低压绕组星形连接　　　　　　　D. 低压绕组三角形连接

1.47 测定变压器的电压比应该在变压器处于（　　）情况下进行。

A. 空载状态　　B. 轻载状态　　C. 满载状态　　D. 短路状态

# 第 2 章　交流异步电动机

目前大量使用的交流电动机主要有三相交流异步电动机和单相交流异步电动机。三相交流异步电动机由三相交流电源供电。与直流电动机相比，它具有运行稳定可靠、效率高且价格低、结构简单、制造与维护简便等优点，广泛用于拖动各种机械负载。交流电动机的主要缺点是：功率因数偏低、调速性能较差，难以满足要求大范围或准确、平滑调速的特殊负载的需要。随着电力电子技术的发展，调速性能的不断改善，交流异步电动机将会获得更广泛的应用。

## 2.1　三相交流异步电动机的基本原理、结构与类型

### 2.1.1　三相交流异步电动机的基本原理

三相交流异步电动机通电后会在铁芯中产生旋转磁场，通过电磁感应在转子绕组中产生感应电流，转子电流受到磁场的电磁力作用产生电磁转矩并使转子旋转，因此又被称为感应电机。

**1．旋转磁场**

三相交流异步电动机的三相定子绕组在空间上互差 120°（电角度），连接成星形（Y）或三角形（Δ），是对称三相负载，简化后如图 2.1 所示。定子绕组接通电源后流入三相对称交流电流，如图 2.2 所示。

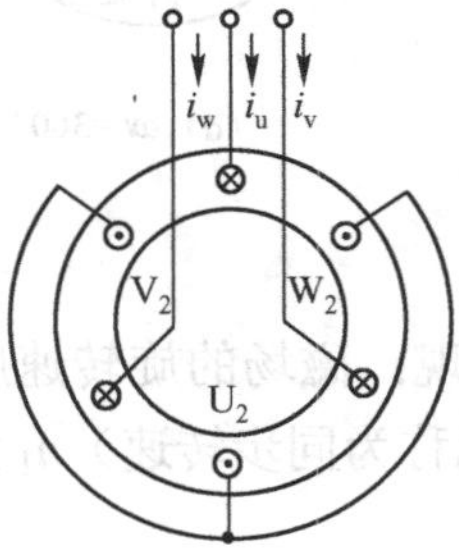


图 2.1　简化的三相定子绕组

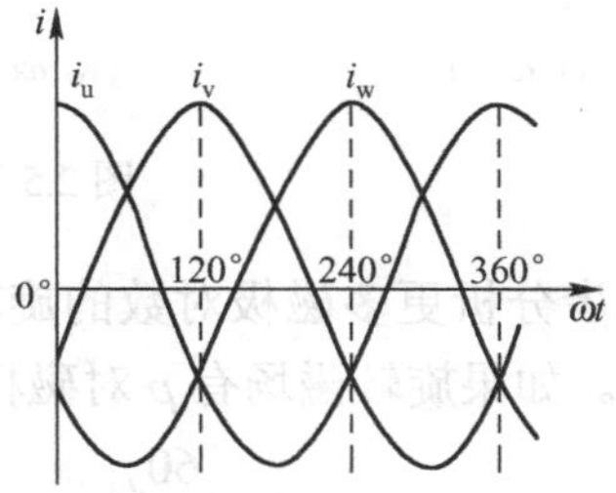


图 2.2　三相对称交流电流曲线

假设某相绕组电流瞬间为正时，电流从该相绕组的首端流入，尾端流出；电流为负时，方向相反。为简单反映合成磁场及其旋转特征，选取电流相位角$\omega t$=0°、120°、240°、360° 这 4 个瞬时，对应这 4 个时刻的各绕组电流方向及磁场分别如图 2.3 中的（a）、（b）、（c）、（d）所示。根据右手螺旋定则可判断相应的合成磁场为旋转磁场。

理论分析可以证明：旋转磁场的磁感应强度沿定子内圆在空间上呈正弦分布，合成磁势的幅值为固定值，磁势相量顶点的轨迹是一个圆，所以又被称为圆形旋转磁场。

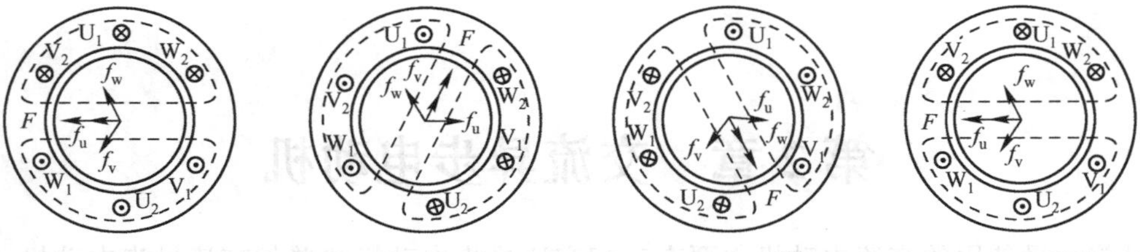


（a） $\omega t=0°$　（b） $\omega t=120°$　（c） $\omega t=240°$　（d） $\omega t=360°$

图 2.3　一对磁极的旋转磁场

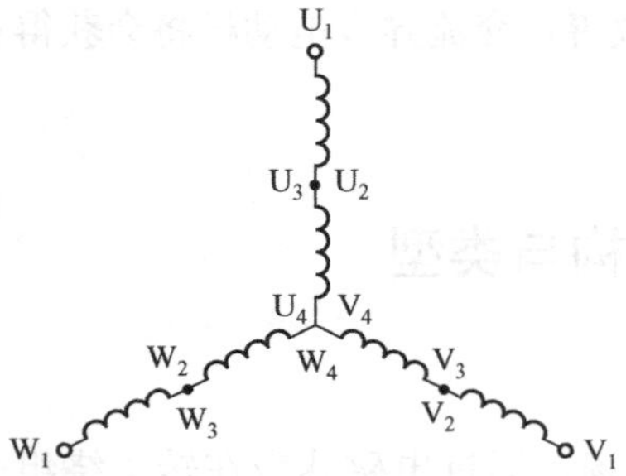


图 2.4　三相四极异步电动机的定子绕组示意

如果电动机的每相绕组由两个串联的线圈（组）组成，三相绕组连接成 Y 形，如图 2.4 所示。各相绕组的首端或尾端在空间上互差 60° 放置（电角度仍互差 120°），如图 2.5 所示。采用同样的方法可判断出这时的磁场有两对磁极（即 4 个磁极），仍按绕组位置沿 $U_1$、$V_1$、$W_1$ 方向旋转，与电源相序相同，但电流变化一周时，磁场在空间上仅旋转半周。若电源频率为 $f_1$，则旋转磁场对应的转速为

$$n_1 = 60f_1/2 = 1\,500\text{r/min}$$

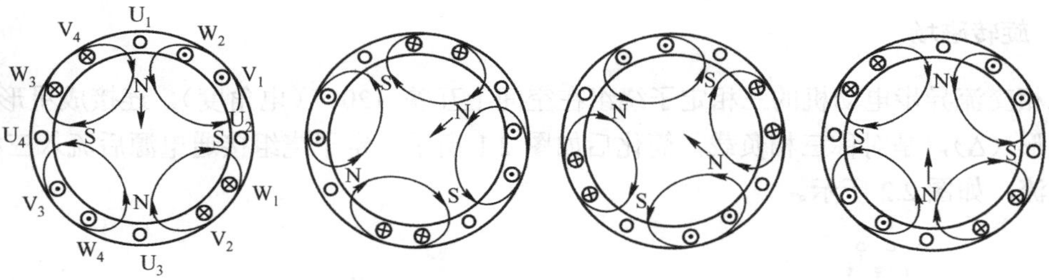


（a） $\omega t=0°$　（b） $\omega t=120°$　（c） $\omega t=240°$　（d） $\omega t=360°$

图 2.5　两对磁极（四极）的旋转磁场

进一步分析更多磁极对数的旋转磁场及其旋转过程可以发现：磁场的旋转速度反比于磁极对数。如果旋转磁场有 $p$ 对磁极，则该旋转磁场的转速（也称为同步转速）$n_1$ 为

$$n_1 = \frac{60f_1}{p}$$

**2．三相交流异步电动机的基本工作原理**

三相交流异步电动机的转子绕组自行闭合，当旋转磁场扫过转子表面时，会在转子导体中产生感应电流，如图 2.6 所示。转子电流反过来又受到磁场的电磁力作用，根据左手定则能判断出，由电磁力所导致的电磁转矩促使转子沿旋转磁场方向旋转。

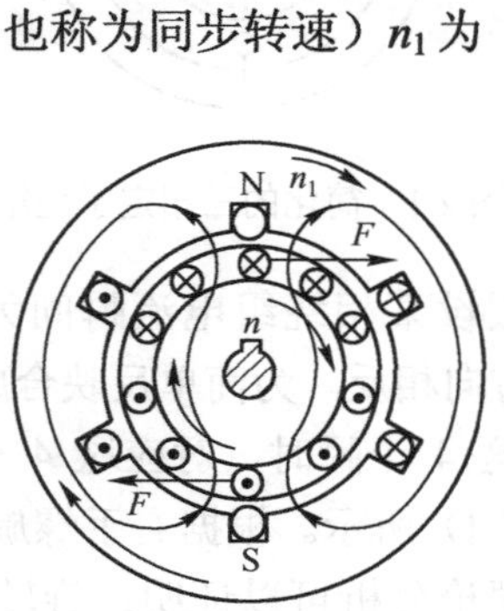


图 2.6　三相交流异步电动机的转动原理

转子与旋转磁场之间必须要有相对运动才可以产生上述电磁感应过程，而且转子所获得的能量完全来源于交流电源并通过旋转磁场提供的电磁能，相当于转子被旋转磁场拖动而旋转。若两者转速相同，转子与旋转磁场保持相对静止，转子导体不切割磁力线，没有电磁感应，转子电流及电磁转矩均为零，转子失去旋转动力。因此，异步电动机的转子转速必定低于旋转磁场的转速（同步转速），所以被称为异步电动机。

如果转子电流不是通过电磁感应而是由独立电源提供或转子与定子各有相互独立的磁场，则由于磁极之间的磁性力作用，在一定条件下，定子磁极就会吸引转子磁极并拖动它以相同的速度旋转（即同步旋转），这就是同步电动机。

**3．转差与转差率**

由上述分析也可看出：对于异步电动机而言，旋转磁场与转子之间的相对运动速度直接影响了转子电流及电磁转矩的大小。一般把同步转速 $n_1$ 与转子转速 $n$ 的差值称为转差，转差与同步转速的比值称为转差率，以 $s$ 表示：

$$s = \frac{n_1 - n}{n_1}$$

转差率是影响电机状态及其特征的一个重要因素。电机在额定状态时的转差率称为额定转差率，以 $s_N$ 表示。普通三相异步电动机的额定转差率 $s_N$ 约为 0.01～0.05，额定转速 $n_N$ 与同步转速 $n_1$ 很接近。

**【例 2.1】** 某三相异步电动机的额定转速 $n_N$=1 440r/min，额定频率 $f_1$=50Hz，求该电机的极数、同步转速和额定转差率。

**解**：根据额定转速值并结合额定转差率的一般取值范围可以判断：

该电机的同步转速 $n_1$=1 500r/min，磁极对数 $p$=2，该电机为四极电机。因此，额定转差率 $s_N$ 为

$$s_N = (n_1 - n)/n_1 = (1\,500 - 1\,440)/1\,500 = 0.04$$

## 2.1.2 三相交流异步电动机的基本结构与类型

**1．三相交流异步电动机的基本结构**

三相交流异步电动机外形如图 2.7 所示。异步电动机主要由定子（电机的静止部分）和转子（电机的转动部分）共同组成，按转子绕组结构形式分为笼型电机和绕线式电机。

（1）定子。三相异步电动机定子如图 2.8 所示。定子主要由定子铁芯、定子绕组和机座三部分组成。定子铁芯由导磁性能良好但电阻率较大的硅钢片叠压而成，片间涂有绝缘漆，以减少旋转磁场的交变磁通通过铁芯所产生的涡流损耗。三相对称的定子绕组嵌入定子槽并由槽楔固定于定子槽中，一般由多个线圈组按规律连接而成，绕组与铁芯之间有槽绝缘且整体固定于机座中。

（2）转子。三相异步电动机转子如图 2.9 所示。转子包括转子铁芯、转子绕组和转轴。转子铁芯也由硅钢片叠压并固定于转轴或转子支架上，它与定子铁芯、气隙共同构成电机的完整磁路。转子绕组有笼型和绕线型两种。笼型转子绕组由铜条及端环组成，形状类似于鼠笼，小型异步电机由铸铝工艺制造转子导条、端环及风叶，如图 2.10 所示。绕线型转子绕

组类似于定子的对称三相绕组，一端作星形连接，另一端分别连接固定在转轴的 3 个滑环上，并可通过电刷与外部元件或设备连接，以调节电动机的运行状态，如图 2.11 所示。

图 2.7　三相交流异步电动机外形图

图 2.8　三相异步电动机定子

图 2.9　三相异步电动机转子

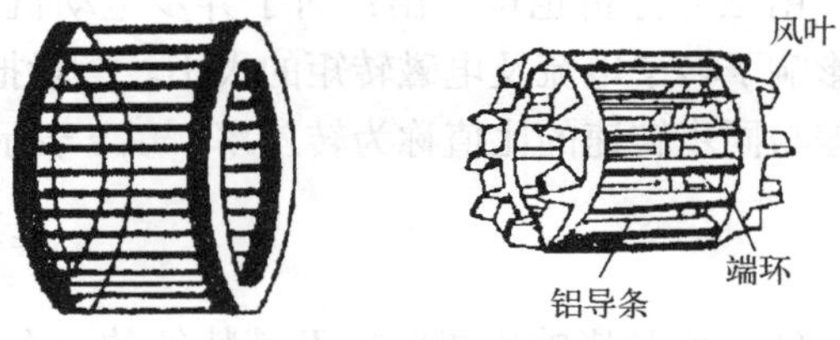


（a）铜条绕组　（b）铸铝绕组

图 2.10　笼型转子绕组

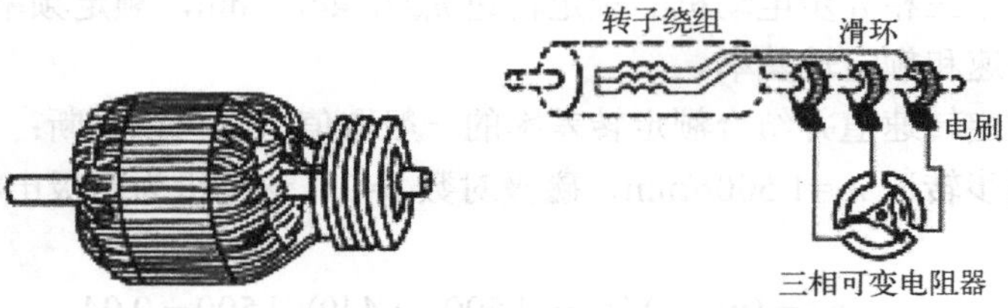


（a）绕组外观　（b）绕组接线图

图 2.11　笼型转子绕组

定子与转子之间的气隙是电机磁路的组成部分，气隙大小对电机很重要，气隙过大会使电机功率因数下降，反之则磁场的高次谐波含量大，也会导致电机某些性能下降并且维护困难、运行可靠性降低。中小型异步电机的气隙厚度通常为 0.2～2mm。

**2. 三相交流异步电动机的类型**

三相交流异步电动机一般按转子结构分为笼型异步电机和绕线式异步电机。此外，还有其他一些分类方式。按机壳防护形式分有：防护式——可防止水滴、灰尘、铁屑及其他物体从上方或斜上方落入电机内部，适用于较清洁的场合；封闭式——能防止水滴、灰尘、铁屑及其他物体从任意方向落入电机内部，适用于灰砂较多的场合；开启式——除必要的支撑外，转动部分与绕组无专门防护，散热好，仅用于干燥、清洁、无腐蚀性气体的场合。图 2.12 是几种防护形式电动机的外形图。按机座号分为：小型电机——0.6～125kW，1～9 号机座；中型电机——100～1 250kW，11～15 号机座；大型电机——1 250kW 以上，15 号以上机座。按相数分为：单相、三相电机。

（a）防护式　　（b）封闭式　　（c）开启式

图 2.12　几种防护形式电动机

### 2.1.3　三相交流异步电动机的额定值与型号

#### 1．三相交流异步电动机的铭牌与额定值

铭牌标注的额定值是反映三相交流异步电动机额定工作状态的主要参数，包括以下几项：

（1）额定功率 $P_N$。电动机额定运行时的输出机械功率。

（2）额定电压 $U_N$。电动机额定状态时定子绕组的线电压。

（3）额定电流 $I_N$。电动机额定状态时定子绕组的线电流。

（4）额定频率 $f_N$。额定状态下电动机应接电源的频率。

（5）额定转速 $n_N$。电动机在上述额定值下转子的转速，单位为转/分（r/min 或 rpm）。

此外，铭牌上还标注有电机型号、绕组接法、绝缘等级或额定温升等。对于绕线式电机还标注转子额定状态，如转子额定电压（额定状态下，转子绕组开路时滑环间的电压值）、转子未外接电路元件时的额定电流等。

#### 2．三相交流异步电动机的型号

我国生产的三相交流异步电动机的类型、规格及特征代号主要由汉语拼音字母和数字结合表示。例如，“Y”表示“异步电动机”；“R”表示“绕线型”。目前大量使用的是参照 IEC（国际电工委员会）标准生产的 Y 系列交流异步电动机。与已淘汰的 $JO_2$ 系列相比，Y 系列电机具有标准化及通用化程度高、效率高、启动与过载能力大、体积小、重量轻、噪声低、安装灵活等优点。常用的有：Y——笼型异步电机、YR——绕线式异步电机、YD——多速电机、YZ——起重冶金用异步电机、YQ——高启动转矩异步电机等。Y 系列电机型号含义如下。

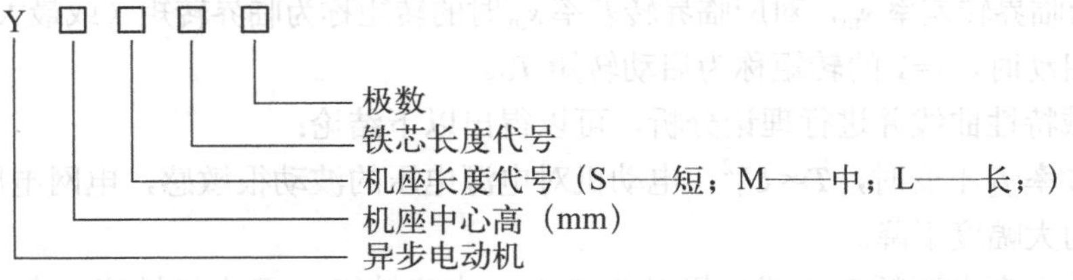

## 2.2 三相交流异步电动机的运行特性

### 2.2.1 三相交流异步电动机的机械特性

电磁转矩对电动机的特性有重要影响。由理论推导可得转矩表达式为：

$$T = C_m \Phi_m I_2' \cos\varphi_2$$

式中，$C_m$ 为电磁转矩常数。

上式表明，在主磁通 $\Phi_m$ 不变时，电磁转矩 $T$ 的大小主要取决于转子电流的有功分量 $I_2' \cos\varphi_2$。在分析电动机状态特征的变化规律时，需要找到更直接的表达形式，即：在电源电压 $U_1$ 和频率 $f_1$ 不变时，电磁转矩 $T$ 与转速 $n$（或转差率 $s$）之间的关系，这就是三相交流异步电动机的机械特性。

**1．机械特性**

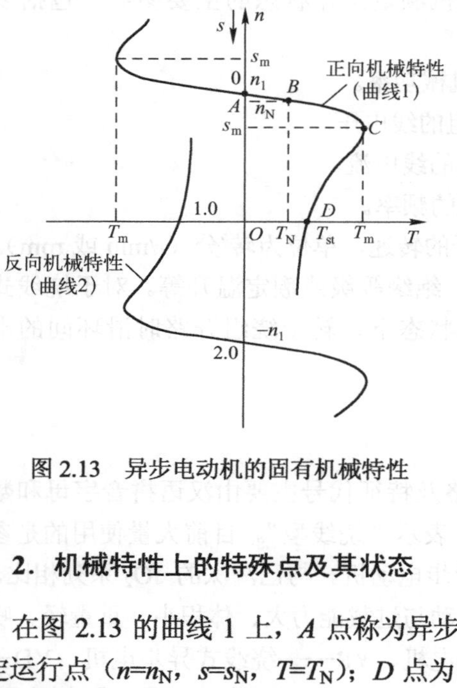


图 2.13 异步电动机的固有机械特性

电动机在规定的电源电压 $U_1$、频率 $f_1$ 和自身参数条件下所体现出的特性又称为固有机械特性，特性曲线如图 2.13 所示。图中，电动机在正向旋转磁场（同步转速 $n_1$ 为正）作用下的曲线称为正向机械特性（曲线 1），反之，则称为反向机械特性（曲线 2）。如果出于电动机启动、制动或调速的特殊要求而人为地改变其参数或条件，则机械特性也随之改变，此时的机械特性称为人为机械特性。

当电动机在第一、三象限特性上工作时，电磁转矩 $T$ 与转速 $n$ 同方向，由电磁转矩拖动负载旋转，电动机分别处于正向和反向电动状态。在第二、四象限时，$T$ 与 $n$ 反向，电磁转矩变为阻力矩并阻碍电动机旋转，电动机处于制动状态。

**2．机械特性上的特殊点及其状态**

在图 2.13 的曲线 1 上，$A$ 点称为异步电动机的理想同步状态（$n=n_1$，$s=0$，$T=0$）；$B$ 点是额定运行点（$n=n_N$，$s=s_N$，$T=T_N$）；$D$ 点为电动机的启动状态（$n=0$，$s=1$，$T=T_{st}$）；$C$ 点对应的电磁转矩最大。非特殊负载情况下，电动机一般可在 $CA$ 段稳定运行，而在 $CD$ 段则因没有抗负载波动能力不能稳定工作。所以，$C$ 点状态为异步电动机的临界状态，$C$ 点也称为临界点。其转差率称为临界转差率 $s_m$，对应临界转差率 $s_m$ 时的转矩称为临界转矩（或最大转矩）$T_m$。

电动机启动时，$s=1$ 的转矩称为启动转矩 $T_{st}$。

考察机械特性曲线并进行理论分析，可以得出以下结论：

（1）在频率 $f_1$ 不变时，$T \propto U_1^2$，电动机对电源电压的波动很敏感，电网电压的下降可导致电磁转矩的大幅度下降。

（2）人为改变电源频率 $f_1$ 或磁极对数 $P$ 时，电磁转矩 $T$ 及电机转速 $n$ 都会变化，从而可实现对异步电动机进行变频或变极调速。

（3）临界转差率 $s_m \propto r_2'$，绕线式异步电动机转子绕组外接电阻时，$S_m$ 增大，启动转矩 $T_{st}$ 上升但最大转矩 $T_m$ 不变，临界状态向低转速区迁移，相当于特性的临界点下移。这一特征也可用于电机调速、制动或改善电机的启动性能。

（4）人为机械特性上稳定段的倾斜程度反映了电动机抗负载扰动的能力。倾斜程度加大时，相同的负载转矩变化可引起较大的转速变化，电动机抗扰动能力变差，即所谓的“特性变软”；反之，特性较硬。

为衡量电动机带负载启动和极限过载的能力，通常把启动转矩 $T_{st}$、最大转矩 $T_m$ 与额定转矩 $T_N$ 的比值分别称为启动能力（$K_{st}$）、过载能力（$\lambda$）：

$$K_{st}=\frac{T_{st}}{T_N}, \qquad \lambda=\frac{T_m}{T_N}$$

普通异步电动机的启动能力约为 1.1～2.0，过载能力约为 1.6～2.2。起重冶金用 YZ 或 YZR 系列异步电动机的启动能力与过载能力分别可达 2.8 和 3.7，甚至更高。

### 2.2.2 三相交流异步电动机的工作特性

当负载在一定范围内变化时，异步电动机一般能通过参数的自动调整适应这种变化。在额定电压和额定频率下，电机的转速 $n$、定子电流 $I_1$、电磁转矩 $T$、功率因数 $\cos\varphi_1$、效率$\eta$与电动机输出的机械功率 $P_2$ 之间的关系可以从不同的侧面反映电动机的工作特征，这就是异步电动机的工作特性，如图 2.14 所示。

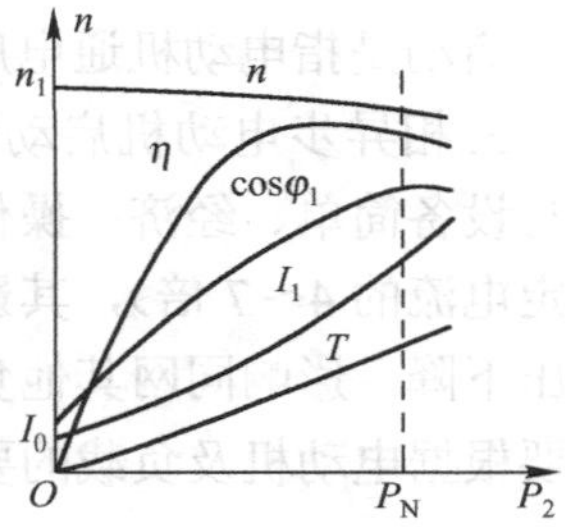

图 2.14 异步电动机的工作特性

#### 1．转速特性 $n=f(P_2)$

空载时，$P_2=0$，$n\approx n_1$，$s\approx 0$。随负载增大，电机转速略下降就可使转子电流明显增大，电磁转矩增大，直至与负载重新平衡。异步电动机的转速特性是一条略下斜的曲线。

#### 2．定子电流特性 $I_1=f(P_2)$

空载时，$P_2=0$，$I_1=I_0$，定子电流几乎全部用于励磁。当 $P_2<P_N$ 时，随负载增加，转子电流增大。为保持磁势平衡，定子电流也上升，定子电流特性是一条过 $I_0$ 点的上升曲线；过载后，受电机磁路状态影响，电流上升速度加快，曲线上翘。

#### 3．电磁转矩特性 $T=f(P_2)$

空载时，$P_2=0$，$T=T_0$，电磁转矩主要用于克服风阻、摩擦阻力。随负载增大，电磁转矩也相应增大，$T$ 与 $P_2$ 的关系近似为过空载转矩 $T_0$ 点的直线。

#### 4．功率因数特性 $\cos\varphi_1=f(P_2)$

空载时损耗较少，电机自电网获得的功率大部分为无功功率，用以建立和维持主磁通，空载功率因数通常小于 0.3。随负载增加，$P_2$ 增大，转子电路功率因数 $\cos\varphi_2$ 上升，导致电机功率因数 $\cos\varphi_1$ 上升。一般设计使电机在额定状态下功率因数 $\cos\varphi_2$ 最高；过载后，

$\cos\varphi_1$ 又开始减小。

**5．效率特性 $\eta=f(P_2)$**

异步电动机的输出功率与输入功率的比值称为效率，它反映了电功率的利用率。由电动机的功率分配关系可知：

$$\eta=\frac{P_2}{P_1}=1-\frac{\Delta P}{P_1}$$

可见，损耗功率 $\Delta P$ 的大小直接影响电机的效率。异步电机从空载状态到满载运行时，主磁通和转速变化不大，铁损耗 $P_{Fe}$ 和机械损耗 $P_{\Omega}$ 近似不变，称为不变损耗；铜耗 $P_{Cu1}$、$P_{Cu2}$ 则与相应的电流平方成正比，变化较大，称为可变损耗。普通异步电动机的额定效率约为 0.8～0.9，中小型异步电动机通常约 75%额定负载时的效率最高，超过这个比例时效率稍下降。

## 2.3 三相交流异步电动机的启动

启动是指电动机通电后转速从开始逐渐加速到正常运转的过程。

三相异步电动机启动时，一般要求：启动转矩大；启动电流小；启动时间短；启动方法与设备简单、经济；操作简便。实际的三相异步电动机启动转矩偏小且启动电流大（可达额定电流的 4～7 倍），其影响主要表现在：大启动电流冲击电网设备，导致设备发热及电网电压下降，影响同网其他负载正常工作；启动转矩小造成启动过程缓慢，冲击时间长。一般需要根据电动机及负载的要求采取相应的启动措施。

### 2.3.1 笼型异步电动机的启动

笼型异步电动机的启动方式包括全压启动、降压启动和特殊转子结构的笼型异步电动机启动。

**1．全压启动**

全压启动就是将电机直接接入电网，在定子绕组承受额定电压情况下启动，又称直接启动。一般容量的电源可允许 7.5kW 以下异步电机直接启动，如果供电变压器的容量较大，对 7.5kW 以上并且启动电流比满足以下经验公式的异步电机也可直接启动：

$$\frac{I_{st}}{I_N}\leqslant\frac{1}{4}\left[3+\frac{\text{供电变压器容量（kVA）}}{\text{电动机容量（kW）}}\right]$$

**2．降压启动**

对不满足全压启动条件的笼型异步电动机，需要降压启动后再切换至全压运行。降压措施有：定子串电阻或电抗降压、星形-三角形降压、自耦变压器降压、延边三角形降压等。

（1）定子串电阻或电抗降压启动。这种启动措施通过电阻或电抗的分压作用降低定子绕组电压。设全压时定子电压为 $U_1$，降压后的定子绕组电压、电流和启动转矩分别为 $U_1'$、$I_{st}'$、$T_{st}'$，$U_1'=kU_1$。根据启动电流、启动转矩与电压的关系可得：

$$\frac{I_{st}'}{I_{st}}=\frac{U_1'}{U_1}=k\,,\quad \frac{T_{st}'}{T_{st}}=\left(\frac{U_1'}{U_1}\right)^2=k^2$$

可以看出这种启动方式下，启动转矩下降幅度更大，一般适用于空载或轻载启动。

（2）星形-三角形（Y-Δ）降压启动。启动时电机作 Y 接法，启动结束后电机以Δ接法全压运行。设星形、三角形接法下电机的启动电流、启动转矩分别为 $I_{stY}$、$T_{stY}$，$I_{st\Delta}$、$T_{st\Delta}$，则有：

$$\frac{I_{stY}}{I_{st\Delta}}=\frac{(U_1/\sqrt{3})}{\sqrt{3}U_1}=\frac{1}{3}, \qquad \frac{T_{stY}}{T_{st\Delta}}=\left(\frac{U_1/\sqrt{3}}{U_1}\right)^2=\frac{1}{3}$$

Y- Δ启动方法简单，线路换接方便，转矩与电流下降比例均为 1/3 且不能调整，一般用于空载或轻载场合，并且只有正常运行接法为Δ的笼型电机才能使用 Y- Δ启动。

（3）自耦变压器降压启动。采用自耦变压器（又称启动补偿器）降压启动时，自耦变压器的抽头一般有几个可供选择，所以适用于不同容量的电机在不同负载启动时使用。这种启动方式的缺点是：启动设备体积大且笨重、价格高、维护检修工作量大。自耦变压器外形图如图 2.15 所示。自耦变压器启动时的原理接线与一相电路如图 2.16 所示。

图 2.15　自耦变压器外形图

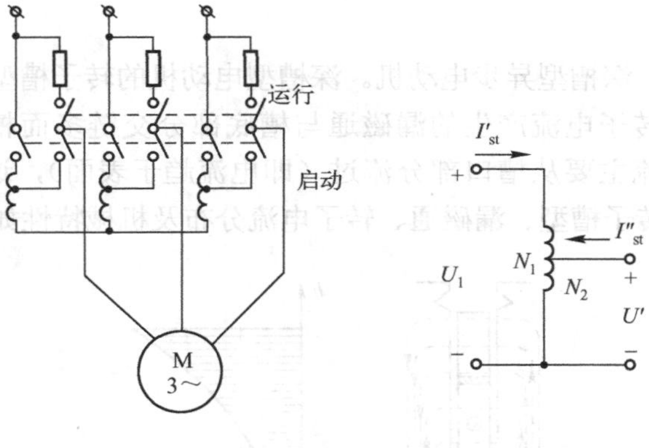


（a）接线示意　　（b）一相电路

图 2.16　自耦变压器启动原理

设电机全压时的电压与启动电流为 $U_1$、$I_{st}$，自耦变压器的降压比例为 $k=U'/U_1=N_2/N_1$，流过电机绕组的启动电流为 $I''_{st}$，反映到自耦变压器原边的启动电流为 $I'_{st}$，则

$$\frac{I''_{st}}{I_{st}}=\frac{U'}{U_1}=k, \quad \frac{I'_{st}}{I''_{st}}=\frac{N_2}{N_1}=k$$

故

$$\frac{I'_{st}}{I_{st}}=\left(\frac{N_2}{N_1}\right)^2=\left(\frac{U'}{U_1}\right)^2=\frac{T'_{st}}{T_{st}}=k^2$$

（4）延边三角形降压启动。这种电机的每相绕组都带有中心抽头，抽头比例可按启动要求在制造电机前确定。启动时的接法如图 2.17（a）所示，部分绕组做Δ连接，其余绕组向外延伸，所以称为延边三角形启动。启动中降压比例取决于抽头比例，绕组延伸部分越多则降压比越大。启动结束后，将电机的三相中心抽头断开并使绕组依次首尾相接以Δ接法运行，如图 2.17（b）所示。延边三角形降压启动主要用于专用电机上。

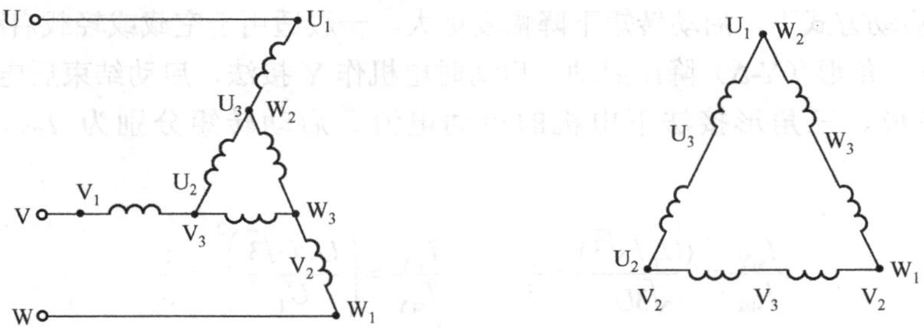


（a）延边三角形运行　　　　　　（b）三角形运行

图 2.17　延边三角形启动原理

**3．深槽型和双笼型异步电动机启动**

深槽型和双笼型异步电动机采用特殊的转子笼型绕组结构来改善启动性能，它们都利用电流的集肤效应使电动机启动时转子绕组的电阻变大，从而降低启动电流、增大启动转矩。

（1）深槽型异步电动机。深槽型电动机的转子槽型深而窄，深宽比是普通电动机的 2～4 倍。转子电流产生的漏磁通与槽底部分交链多而槽口部分较少，故槽口部分漏磁通很小，电流主要从槽口部分流过（即电流趋于表面），这就是所谓的“集肤效应”。深槽型电动机的转子槽型、漏磁通、转子电流分布及机械特性如图 2.18 所示。

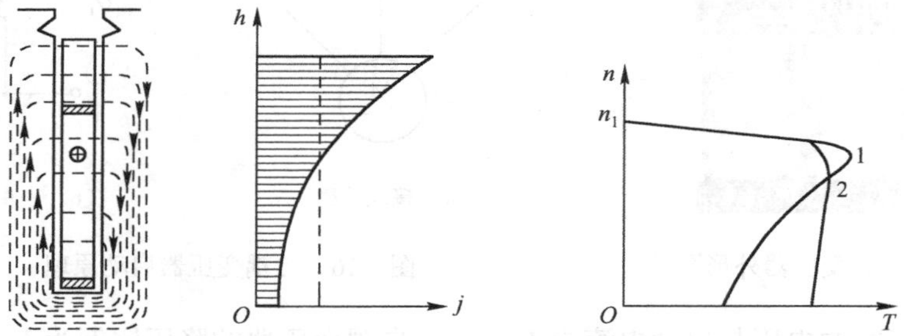


（a）槽型、漏磁通及电流分布　　　　　　（b）机械特性

图 2.18　深槽型异步电动机原理

集肤效应使导条的有效截面积减小，导条电阻增大。由于转子漏电抗正比于转子电流频率，启动时，$s$=1，$f_2$=$f_1$，集肤效应最明显，转子电阻显著增大，机械特性临界点下移导致启动转矩增大，同时启动电流减小。启动结束后电机进入高速运行状态，$f_2$=$sf_1$，$f_2$ 很小，集肤效应基本消失，转子电流近似均匀分布，机械特性基本不受影响，特性如图 2.18 中曲线 2 所示（普通异步电机的特性如图 2.18 中曲线 1 所示）。

（2）双笼型异步电动机。双笼型电机的转子有内、外两套笼型绕组（分别称为工作笼和启动笼）。外笼导条截面小且以电阻率较大的黄铜材料制造；内笼导条截面大并由导电性好的紫铜材料制成。启动时，强烈的集肤效应使转子电流流过电阻较大的外笼（启动笼），启动转矩大且启动电流小，外笼对电动机的启动性能影响大。高速运行时，电流主要流经电阻很小的内笼（工作笼），电动机的运行特性受内笼影响大。双笼型电动机机械特性由启动笼特性和工作笼特性合成，图 2.19 所示分别为双笼型电动机的转子结构、漏磁通分布及机械特性。在图 2.19 所示的特性曲线中，曲线 1、2、3 分别为启动笼特性、工作笼特性和合成的机械特性。

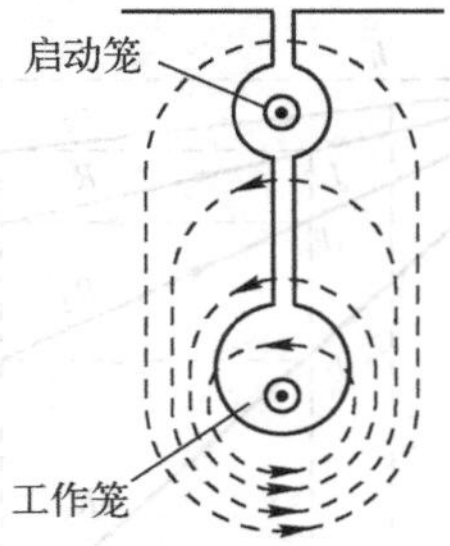


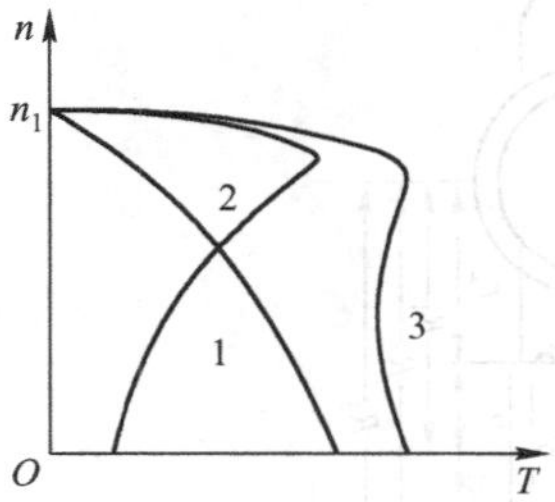


图 2.19　双笼型异步电动机原理

深槽型和双笼型异步电动机正常工作时的转子电流远离转子铁芯表面，转子漏电抗比普通笼型电动机大，电动机运行时的功率因数、过载能力偏低，并且结构复杂、价格偏高。

## 2.3.2　绕线式异步电动机的启动

异步电动机转子电阻对机械特性有很大影响。绕线式电动机通过滑环、电刷结构可将外界启动设备接入转子绕组，从而改善电动机的启动性能。它的突出优点是：可根据不同的负载需要设计相应的启动过程。

### 1．转子串电阻分级启动

启动过程中转子外接启动电阻通过分级短接（根据需要进行手动或自动切除），启动结束后由绕线式电机的提刷短路装置切除启动设备，电机进入固有特性运行，这就是转子串电阻分级启动，其原理接线与机械特性如图 2.20 所示。

电机启动时，转子外接全部启动电阻，这时的转子总电阻为：$R_3$=（$r_2$+$R_{st1}$+$R_{st2}$+$R_{st3}$），机械特性临界点下移量最大，电机以启动转矩 $T_{st1}$ 从 $a$ 点开始启动并沿 $R_3$ 机械特性上升。随着转速上升，转矩开始下降，电机状态到达 $b$ 点（转矩为 $T_{st2}$）后，为增大启动转矩、加快启动过程，将第三级启动电阻短接切除，转子总电阻变为 $R_2$=（$r_2$+$R_{st1}$+$R_{st2}$）。由于惯性作用，电机状态在同转速下切换至 $R_2$ 特性上的 $c$ 点并沿 $R_2$ 特性上升，直至最后依次切除 $R_{st2}$、$R_{st1}$，电机沿固有特性加速至额定状态（$h$ 点）。

转子串电阻分级启动方式下要求选择合理的最大启动转矩 $T_{st1}$ 和切换转矩 $T_{st2}$ 时，如果 $T_{st1}$ 和 $T_{st2}$ 相差较小，则启动过程中转矩变化小，电流与机械冲击小，启动较为平稳但启动电阻级数多，导致切换与控制复杂、冲击频繁；若 $T_{st1}$ 和 $T_{st2}$ 相差较大则相反。一般取：$T_{s1}$=（1.4～2.0）$T_N$；$T_{st2}$=（1.1～1.2）$T_N$。

### 2．转子串频敏变阻器启动

分级启动的缺点主要是：启动设备维护复杂，有冲击，启动过程不平滑。转子串频敏变阻器启动则可根据启动过程中的电机转速自动调整频敏变阻器参数，从而实现平滑启动。图 2.21 为频敏变阻器外形与结构图。图 2.22 所示为转子串频敏变阻器后相应的每相等效电路与机械特性。

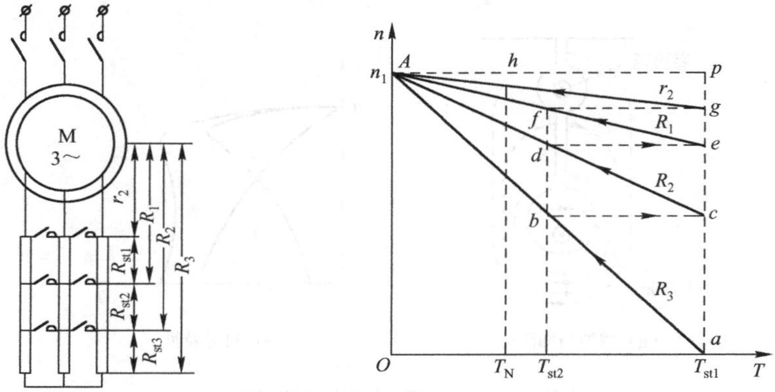


（a）原理接线　　　　（b）机械特性

图 2.20　绕线式异步电动机转子串电阻分级启动

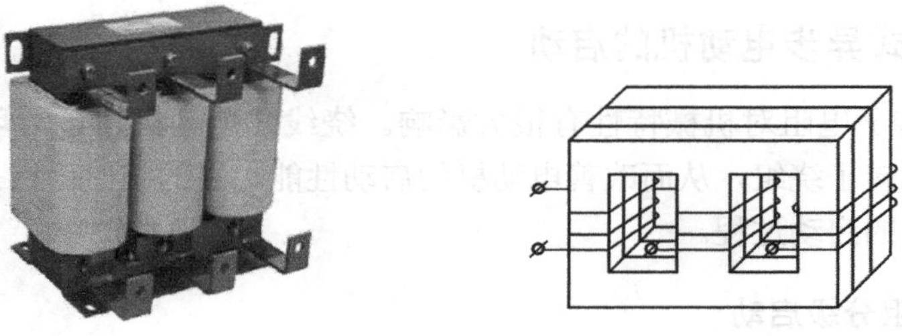

（a）频敏变阻器外形图　　　　（b）频敏变阻器结构图

图 2.21　频敏变阻器外形图与结构图

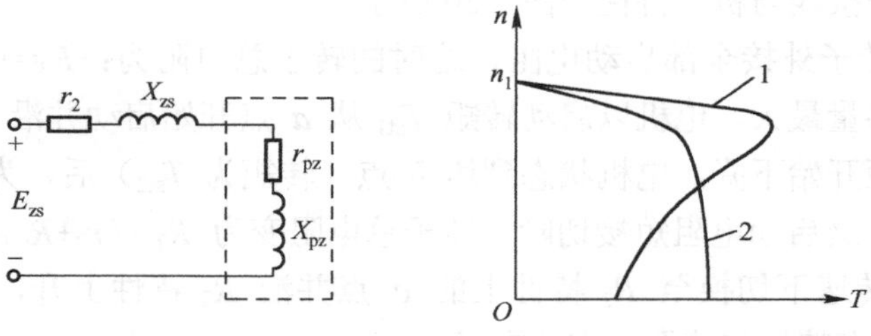


（a）每相等效电路　　　　（b）机械特性

图 2.22　绕线式异步电机转子串频敏变阻器每相等效电路与机械特性

频敏变阻器由整块的厚钢板叠压而成，绕组作星形连接，相当于 3 个共磁路且参数可调的电感线圈。转子电流流经频敏变阻器绕组产生的交变磁通在铁芯中引起大量的铁耗（主要是涡流损耗），相当于转子外接电阻的功率消耗。忽略漏阻抗时，频敏变阻器在电路上可等效励磁电阻 $r_{pz}$ 与励磁电抗 $X_{pz}$ 的串联。铁耗正比于转子电流频率的平方。启动时，$n$=0，

$s$=1，$f_2$=$f_1$，铁耗很大，相当于等值的励磁电阻很大，可以提高启动转矩并降低启动电流；随转速上升，$f_2$=$sf_1$，$f_2$逐渐减小，$r_{pz}$与$X_{pz}$也平滑地减小，因而具有较好的启动性能。为适应不同的负载需求，频敏变阻器的铁芯气隙可调，结合选择适当的绕组抽头后可得到启动转矩近似恒定的启动特性，如图 2.22（b）中的曲线 2 就是转子串频敏变阻器启动的机械特性，曲线 1 则是绕线式电机的固有机械特性。

## 2.4 三相交流异步电动机的调速

所谓调速主要是指通过改变电机的参数而不是通过负载变化来调节电机转速。三相异步电动机的调速依据是：$n = n_1(1-s) = 60f_1(1-s)/p$。调速方式主要有变极调速、变频调速、变转差率调速三大类。随着电力电子技术与器件的发展，目前交流调速系统的调速性能较以往已有很大提高，并逐渐获得广泛应用。

### 2.4.1 变极调速

变极调速就是通过改变三相异步电动机旋转磁场的磁极对数 $p$ 来调节电动机的转速。

#### 1．变极原理

采用变极调速的多速电机普遍通过绕组改接的方法实现变极，如图 2.23 所示。当构成 U 相绕组的两个线圈（组）由首尾相接的顺极性串联改接为反极性串联或反极性并联后，磁场的磁极对数 $p$ 减少一半，电动机的同步转速增加一倍，这将使电动机的转速上升；反之，转速下降。

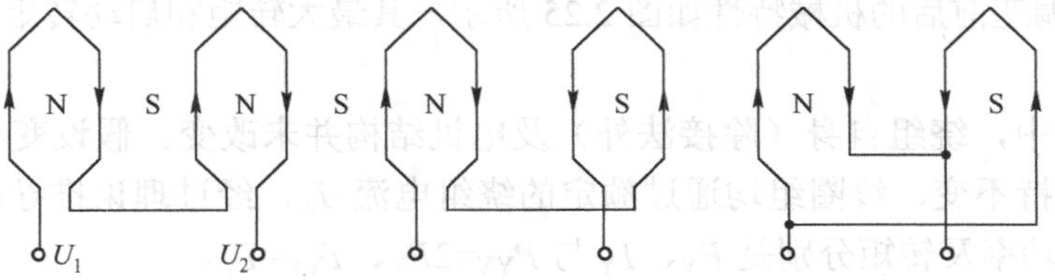


（a）顺极性串联　　（b）反极性串联　　（c）反极性并联

图 2.23　绕组改接变极原理

#### 2．变极调速形式与特征

具体的变极方案有：星形-双星形变极（Y-YY）、三角形-双星形变极（Δ-YY），图 2.22 为这两种变极方式下绕组改接的演变过程，显然 YY 接法（线圈组反极性并联）对应的电动机转速较高。由于变极前后绕组的空间位置并无改变，假设在 YY 接法下（极对数为 $p$）三相绕组首端对应的电角度分别为 0°、120°、240°，与电源相序相同；在Δ接法下（极对数增加为 2$p$）相同的绕组首端空间位置对应的电角度则变为 0°、240°、480°（480°=360°+120°，相当于 120°），恰与原电源相序相反。若要求变极前后电动机的转向不变，需要将电源任意两相对调，接入反相序电源。

（1）Y-YY 变极调速。Y-YY 变极调速绕组改接如图 2.24（a）所示，若电动机在 Y 接法时，磁极对数为 $p$，同步转速为 $n_1$。那么电动机在 YY 接法时，磁极对数变为 $p/2$，同步转速为 $2n_1$。若变极前同步转速为 1 500r/min，则变极后同步转速可达到 3 000r/min。

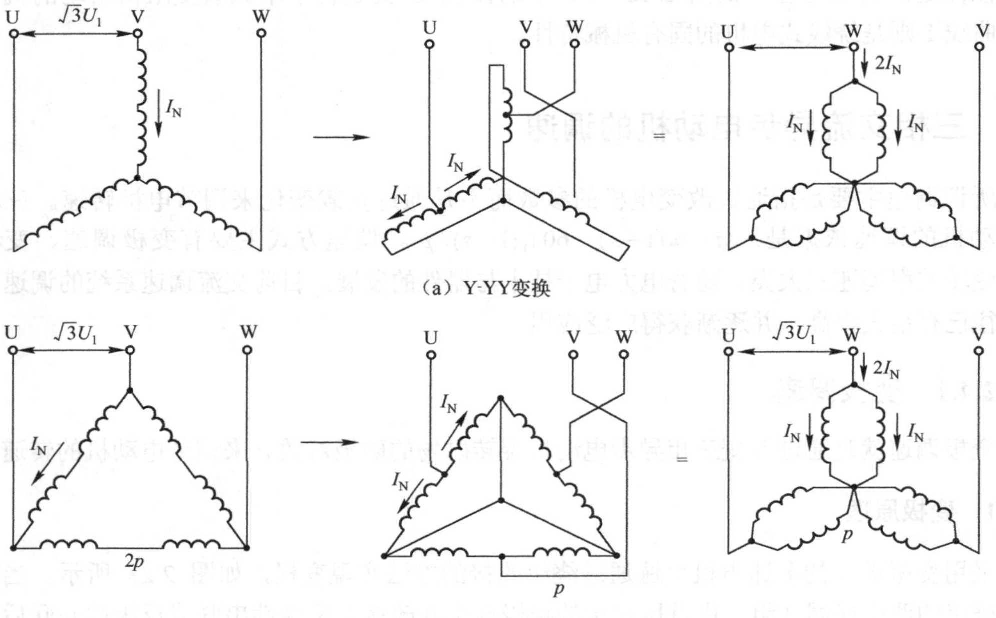


(a) Y-YY变换

(b) Δ-YY变换

图 2.24 Y-YY、Δ-YY 变极绕组改接

Y-YY 变极调速前后的机械特性如图 2.25 所示，其最大转矩和启动转矩的变化情况值得注意。

在变极过程中，绕组自身（除接法外）及电机结构并未改变。假设变极前后电机的功率因数和效率保持不变，线圈组均通过额定的绕组电流 $I_N$，经过理论推导可得，变极前后电机的容许输出功率及转矩分别是 $P_Y$、$T_Y$ 与 $P_{YY}=2P_Y$、$T_{YY}=T_Y$。

（2）Δ-YY 调速。Δ-YY 变极调速绕组改接如图 2.24（b）所示，其机械特性如图 2.25（b）所示。经理论推导可得，变极前后电机的容许输出功率由 $P_\Delta$变为 $P_{YY}=1.15P_\Delta$。

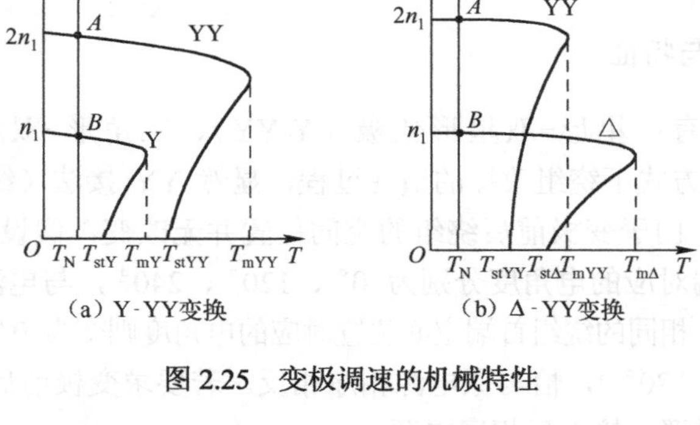


(a) Y-YY变换

(b) Δ-YY变换

图 2.25 变极调速的机械特性

通过上述分析可知：Y-YY 变极调速具有恒转矩调速的性质；Δ-YY 变极调速则近似于

恒功率调速。

变极调速设备简单、运行可靠、机械特性较硬，但调速前后电机转速变化大，对负载冲击大，属于有级调速，一般用于多速电机拖动机床部件或其他耐受转速冲击的设备上。

### 2.4.2 变频调速

改变异步电动机的定子电源频率 $f_1$（即变频）也可以调节电动机转速。变频调速具有调速平滑、调速范围大、准确性及相对稳定性高（尤其是低速特性较硬，抗扰动能力强）、可根据负载要求实现恒功率或恒转矩调速等优点，但需要比较昂贵却又关键的半导体变频设备（有少数场合采用变频机组），技术及操作要求高，运行维护难度大。变频调速大大改善了廉价的笼型电动机的调速性能，发展前途广阔。

由于笼型电动机在设计工作状态下的综合性能较好，从电机本身来看，调速时一般希望主磁通 $\Phi_m$ 保持不变；从拖动负载的角度看，又希望电机的过载能力不变。如果主磁通变大，则可能会因为电机磁路过于饱和引起过大的励磁电流而损害电机；若调速过程中，主磁通过小则电磁转矩将下降，电机的设计容量得不到充分利用。如果因调速使电机过载能力减小，也会影响电机运行的稳定性及调速的准确性。

设调速前后电机的定子电压、电源频率分别为 $U_1$、$f_1$，$U_1'$、$f_1'$。由理论推导可知，变频时需按相同比例调整定子电压才能保持主磁通不变，即

$$\frac{U_1'}{U_1}=\frac{f_1'}{f_1}=\text{常数}$$

如果还要保持过载能力不变，若忽略定子电阻 $r_1$ 的影响并假设铁芯未饱和，磁路仍处在线性磁化状态，则 $x_1 \propto f_1$，$x_2' \propto f_1$，可设 $x_1+x_2'=kf_1$。根据过载能力定义及最大转矩表达式有：

$$T_m \approx \frac{3pU_1^2}{4\pi f_1(x_1+x_2')}=\frac{3pU_1^2}{4\pi k f_1^2}, \quad \lambda=\frac{T_m}{T_N}$$

可得调速前后电压、频率、转矩之间的关系为：

$$\frac{U_1'}{U_1}=\frac{f_1'}{f_1}\sqrt{\frac{T_N'}{T_N}}$$

（1）对恒转矩负载，$T_N=T_N'$，调速时应按相同比例调节电压，即

$$\frac{U_1}{f_1}=\frac{U_1'}{f_1'}$$

此时在理论上能保证主磁通 $\Phi_m$ 和过载能力 $\lambda$ 都不变。由于实际的电动机绝缘强度有限度，因此定子电压达到电机的额定电压 $U_N$ 后，$U_1$ 不能再按变频比例增大。在 $U_1=U_N$ 的情况下，如果从 $f_1$ 自额定频率 $f_N$ 继续上调则主磁通将减小，最大转矩也减小，过载能力下降；当 $f_1$ 自额定频率 $f_N$ 下调时，由于 $x_1+x_2'=kf_1$ 也随 $f_1$ 下降，$r_1$ 逐渐变得不能忽略，主磁通虽可保持近似不变但最大转矩还会减小，过载能力也随之下降。

（2）对恒功率负载，$P_N=P_N'$，根据

$$P_N = T_N \frac{2\pi n_N}{60} \approx \frac{2\pi n_1}{60} T_N = \frac{2\pi f_1}{p} T_N$$

得

$$T_N f_1 = T_N' f_1'$$

或

$$\frac{T_N'}{T_N} = \frac{f_1}{f_1'}$$

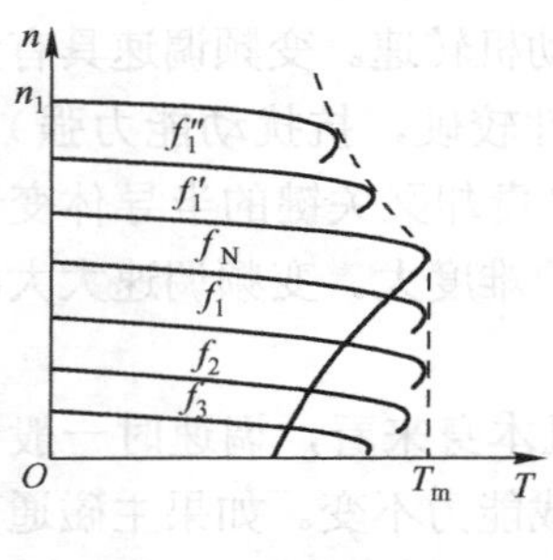


图 2.26　变频调速机械特性

可得到变频过程中的电压调整依据，即

$$\frac{U_1'}{U_1} = \sqrt{\frac{f_1'}{f_1}}$$

此时，电压和主磁通的变化幅度小于频率变化幅度，主磁通有少量改变，电机的过载能力变化较小，低速时的特性硬度较大，抗扰动能力强。变频调速时的机械特性如图 2.26 所示（$f_1'' > f_1' > f_N > f_1 > f_2 > f_3$）。

### 2.4.3　变转差率调速

常见的改变转差率调节电机转速的方法是在绕线式电机转子电路中外接调速电阻。

**1．转子串电阻调速**

转子串电阻后，机械特性上的最大转矩 $T_m$ 不变而临界转差率 $S_m$ 会增大，临界点会下移并可在小范围内对电机进行调速，机械特性如图 2.27 所示。

转子串电阻的调速范围有限，外串较大电阻时的特性很软，抗负载波动能力差；外接电阻的电能消耗量大，调速效率较低。该方法的优点是：方法简单，投资少，可结合绕线式电机的启动、制动状态使用，因而它在很多起重及运输设备中仍有一定的应用。

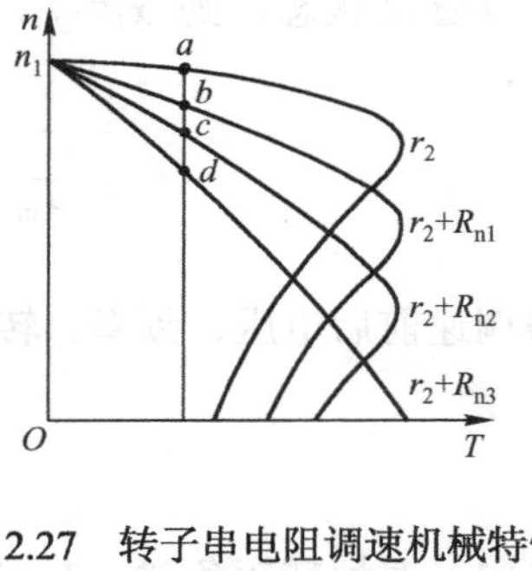

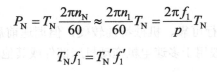

图 2.27　转子串电阻调速机械特性

**2．转子电路引入附加电势调速**

由于转子电流 $I_2$ 与转差率 $s$、转子参数及转子感应电动势 $E_2$ 有关，因此如果在转子电路中引入外接的电动势，则会改变转子电流，进而通过电磁转矩的改变影响电机的转速，这就是转子电路引入附加电势调速。设附加电势 $\dot{E}_p$ 与 $\dot{E}_2$ 同频率，则

$$\dot{I}_{2S} = \frac{s\dot{E}_2 \pm \dot{E}_p}{r_2 + jsX_2}$$

可见，在同频率的前提下，附加电势 $\dot{E}_p$ 的大小及它与转子自身感应电势 $s\dot{E}_2$ 的相位关系对转子电流 $\dot{I}_{2S}$ 有关键性的影响。从能量角度而言，电机调速过程中如果需要补充一定的电能时可由附加电源提供；反之，则多余的能量可通过附加电源回送给电网。如能很好地控制这种能量交换，就能够使电机准确进入调速所要求的状态。这种调速方式的调速范围大而且平滑，准确性及稳定性高，能量利用率高；但要求附加电势的频率始终要与变化的转子感应电

势保持相同，而且对两者之间的相位关系也有要求。因而，这种调速在技术上较为复杂，但它仍不失为异步电动机的一种比较理想的调速方法。

异步电动机除上述三大类调速方法外，还有其他调速方法。例如，人为地改变定子电压或采用电磁离合器调速，甚至于将某些电磁调速装置与电机构成整体而成为电磁调速电机。

## 2.5 三相交流异步电动机的制动

当异步电动机的电磁转矩 $T$ 与转速 $n$ 的方向相反时，电磁转矩将成为电动机旋转的阻力矩，电动机就处在制动状态。制动的目的主要是利用电磁转矩的制动作用使电动机迅速停车（刹车）或者稳定工作在某些有特殊要求的状态。三相异步电动机的电气制动方式包括反接制动、回馈制动和能耗制动三大类。

### 2.5.1 反接制动

当异步电动机的旋转磁场方向与转动方向相反时，电动机进入反接制动状态。这时，$s=[n_1-(-n)]/n_1>1$。根据电机的功率平衡关系可知，电机仍从电源吸取电功率，同时电机又从转轴获得机械功率。这些功率全部以转子铜耗形式被消耗于转子绕组中，能量损耗大，如不采取措施将可能导致电机温升过高造成损害。反接制动包括倒拉反转制动和电源反接制动。

**1．倒拉反转制动**

起重设备工作中常需要绕线式异步电动机拖动位能性负载（负载转矩方向恒定，与电机转向无关。如起重机吊钩连同重物、电梯等）低速下放，此时可以采取倒拉反转制动，其制动过程及机械特性如图 2.28 所示。

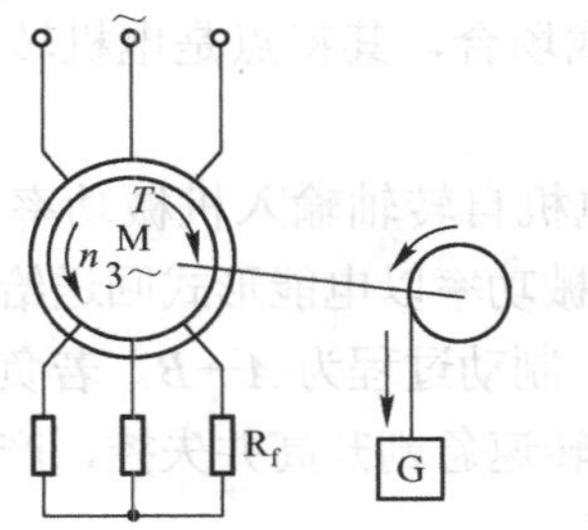


（a）制动示意

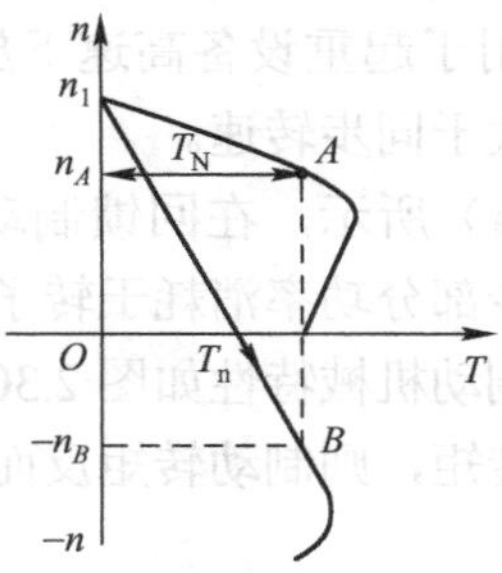


（b）机械特性

图 2.28 绕线式电机倒拉反转制动原理

假设制动前绕线式电机拖动负载处于正向电动状态（$T>0$，$n>0$），对应运行于机械特性上的 $A$ 点。制动时，转子外接大阻值的制动电阻导致机械特性的临界点大幅度下移。由于新特性对应于 $A$ 点转速的转矩很小，因此必然不能维持在 $A$ 点存在的平衡。电机在惯性作用下以转速 $n_A$ 切换至新特性上运行并开始减速。直到转速降至 $n_B$ 后才能与负载平衡，电机运行于 $B$ 点。这时，$n_B<0$，电机反转且转速值较低，但特性软，运行稳定性偏差。

**2．电源反接制动**

针对电动运行的电机，将三相电源的任意两相对调构成反相序电源，则旋转磁场也反向，电机进入电源反接制动状态，制动过程与机械特性如图 2.29 所示。

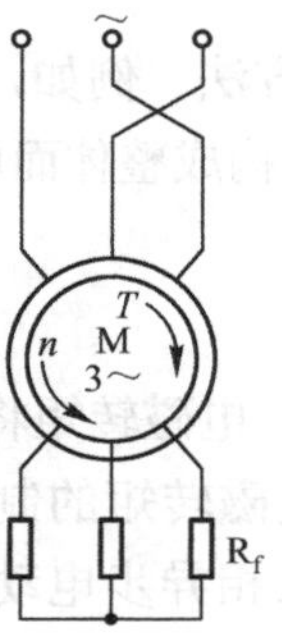


（a）制动示意

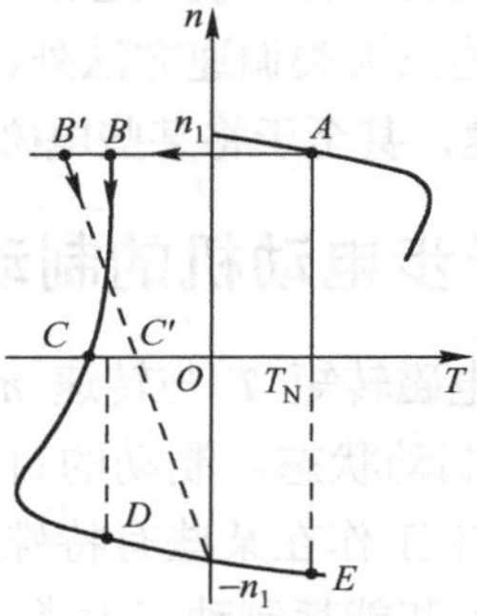


（b）机械特性

图 2.29　异步电机电源反接制动原理

电源反接后，电机因惯性作用由反向机械特性上的 $A$ 点同转速切换至 $B$ 点。在反向电磁转矩作用下，电机沿反向机械特性迅速减速。如果制动的目的是使拖动反抗性负载（负载转矩方向始终与电机转向相反）的电机刹车，则需要在电机状态接近 $C$ 点时及时切断电源，否则电机会很快进入反向电动状态并在 $D$ 点平衡。如果电机拖动的是势能性负载，电机将迅速越过反向电动特性直至 $E$ 点才能重新平衡，这时电机的转速超过其反向同步转速，电机进入反向回馈制动状态。电源反接制动时，冲击电流相当大，为了提高制动转矩并降低制动电流，对绕线式电机常采取转子外接（分段）电阻的电源反接制动，制动过程为 $A \to B' \to C'$。

### 2.5.2　回馈制动

回馈制动常用于起重设备高速下放位能性负载场合，其特点是电机转向与旋转磁场方向相同但转速却大于同步转速。

如图 2.30（a）所示，在回馈制动方式下，电机自转轴输入机械功率，相当于被“负载”拖动，扣除少部分功率消耗于转子外，其余机械功率以电能形式回送给电网，电机处于发电状态。回馈制动机械特性如图 2.30（b）所示，制动过程为 $A \to B$。若负载拖动的转矩超过回馈制动最大转矩，则制动转矩反而下降，电机转速急剧升高并失控，产生“飞车”等严重事故。

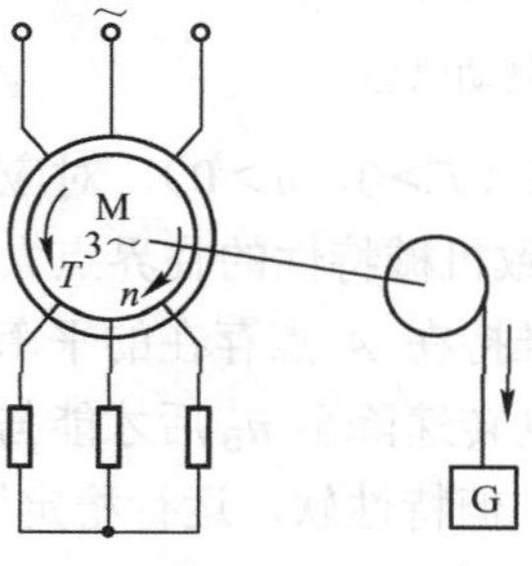


（a）制动示意

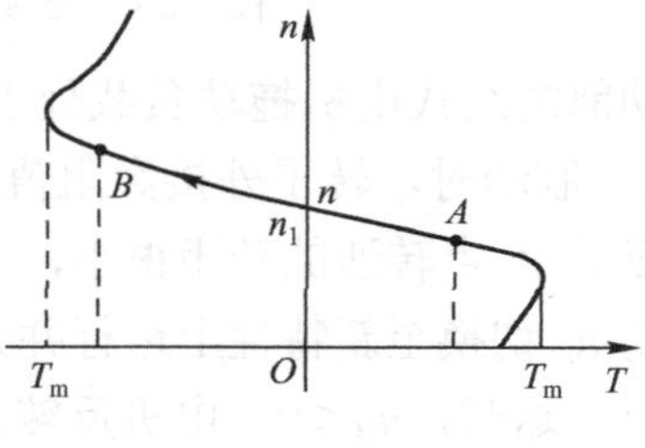


（b）机械特性

图 2.30　异步电机回馈制动原理

### 2.5.3　能耗制动

能耗制动可以克服电源反接制动难以准确停车的缺点，制动后电机能稳定停车。能耗制动的方法是将电动状态的电机交流电源切换为直流电源并采取适当的限流措施，如图 2.31 所示。

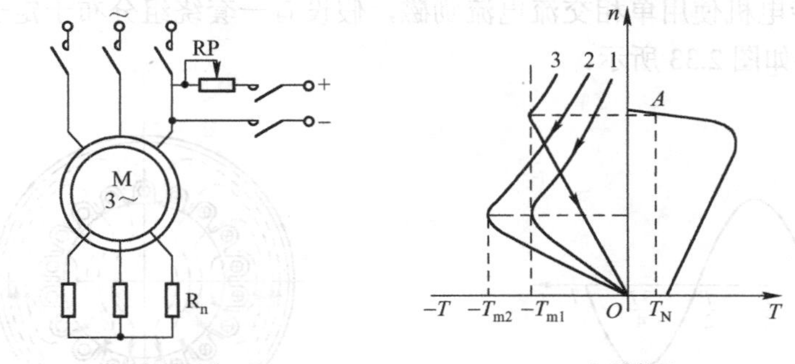


（a）制动示意　　（b）机械特性

图 2.31　异步电机能耗制动原理

直流励磁产生静止的磁场，转子在惯性作用下沿原方向切割该磁场，相当于磁场相对于转子反向旋转产生反向的电磁转矩，当电机转速为零时，转子与旋转磁场相对静止，相当于异步电机的同步状态。能耗制动的机械特性类似于固有机械特性，但同步转速为零，特性相当于倒过来的固有特性并过原点。与交流励磁类似，异步电动机在直流励磁电流固定的情况下其最大转矩固定，但对应于最大转矩的转速值却与转子电阻有关，如图 2.31（b）所示的曲线 1、3。如果直流励磁电流在允许的范围内增大则最大转矩也增大，如曲线 2。为使绕线式电机在高速时获得较大的制动转矩，可在转子电路中外接分段电阻，按照要求逐级切除以加快制动过程。

从能量转换角度看，制动前电机的动能借助直流励磁产生的磁场转化为电能，全部消耗于转子上，因此，这种制动方式被称为能耗制动。

## 2.6　单相交流异步电动机

单相交流异步电动机功率一般较小（通常小于 600W），体积小，结构简单，价格低。由于单相电机由单相交流电源供电，使用方便，因此广泛用于各种电气设备、电动工具及仪器仪表中。单相电机的缺点主要是：启动能力和过载能力较小，功率因数和效率偏低，工作稳定性稍差。图 2.32 为单相电动机的外形图。

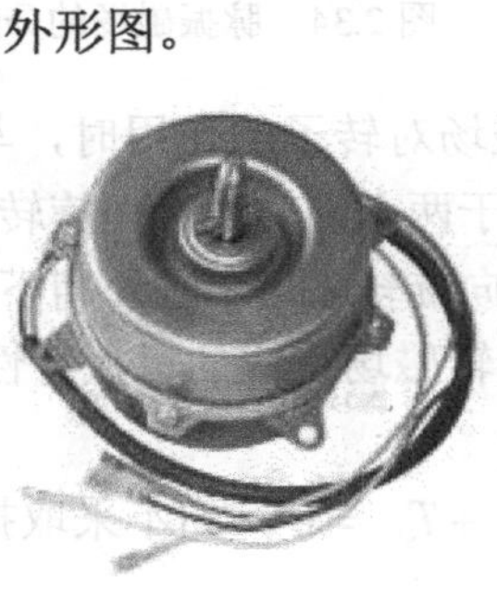

图 2.32　单相电动机外形图

## 2.6.1 单相交流异步电动机的工作原理与机械特性

### 1. 脉振磁场及相应的特性

单相交流异步电机使用单相交流电流励磁，假设有一套绕组分布于定子空间一周，则通电后产生的磁场如图 2.33 所示。

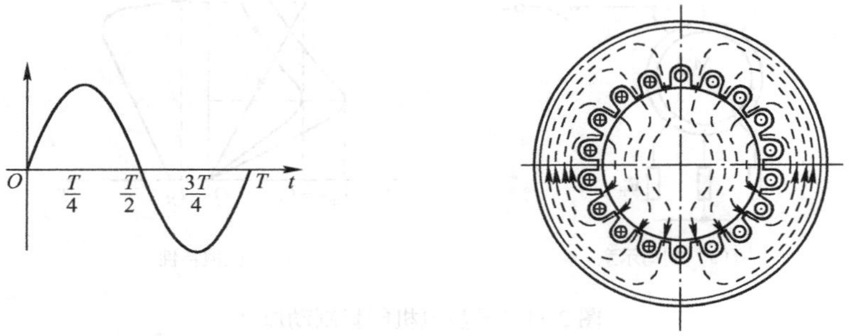


（a）电流波形　　（b）磁场分布

图 2.33　脉振磁场

在方向和大小都周期性变化的正弦交流电流作用下，磁场沿图中垂直方向周期性改变，磁场大小按正弦规律变化，相当于磁场在垂直方向上做周期性振动，所以称为脉振磁场。脉振磁场可分解为两个磁势幅值及转速值相同但转向相反的旋转磁场，它们共同作用于同一个转子，如图 2.34 所示。

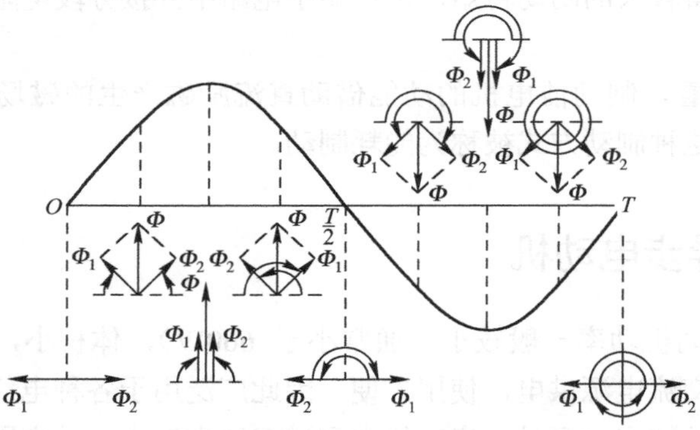


图 2.34　脉振磁场的分解

单独考虑正向或反向旋转磁场对转子的作用时，与三相异步电动机的情况完全相同。原理上，单相异步电机模型相当于两个同轴连接但旋转磁场方向相反的三相异步电机。单相异步电机的机械特性是正向和反向旋转磁场单独作用下机械特性的合成，如图 2.35 所示。

假设分解出的正向、反向旋转磁场造成的机械特性分别为 $T_+ = f(n)$、$T_- = f(n)$，根据合成机械特性可得到以下结论：

（1）启动时，$n$=0，$T_{st} = T_{st+} + T_{st-} = 0$。如不采取措施，模型电机将因合成启动转矩为零而无法自行启动。

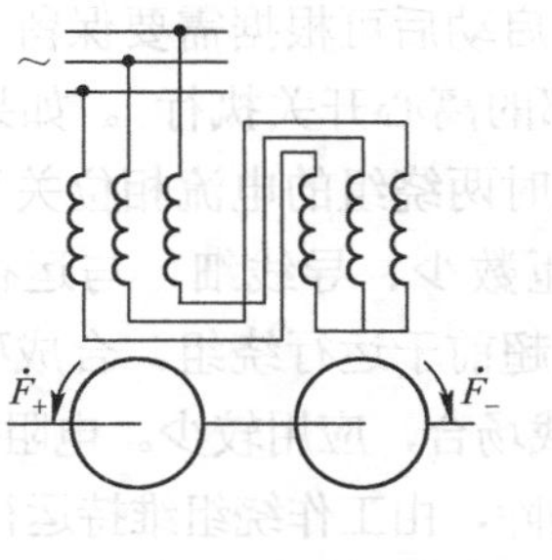

（a）脉振磁场作用下转子的等效

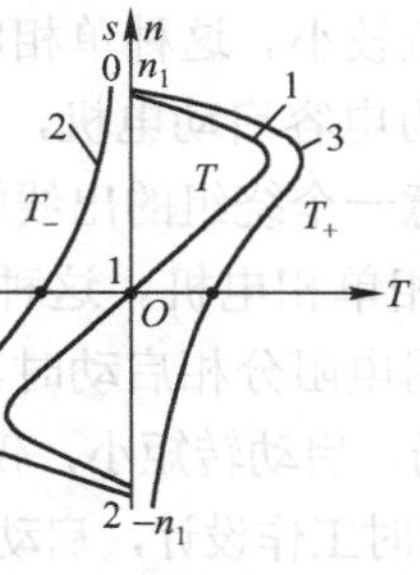

（b）机械特性

图 2.35　脉振磁场作用原理与相应的机械特性

（2）定子绕组通电后，若有外力对静止的转子沿任意方向加速，则导致产生该方向的电磁转矩，当它大于阻力矩时，电机可在沿这个初始方向的某个转速下运行，产生自转现象。

**2．单相电机工作原理与机械特性**

单相交流异步电动机的定子绕组由轴线在空间上错开一定角度的两套绕组构成，分别称为主绕组（又称为工作绕组或运行绕组）和启动绕组。理论分析证明：当两套绕组通入相位不同的正弦交流电流后，将会在铁芯中产生一个类似三相电机的合成旋转磁势，但磁势相量顶点的轨迹一般为椭圆，磁势旋转方向为由电流相位超前的那个绕组空间位置转向另一个绕组所在的空间位置。椭圆形磁势也可分解为两个转速值相同、转向相反但幅值不同的圆形旋转磁场的合成。这样，两个分解磁场单独作用下的机械特性就不再以原点对称，如图 2.36 所示，曲线 1、2 分别代表正向、反向分解磁场单独作用下的机械特性，曲线 3 代表合成机械特性。由于 $T_{st} = T_{st+} + T_{st-} \neq 0$，因此解决了启动问题。这就是单相交流异步电动机的基本工作原理。

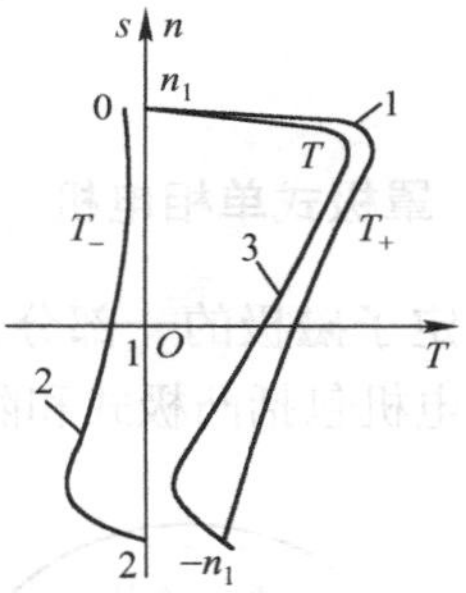

图 2.36　单相交流异步电动机机械特性

## 2.6.2　单相交流异步电动机的启动类型

表面上，如果采取措施让单相电机两套绕组中流过的交流电流有一定的相位差就可以启动。如何使两个空间上已错开一定角度的磁势或磁通之间出现一定的相位差，这是解决启动问题的出发点。据此可将单相交流异步电机分为分相式和罩极式两大类。

**1．分相式单相电机**

分相式单相电机利用电容或电阻串入感性启动绕组中起到移相作用，使启动绕组和工作绕组的电流相位错开，即所谓“分相”。

（1）电容分相单相电机。图 2.37（a）所示为电容分相单相电机的原理接线。由于电容的移相作用比较明显，只要在启动绕组中串入适当容量的电容（一般约为 5～20μF），就可使两绕组的电流相位差接近于 90°，这时的合成旋转磁场接近于圆形旋转磁场，因而启动转矩大同时启动电流较小。这种单相电机应用普遍，启动后可根据需要保留（称为电容运行电机）或切除（称为电容启动电机，由置于电机内部的离心开关执行）。如果需要改变电机的转向，只需将任意一个绕组的出线端对调即可，这时两绕组的电流相位关系相反。

（2）电阻分相单相电机。这种电机启动绕组匝数少、导线细，与运行绕组相比其电抗小、电阻大。采用电阻分相启动时，启动绕组电流超前于运行绕组，合成磁场为椭圆度较大的椭圆形旋转磁场，启动转矩小，仅用于空载或轻载场合，应用较少。电阻分相式单相电机的启动绕组一般按短时工作设计，启动后由离心开关切除，由工作绕组维持运行。图 2.37（b）所示为电阻分相单相电机的原理接线。

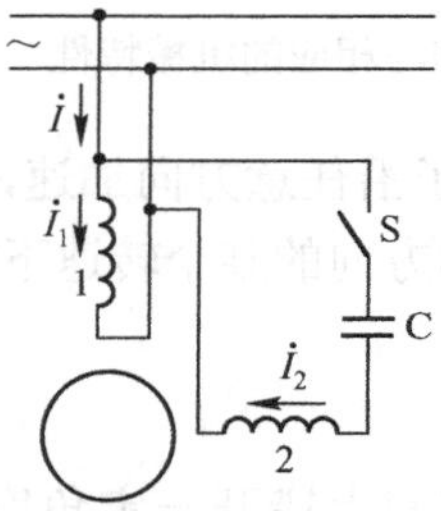


（a）电容分相电机接线

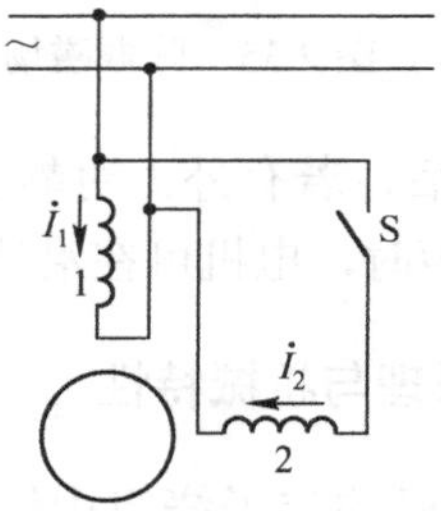


（b）电阻分相电机接线

图 2.37　分相式单相电机原理

**2. 罩极式单相电机**

将定子磁极的一部分嵌放短路铜环或短路线圈（组）就构成了罩极式单相电机。罩极式单相电机包括凸极式和隐极式两种类型。图 2.38 所示为凸极式单相电机原理。

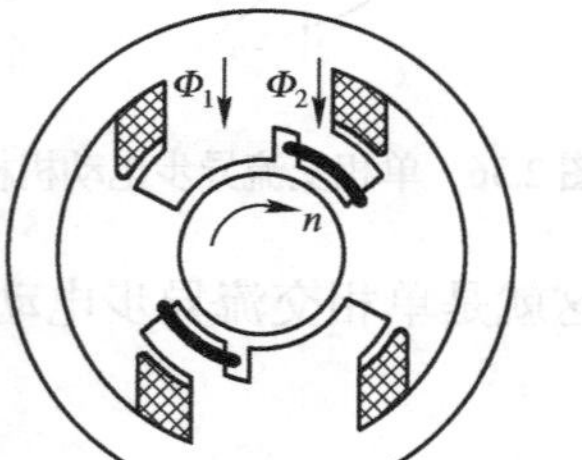


1—工作绕组；2—启动绕组

图 2.38　罩极式（凸极式）单相电机原理

当定子绕组通以单相交流电流后，由它产生的脉振磁场大部分磁通经过气隙直接耦合到转子上，另有少部分磁通则在穿过罩极铜环时产生感应磁通并与之合成后经气隙进入转子磁路。根据楞次定律可知，感应磁通总是阻碍原磁通的变化，且感应磁通相位上落后于原磁通。这样就有了两个在空间上错开一定角度并且又有一定相位差的磁通，合成磁场是一个椭圆度很大的旋转磁场。罩极式电机的旋转方向固定由未罩极部分转向罩极部分，其功率较小，启动转矩小，结构简单，价格低廉，维护简便。罩极式电机一般用于小型鼓风机电机和电扇电机等。

## 习　题　2

**一、填空题**

2.1　三相异步电动机由________和________两大部分组成。

2.2　三相异步电动机的定子由____________、____________和____________等组成。

2.3　三相异步电动机的磁路由____________、____________和____________组成。

2.4 三相笼型异步电动机降压启动常用的方法有__________降压启动、__________降压启动、__________降压启动和__________降压启动4种。

2.5 绕线型异步电动机的启动方法有__________启动和__________启动两种。

2.6 三相异步电动机的调速方法有__________调速、__________调速和__________调速三大类。

**二、判断题（正确的打√，错误的打×）**

2.7 电动机是一种将电能转换成机械能的动力设备。（　　）

2.8 单相电动机可分为两类，即电容启动式和电容运转式。（　　）

2.9 电容启动式是单相交流异步电动机常用的启动方法之一。（　　）

2.10 单相交流异步电动机是只有一相绕组由单相电源供电的异步电动机。（　　）

2.11 单相电容式异步电动机启动绕组中串接一个电容器。（　　）

2.12 改变单相交流异步电动机转向的方法是将任意一个绕组的两个接线端换接。（　　）

2.13 单相绕组通入正弦交流电不能产生旋转磁场。（　　）

2.14 三相交流异步电动机的转子部分是由转子铁芯和转子绕组两部分组成的。（　　）

2.15 三相交流异步电动机的主要部件是定子和转子两部分。（　　）

2.16 电动机的额定功率是指电动机输出的功率。（　　）

2.17 三相交流异步电动机不论运行情况怎样，其转差率都在0～1之间。（　　）

2.18 当三相交流异步电动机定子绕组中通以三相对称交流电时，在定子与转子的气隙中便产生旋转磁场。（　　）

2.19 按三相交流异步电动机转子的结构形式，可把异步电动机分为笼型和绕线型两类。（　　）

2.20 三相交流异步电动机转子绕组的电流是由电磁感应产生的。（　　）

2.21 三相交流异步电动机的额定电压是指加于定子绕组上的相电压。（　　）

2.22 三相交流异步电动机的转子转速不可能大于其同步转速。（　　）

2.23 变极调速只适用于笼型异步电动机。（　　）

2.24 变频调速适用于笼型异步电动机。（　　）

2.25 改变转差率调速只适用于绕线型异步电动机。（　　）

2.26 变阻调速不适用于笼型异步电动机。（　　）

**三、选择题**

2.27 电动机的定额是指（　　）。

A．额定电流　　B．额定功率　　C．额定电压　　D．允许的运行方式

2.28 三相交流异步电动机对称的三相绕组在空间位置上应彼此相差（　　）。

A．60°电角度　　B．120°电角度　　C．180°电角度　　D．360°电角度

2.29 三相交流异步电动机的额定转速（　　）。

A．小于同步转速　　B．大于同步转速　　C．等于同步转速　　D．小于转差率

2.30 三相交流异步电动机定子绕组同一个极相组电流方向应（　　）。

A．相加　　B．不确定　　C．相反　　D．相同

2.31 三相交流异步电动机的旋转速度跟（　　）无关。

A．旋转磁场的转速　　B．磁极数

C．电源频率　　D．电源电压

2.32 电源频率为 50Hz 的 6 极三相交流异步电动机的同步转速应是（ ）。

A．750　　B．1 000　　C．1 500　　D．3 000

2.33 三相交流异步电动机旋转磁场的方向与（ ）有关。

A．磁极对数　　B．绕组的接线方式　　C．绕组的匝数　　D．电源的相序

2.34 单相交流异步电动机的基本部件是（ ）

A．定子　　B．转子　　C．定子和转子　　D．转子和机座

2.35 单相电容启动式异步电动机中的电容应（ ）。

A．并联在启动绕组两端　　B．串联在启动绕组中

C．并联在运行绕组两端　　D．串联在运行绕组中

2.36 单相交流异步电动机定子绕组加单相电源后，在电动机内产生（ ）磁场。

A．脉动　　B．旋转　　C．静止　　D．无

2.37 单相电容式异步电动机的定子绕组由（ ）构成。

A．工作绕组和启动绕组　　B．工作绕组

C．启动绕组　　D．旋转绕组

2.38 三相交流异步电动机启动瞬间，转差率为（ ）。

A．$s$=0　　B．$s=s_N$　　C．$s$=1　　D．$s>1$

2.39 三相交流异步电动机空载运行时，转差率为（ ）。

A．$s$=0　　B．$s<s_N$　　C．$s>s_N$　　D．$s$=1

2.40 三相交流异步电动机额定运行时，其转差率一般为（ ）。

A．$s$=0.004～0.007　　B．$s$=0.02～0.06

C．$s$=0.1～0.7　　D．$s$=1

2.41 三相交流异步电动机的额定功率是指（ ）。

A．输入的视在功率　　B．输入的有功功率

C．电磁功率　　D．输出的机械功率

2.42 三相交流异步电动机机械负载加重时，其定子电流将（ ）。

A．增大　　B．减小　　C．不变　　D．不一定

2.43 三相交流异步电动机机械负载加重时，其转子转速将（ ）。

A．升高　　B．降低　　C．不变　　D．不一定

2.44 三相交流异步电动机启动转矩不大的主要原因是（ ）。

A．启动时电压低　　B．启动时电流大

C．启动时磁通少　　D．启动时功率因数低

# 第 3 章　直 流 电 机

直流电机包括直流电动机和直流发电机，与三相交流异步电动机相比，其主要优点是速度调节范围宽广，平滑性、经济性较好，启动转矩较大。但是直流电机也有它显著的缺点，它结构复杂，价格高，维护不方便，尤其是电刷与换向器之间容易产生火花，故障较多，因而运行可靠性较差。目前直流电机主要应用于电力拖动性能要求较高的场合，如起重机械、电力机车、大型可逆轧钢机和龙门刨床等生产机械中。直流电动机外形图如图 3.1 所示。

图 3.1　直流电动机外形图

## 3.1　直流电机的工作原理、基本结构及励磁方式

### 3.1.1　直流电机的工作原理

#### 1．直流发电机的工作原理

直流发电机的工作原理如图 3.2 所示。当励磁绕组通以直流励磁电流时，产生固定不变的 N 极和 S 极。当原动机（柴油机等）拖动电枢转动时，电枢导体切割磁力线，产生感应电动势 $e$，方向可以用右手定则来判断。以 $a$-$b$ 导体为例，在 N 极下时，产生的感应电动势 $e$ 的方向由 $b$ 指向 $a$；当转到 S 极下时，$e$ 的方向变为由 $a$ 指向 $b$。可见，若直接将导体中的感应电动势输出，只能得到交流电动势。但不论是导体 $a$-$b$ 还是 $c$-$d$，只要转到 N 极下，感应电动势 $e$ 的方向总是相同的，同样在 S 极下，$e$ 的方向也相同。因此，在同一个磁极下，导体中产生的感应电动势的方向总是固定不变的。如果电刷 A 总是与 N 极下的导线相连，电刷 B 总是与 S 极下的导体相连，那么从电刷 A、B 间引出的电动势将是一个极性不变的直流电动势。换向器的作用就是将发电机电枢绕组内产生的交变电动势变换为电刷间或输出端子上的直流电动势。

另一方面，当发电机带负载时，电枢导体中将有电流流过，方向与 $e$ 相同，这时导体和磁场间将产生电磁力，其方向由左手定则判定，如图 3.2 所示。由于 N 极（或 S 极）下导体中电流的方向不变，故导体所受电磁力方向也不变，从而形成了一个试图阻止电枢线圈旋转的电磁转矩，原动机必须输入足够的机械转矩来抵消它的影响，才能维持发电机匀速旋转发电。发电机就这样把机械能转换为电能。

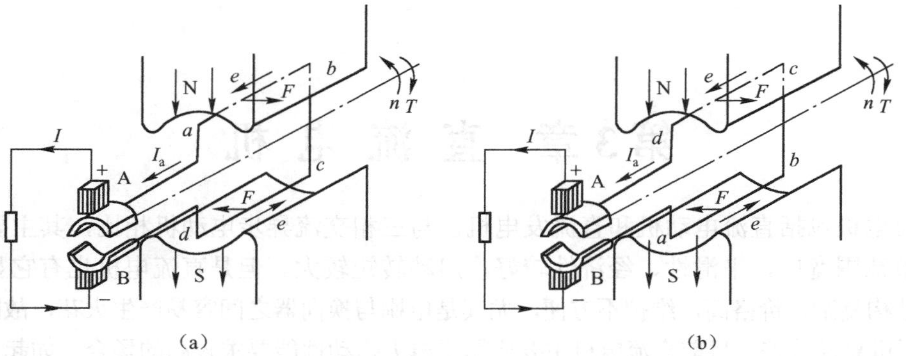


图 3.2　直流发电机的工作原理

**2．直流电动机的工作原理**

图 3.3 所示为直流电动机的工作原理。在励磁绕组中通入直流励磁电流建立 N 极和 S 极，当电刷间加直流电压时，将有电流通过电刷流入电枢导体，图 3.3（a）所示导体 *a-b* 中电流 $I_a$ 的方向由 *a* 指向 *b*，根据左手定则，将受到电磁转矩的作用，使线圈逆时针方向旋转；由于电刷 A 总与N极下的导体相连，电刷 B 总与 S 极下的导体相连，当导体转过 180°时，如图 3.3（b）所示，导体 *a-b* 中 $I_a$ 的方向被及时改变成由 *b* 指向 *a*，所受的电磁转矩依然使导体按原方向旋转。

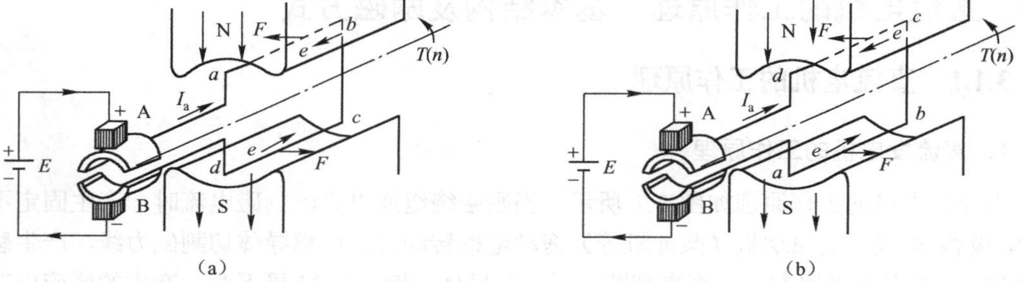


图 3.3　直流电动机的工作原理

另一方面，当电枢沿一定方向转动时，电枢导体也切割磁力线，产生感应电动势 *e*，由右手定则判断，感应电动势 *e* 的方向始终与导体中的电流方向相反，故称反电动势。电源必须克服这一反电动势才能向电动机输送电能。可见电动机从电源吸取了电功率，向负载输出机械功率，从而将电能转换为机械能。

**3．直流电机的可逆运行原理**

从上述直流电机的工作原理来看，一台直流电机若在电刷两端加上直流电压输入电能，即可拖动生产机械旋转，输出机械能而成为电动机；反之若用原动机带动电枢旋转，输入机械能，就可在电刷两端得到一个直流电动势作为电源，输出电能而成为发电机。说明同一台电机在一定条件下既可作为电动机又可作为发电机运行。这就是电机的可逆运行原理。

### 3.1.2 直流电机的基本结构

直流电动机和直流发电机的结构基本一样。直流电机由静止的定子和转动的转子两大部分组成，在定子和转子之间存在一个间隙，称为气隙。定子的作用是产生磁场和支撑电机，它主要包括主磁极、换向磁极、机座、电刷装置、端盖等。转子的作用是产生感应电动势和电磁转矩，实现机电能量的转换，通常也被称为电枢。它主要包括电枢铁芯、电枢绕组以及换向器、转轴、风扇等。直流电机的结构如图 3.4 所示。

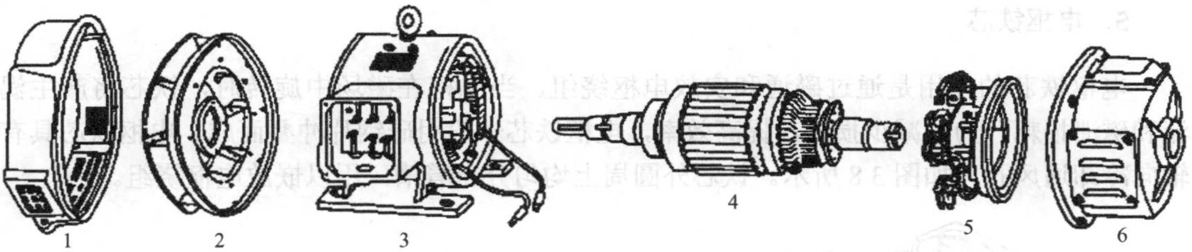


1—前端盖；2—风扇；3—定子；4—转子；5—电刷及刷架；6—后端盖

图 3.4 直流电机的结构

**1. 主磁极**

主磁极的作用是产生主磁通，它由铁芯和励磁绕组组成，如图 3.5 所示。铁芯一般用 1～1.5mm 的低碳钢片叠压而成，小电机也有用整块的铸钢磁极的。主磁极上的励磁绕组是用绝缘铜线绕制而成的集中绕组，与铁芯绝缘，各主磁极上的线圈一般都是串联起来的。主磁极总是成对的，并按 N 极和 S 极交替排列。

**2. 换向磁极**

换向磁极的作用是产生附加磁场，用以改善电机的换向性能。通常铁芯由整块钢做成，换向磁极的绕组应与电枢绕组串联。换向磁极装在两个主磁极之间，如图 3.6 所示。其极性在作为发电机运行时，应与电枢导体将要进入的主磁极极性相同；在作为电动机运行时，则应与电枢导体刚离开的主磁极极性相同。

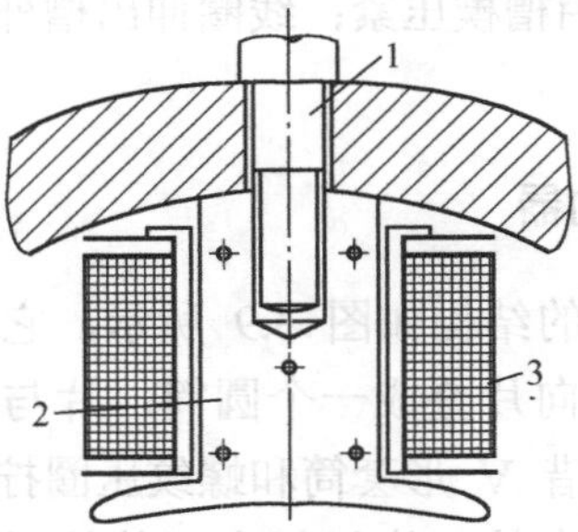


1—固定螺钉；2—主磁极铁芯；3—励磁绕组

图 3.5 直流电机的主磁极

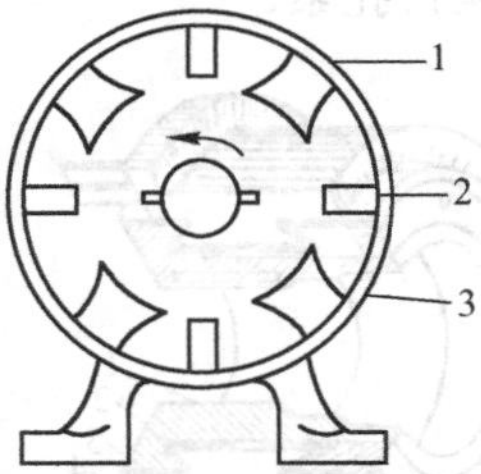


1—主磁极；2—换向磁极；3—极座

图 3.6 换向磁极的位置

**3. 机座**

机座一方面用来固定主磁极、换向磁极和端盖等，另一方面作为电机磁路的一部分称为磁轭。机座一般用铸钢或钢板焊接制成。

#### 4. 电刷装置

在直流电机中，为了使电枢绕组和外电路连接起来，必须装设固定的电刷装置，它是由电刷、刷握和刷杆座组成的，如图 3.7 所示。电刷是用石墨等做成的导电块，放在刷握内，用弹簧压指将它压触在换向器上。刷握用螺钉夹紧在刷杆上，用铜绞线将电刷和刷杆连接，刷杆装在刷座上，彼此绝缘，刷杆座装在端盖上。

#### 5. 电枢铁芯

电枢铁芯的作用是通过磁通和安放电枢绕组。当电枢在磁场中旋转时，铁芯将产生涡流和磁滞损耗，为了减少损耗，提高效率，电枢铁芯一般用硅钢片冲叠而成。电枢铁芯具有轴向冷却通风孔，如图 3.8 所示。铁芯外圆周上均匀分布着槽，用以嵌放电枢绕组。

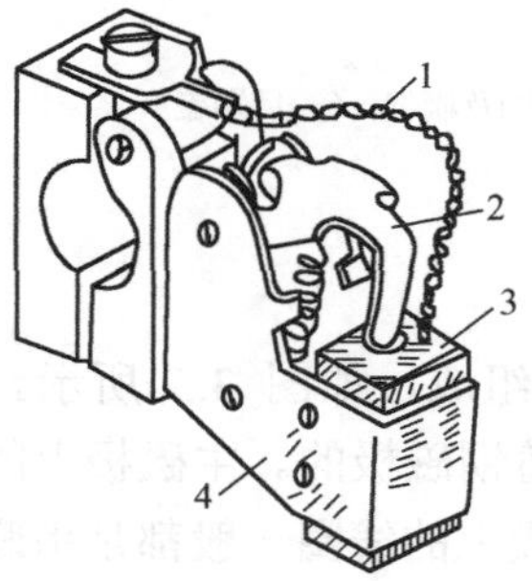


1—铜丝辫；2—压指；3—电刷；4—刷握

图 3.7　电刷与刷握

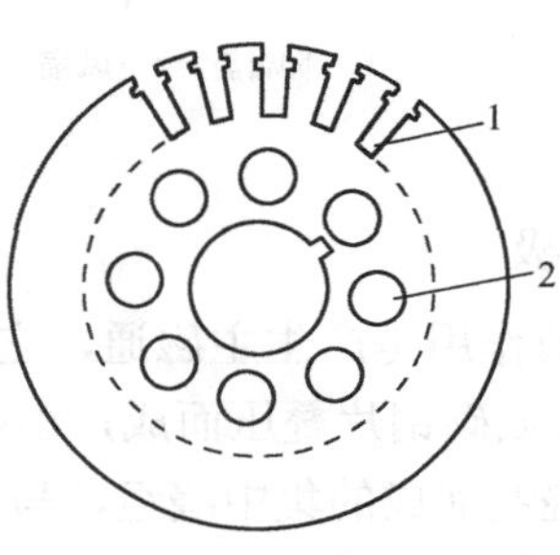


1—槽；2—轴向通风孔

图 3.8　电枢冲片

#### 6. 电枢绕组

电枢绕组的作用是产生感应电动势和通过电流产生电磁转矩，实现机电能量转换。绕组通常用漆包线绕制而成，嵌入电枢铁芯槽内，并按一定的规则连接起来。为了防止电枢旋转时产生的离心力使绕组飞出来，绕组嵌入槽内后，用槽楔压紧；线圈伸出槽外的端接部分用无纬玻璃丝带扎紧。

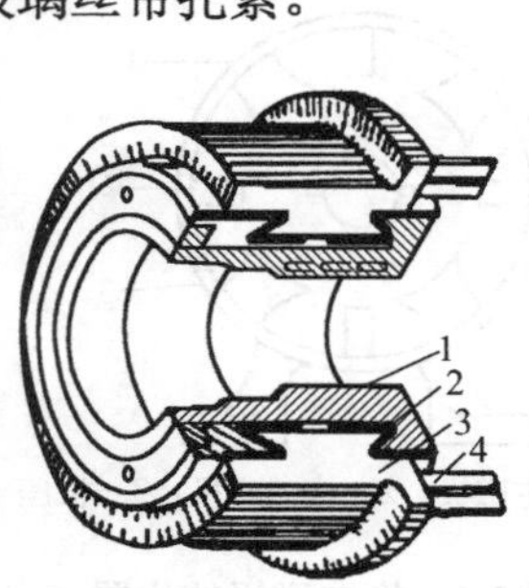


1—V形套筒；2—云母片；3—换向片；4—连接片

图 3.9　拱型换向器

#### 7. 换向器

换向器的结构如图 3.9 所示，它由许多带有鸽尾形的换向片叠成一个圆筒，片与片之间用云母片绝缘，借 V 形套筒和螺纹压圈拧紧成一个整体。每个换向片与绕组每个元件的引出线焊接在一起，其作用是将直流电动机输入的直流电流转换成电枢绕组内的交变电流，进而产生恒定方向的电磁转矩，使电动机连续运转。

### 3.1.3　直流电机的励磁方式

直流电机的励磁方式是指电机励磁电流的供给方式，根据励磁支路和电枢支路的相互关系，有他励、自励（并励、串励和复励）、永磁方式。

直流发电机的各种励磁方式接线如图 3.10 所示。直流电动机的各种励磁方式接线如图 3.11 所示。

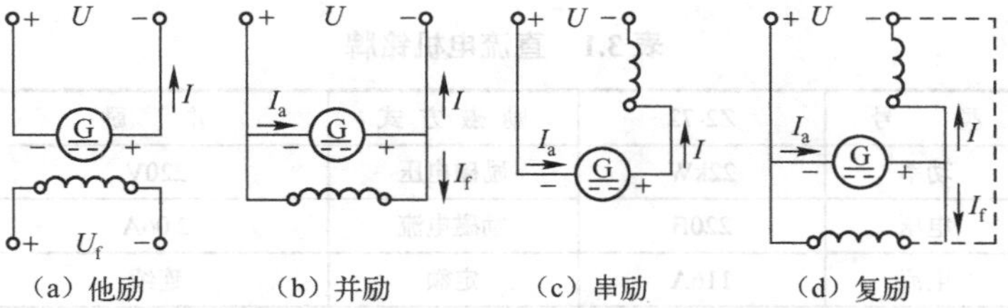


图 3.10 直流发电机按励磁分类接线图

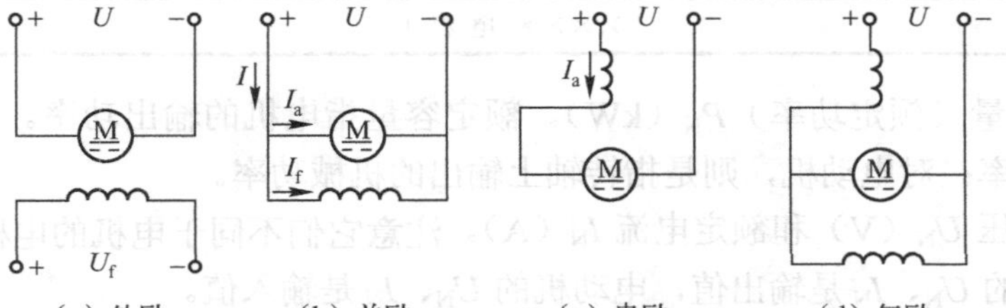


图 3.11 直流电动机按励磁分类接线图

**1．他励方式**

在他励方式中，电枢绕组和励磁绕组电路相互独立，电枢电压 $U$ 与励磁电压 $U_f$ 彼此无关，电枢电流 $I_a$ 与励磁电流 $I_f$ 也无关。

**2．并励方式**

在并励方式中，电枢绕组和励磁绕组是并联关系，在并励发电机中 $I_a=I+I_f$，而在并励电动机中 $I_a=I-I_f$。

**3．串励方式**

在串励方式中，电枢绕组与励磁绕组是串联关系。由于励磁电流等于电枢电流，所以串励绕组通常线径较粗，而且匝数较少。无论是发电机还是电动机，均有 $I_a=I=I_f$。

**4．复励方式**

复励电机的主磁极上有两部分励磁绕组，其中一部分与电枢绕组并联，另一部分与电枢绕组串联。当两部分励磁绕组产生的磁通方向相同时，称为积复励，反之称为差复励。

## 3.1.4 直流电机的铭牌数据及系列

**1．直流电机铭牌数据**

电机制造厂按照国家标准，根据电机的设计和试验数据，规定了电机的正常运行状态和条件，通常称之为额定运行。凡表征电机额定运行情况的各种数据均称为额定值，标注在电机铝制铭牌上，它是正确合理使用电机的依据。直流电机的主要额定值如表 3.1 所示。

**表 3.1 直流电机铭牌**

| 型　　号 | Z2-72 | 励 磁 方 式 | 并　　励 |
|---|---|---|---|
| 功率 | 22kW | 励磁电压 | 220V |
| 电压 | 220B | 励磁电流 | 2.06A |
| 电流 | 116A | 定额 | 连续 |
| 转速 | 1 500r/min | 温升 | 80℃ |
| 编号 | ×××× | 出厂日期 | ××××年×月×日 |
| ×××× 电 机 厂 | | | |

（1）额定容量（额定功率）$P_N$（kW）。额定容量指电机的输出功率。对发电机而言，是指输出的电功率；对电动机，则是指转轴上输出的机械功率。

（2）额定电压 $U_N$（V）和额定电流 $I_N$（A）。注意它们不同于电机的电枢电压 $U_a$ 和电枢电流 $I_a$，发电机的 $U_N$、$I_N$ 是输出值，电动机的 $U_N$、$I_N$ 是输入值。

（3）额定转速 $n_N$（r/min）。额定转速是指加额定电压、额定输出时的转速。

电机在实际应用时，是否处于额定运行情况，要由负载的大小决定。一般不允许电机超过额定值运行，因为这样会减少电机的使用寿命，甚至损坏电机。但也不能让电机长期轻载运行，这样不能充分利用设备，运行效率低，所以应该根据负载大小合理选择电机。

**2．直流电机系列**

我国目前生产的直流电机主要有以下系列：

（1）Z2 系列。该系列为一般用途的小型直流电机系列。“Z”表示直流，“2”表示第二次改进设计。系列容量为 0.4～200kW，电动机电压为 110V、220V，发电机电压为 115V、230V，属防护式。

（2）ZF 和 ZD 系列。这两个系列为一般用途的中型直流电机系列。“F”表示发电机，“D”表示电动机。系列容量为 55～1 450kW。

（3）ZZJ 系列。该系列为起重、冶金用直流电机系列。电压有 220V、440V 两种。工作方式有连续、短时和断续三种。ZZJ 系列电机启动快速，过载能力大。

此外，还有 ZQ 直流牵引电动机系列及用于易爆场合的 ZA 防爆安全型直流电机系列等。

## 3.2 直流电机的感应电动势和电磁转矩

**1．电枢绕组的感应电动势 $E_a$**

对电枢绕组电路进行分析，可得直流电机电枢绕组的感应电动势为：

$$E_a = C_e \Phi n$$

式中，$\Phi$为电机的每极磁通；

$n$ 为电机的转速；

$C_e$是与电机结构有关的常数，称为电动势常数。

$E_a$ 的方向由$\Phi$与 $n$ 的方向按右手定则确定。从式$E_a = C_e\Phi n$可以看出，若要改变 $E_a$ 的大小，可以改变$\Phi$（由励磁电流 $I_f$决定）或 $n$ 的大小。若要改变 $E_a$ 的方向，可以改变$\Phi$的方向或电机的旋转方向。

无论是直流电动机还是直流发电机，电枢绕组中都存在感应电动势，在发电机中 $E_a$ 与电枢电流 $I_a$方向相同，是电源电动势；而在电动机中 $E_a$与 $I_a$的方向相反，是反电动势。

**2．直流电机的电磁转矩 $T$**

同样，我们也能分析得到电磁转矩 $T$ 为：

$$T = C_T\Phi I_a$$

式中，$I_a$为电枢电流；

$C_T$也是一个与电机结构相关的常数，称为转矩常数。

电磁转矩 $T$ 的方向由磁通$\Phi$及电枢电流 $I_a$的方向按左手定则确定。式$T = C_T\Phi I_a$ 表明：若要改变电磁转矩的大小，只要改变$\Phi$或 $I_a$的大小即可；若要改变 $T$ 的方向，只要改变$\Phi$或 $I_a$其中之一的方向即可。

感应电动势 $E_a$和电磁转矩 $T$ 是密切相关的。例如，当他励直流电动机的机械负载增加时，电机转速将下降，此时反电动势 $E_a$ 减小，$I_a$ 将增大，电磁转矩 $T$ 也增大，这样才能带动已增大的负载。

# 3.3　直流电动机的工作特性

## 3.3.1　他励（并励）电动机的工作特性

他励（并励）直流电动机的工作特性是指在 $U=U_N$、$I_f=I_{fN}$、电枢回路的附加电阻 $R_{pa}=0$ 时，电动机的转速 $n$、电磁转矩 $T$ 和效率$\eta$三者与输出功率 $P_2$（负载）之间的关系，即 $n$、$T$、$\eta=f$（$P_2$）。在实际应用中，由于电枢电流 $I_a$ 较易测量，且 $I_a$随 $P_2$ 的增大而增大，变化趋势相近，故也可将工作特性表示为 $n$、$T$、$\eta=f$（$I_a$）的关系。工作特性可用实验方法求得，曲线如图 3.12 所示。

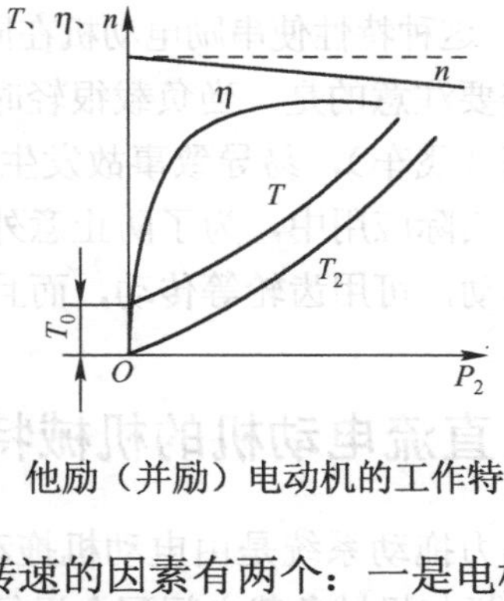

图 3.12　他励（并励）电动机的工作特性曲线

**1．转速特性**

由理论推导可得电动机转速 $n$ 为：

$$n = \frac{U_N - I_a R_a}{C_e\Phi}$$

对于某一电动机，$C_e$ 为一常数。当 $U=U_N$ 时，影响转速的因素有两个：一是电枢回路的电阻压降 $I_aR_a$，二是磁通$\Phi$。通常随着负载的增加，当电枢电流 $I_a$ 增加时，一方面使电枢压降 $I_aR_a$ 增加，从而使转速 $n$ 下降；另一方面由于电枢反应的去磁作用增加，使磁通$\Phi$减小，从而使转速 $n$ 上升。这两个因素的共同作用，使电动机的转速变化很小。一般在设计电动机时，为了保证电动机稳定，而使其具有略为下降的转速特性。

电动机转速从空载到满载的变化程度，称为电动机的额定转速变化率 $\Delta n\%$，他励（并励）电动机的转速变化率很小，约为 2%～8%，基本上可认为是恒速电动机。

**2．转矩特性**

输出转矩 $T_2=9.55P_2/n$，由此可见，当转速不变时，$T_2=f(P_2)$ 将是一条通过原点的直线。但实际上，当 $P_2$ 增加时，$n$ 略有下降，因此 $T_2=f(P_2)$ 的关系曲线略为向上弯曲。而电磁转矩 $T=T_2+T_0$（空载转矩 $T_0$ 数值很小且近似为一常数），因此只要在 $T_2=f(P_2)$ 曲线上加上空载转矩 $T_0$ 便得到 $T=f(P_2)$ 的关系曲线。

**3．效率特性**

效率特性是在 $U=U_N$ 时的 $\eta=f(P_2)$。效率是指输出功率 $P_2$ 与输入功率 $P_1$ 之比。当电动机的不变损耗 $P_0$ 等于可变损耗 $P_{Cua}$ 时，效率达到最大值。

### 3.3.2 串励电动机的工作特性

因为串励电动机的励磁绕组与电枢绕组串联，故励磁电流 $I_f=I_a$ 与负载有关。这就是说，串励电动机的气隙磁通 $\Phi$ 将随负载的变化而变化，这是串励电动机的特点（他励或并励电动机，若不计电枢反应，可认为 $\Phi$ 与负载无关）。正是这一特点，使串励电动机的工作特性与他励电动机有很大的差别，如图 3.13 所示。

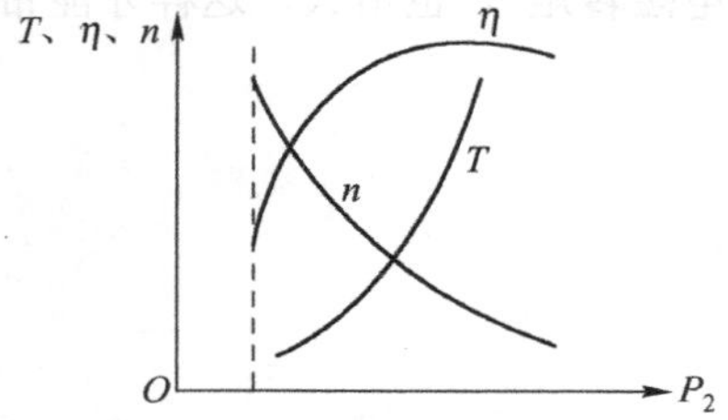

图 3.13　串励电动机的工作特性曲线

与他励电动机相比，串励电动机的转速随输出功率 $P_2$ 的增加而迅速下降，这是因为 $P_2$ 增大时，$I_a$ 随之增大，电枢回路的电阻压降和气隙磁通 $\Phi$ 同时也增大，这两个因素均使转速下降。另外由于串励电动机的转速 $n$ 随 $P_2$ 的增加而迅速下降，所以 $T=f(P_2)$ 的曲线将随 $P_2$ 的增加而很快地向上弯曲。也可以这样说明，因为 $T=C_T\Phi I_a$，当磁路未饱和时，$\Phi\propto I_f=I_a$，所以 $T\propto I_a^2$。这种特性使串励电动机在同样大小的启动电流下产生的启动转矩较他励电动机大。

需要注意的是，当负载很轻时，由于 $I_a$ 很小，磁通 $\Phi$ 也很小，因此电动机的运行速度将会很高（飞车），易导致事故发生。所以串励电动机绝对不允许在空载或轻载情况下启动运行。在实际应用中，为了防止意外，规定串励电动机与生产机械之间不准用易滑脱的链条或皮带传动，可用齿轮等传动，而且负载转矩不得小于额定转矩的 1/4。

## 3.4 直流电动机的机械特性

电力拖动系统是由电动机拖动，并通过传动机构带动生产机械运转的。机械特性体现了电动机与机械负载之间配合运行的问题。分析系统的动力特性时应同时考虑电动机的机械特性和负载的机械特性，将两者有机结合起来。典型的负载机械特性有恒转矩负载（包括反抗性负载、重物负载）、恒功率负载和泵类负载三大类。

### 3.4.1 他励电动机的机械特性

他励直流电动机的机械特性是指在电枢电压、励磁电流、电枢回路电阻为恒值的条件下，转速 $n$ 与电磁转矩 $T$ 的关系 $n=f(T)$，或转速 $n$ 与电枢电流 $I_a$ 的关系 $n=f(I_a)$，后者也就是转速特性。机械特性将决定电动机稳定运行、启动、制动以及转速调节的工作情况。

**1．固有机械特性**

固有机械特性是指当电动机的工作电压和磁通均为额定值时，电枢电路中没有串入附加电阻时的机械特性，其方程式为：

$$n=\frac{U_N}{C_e\Phi_N}-\frac{R_a}{C_e\Phi_N}I_a$$

固有机械特性如图 3.14 中 $R=R_a$ 的曲线所示，由于 $R_a$ 较小，故他励直流电动机的固有机械特性较硬。$n_0$ 为 $T=0$ 时的转速，称为理想空载转速。$\Delta n_N$ 为额定转速降。

**2．人为机械特性**

人为机械特性是人为地改变电动机参数（$U$、$R$、$\Phi$）而得到的机械特性，他励电动机有下列三种人为机械特性。

（1）电枢串接电阻的人为机械特性。此时 $U=U_N$，$\Phi=\Phi_N$，$R=R_a+R_{pa}$。人为机械特性与固有特性相比，理想空载转速 $n_0$ 不变，但转速降 $\Delta n_N$ 相应增大，$R_{pa}$ 越大，$\Delta n_N$ 越大，特性越“软”，如图 3.14 中曲线 1、2 所示。可见，电枢回路串入电阻后，在同样大小的负载下，电动机的转速将下降，稳定在低速运行。

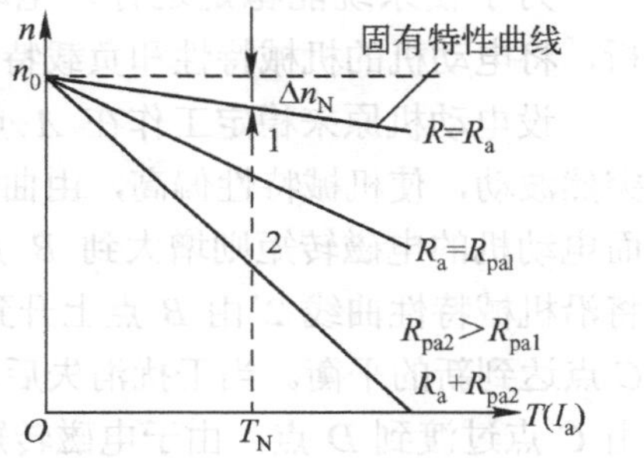


图 3.14 他励直流电动机固有机械特性及串接电阻时人为机械特性曲线

（2）改变电枢电压时的人为机械特性。此时 $R_{pa}=0$，$\Phi=\Phi_N$。由于电动机的电枢电压一般以额定电压 $U_N$ 为上限，因此改变电压，通常只能在低于额定电压的范围变化。

与固有机械特性相比，转速降 $\Delta n_N$ 不变，即机械特性曲线的斜率不变，但理想空载转速 $n_0$ 随电压成正比减小，因此降压时的人为机械特性是低于固有机械特性曲线的一组平行直线，如图 3.15 所示。

（3）减弱磁通时的人为机械特性。减弱磁通可以在励磁回路内串接电阻 $R_f$ 或降低励磁电压 $U_f$，此时 $U=U_N$，$R_{pa}=0$。因为 $\Phi$ 是变量，所以 $n=f(I_a)$ 和 $n=f(T)$ 必须分开表示，其特性曲线分别如图 3.16 中（a）和（b）所示。

当减弱磁通时，理想空载转速 $n_0$ 增加，转速降 $\Delta n_N$ 也增加。通常在负载不是太大的情况下，减弱磁通可使他励直流电动机的转速升高。

### 3.4.2 电动机的稳定运行条件

电动机带上某一负载，假设原来运行于某一转速，由于受到外界某种短时干扰，如负载的突然变化或电网的电压波动等，而使电动机的转速发生变化，离开原来的平衡状态。如果系统在新的条件下仍能达到新的平衡或者当外界干扰消失后，系统能自动恢复到原来的转速，就称该拖动系统能稳定运行，否则就称不能稳定运行。不能稳定运行时，即使外界干扰已经消失，系统的速度也会一直上升或一直下降直到停止转动。

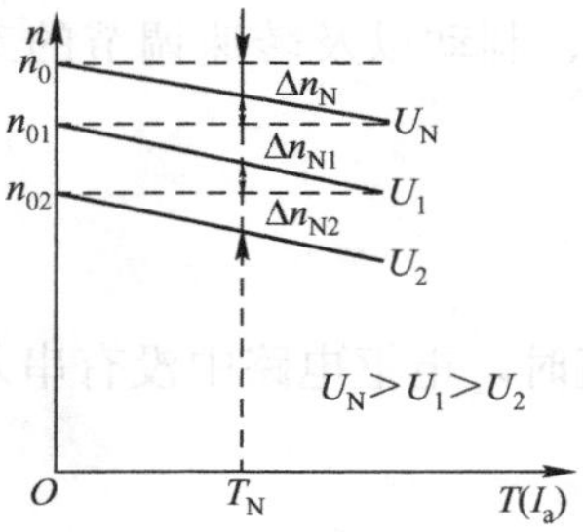


图 3.15　他励直流电动机降压时的人为机械特性曲线

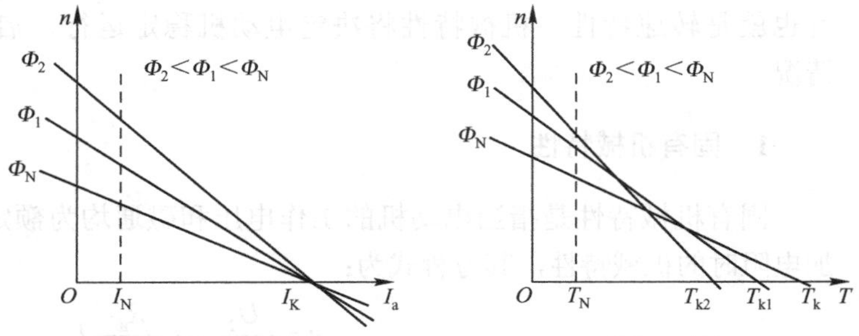


（a）$n=f(I_a)$　　（b）$n=f(T)$

图 3.16　他励直流电动机减弱磁通时的人为机械特性曲线

为了使系统能稳定运行，电动机的机械特性和负载特性必须配合得当。为了便于分析，将电动机的机械特性和负载特性画在同一坐标图上，如图 3.17 所示。

设电动机原来稳定工作在 $A$ 点，$T=T_L=T_A$。在图 3.17（a）所示情况下，如果电网电压突然波动，使机械特性偏高，由曲线 1 转为曲线 2，在这瞬间电动机的转速还来不及变化，而电动机的电磁转矩则增大到 $B$ 点所对应的值，这时电磁转矩将大于负载转矩，所以转速将沿机械特性曲线 2 由 $B$ 点上升到 $C$ 点。随着转速的升高，电动机电磁转矩变小，最后在 $C$ 点达到新的平衡。当干扰消失后，电动机恢复到机械特性曲线 1 运行，这时电动机的转速由 $C$ 点过渡到 $D$ 点，由于电磁转矩小于负载转矩，转速下降，最后又恢复到 $A$ 点，在原工作点达到新的平衡。

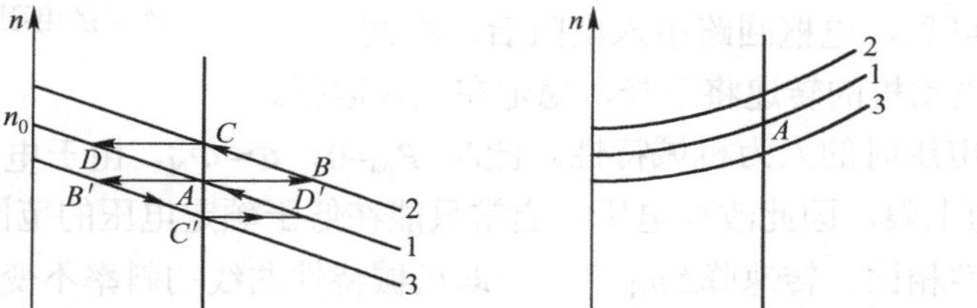


（a）稳定运行的情况　　（b）非稳定运行的情况

图 3.17　电动机稳定运行条件分析

反之，如果电网电压波动使机械特性偏低，由曲线 1 转为曲线 3，则电动机将经过 $A \to B' \to C'$，在 $C'$ 点取得新的平衡。扰动消失后，工作点将由 $C' \to D' \to A$，恢复到原工作点 $A$ 运行。

图 3.17（b）所示则是一种不稳定运行的情况，分析方法与图 3.17（a）相同，读者可自行分析。

由于大多数负载转矩都是随转速的升高而增大或保持恒定，因此只要电动机具有下降的机械特性，就能稳定运行。而如果电动机具有上升的机械特性，一般来说不能稳定运行，除非拖动像通风机这样的特殊负载，在一定的条件下，才能稳定运行。

## 3.5 他励直流电动机的启动与反转

直流电动机从接入电源开始，转速由零上升到某一稳定转速为止的过程称为启动过程或启动。

### 1．启动条件

启动瞬间，$n=0$，$E_a=0$，此时电动机中流过的电流叫启动电流 $I_{st}$，对应的电磁转矩叫启动转矩 $T_{st}$。为了使电动机的转速从零逐步加速到稳定的运行速度，在启动时电动机必须产生足够大的电磁转矩。如果不采取任何措施，直接把电动机加上额定电压进行启动，这种启动方法叫直接启动。直接启动时，启动电流 $I_{st}=U_N/R_a$，将升到很大的数值，同时启动转矩也很大，过大的电流及转矩，对电动机及电网可能会造成一定的危害，所以一般启动时要对 $I_{st}$ 加以限制。总之，电动机启动时，一要有足够大的启动转矩 $T_{st}$，二要启动电流 $I_{st}$ 不能太大。另外，启动设备要尽量简单、可靠。

一般小容量直流电动机因其额定电流小而可以采用直接启动，而较大容量的直流电动机不允许直接启动。

### 2．启动方法

他励直流电动机常用的启动方法有电枢串电阻启动和降压启动两种。不论采用哪种方法，启动时都应该保证电动机的磁通达到最大值，从而保证产生足够大的启动转矩。

（1）电枢回路串电阻启动。启动时在电枢回路中串入启动电阻 $R_{st}$ 进行限流，电动机加上额定电压，$R_{st}$ 的数值应使 $I_{st}$ 不大于允许值。

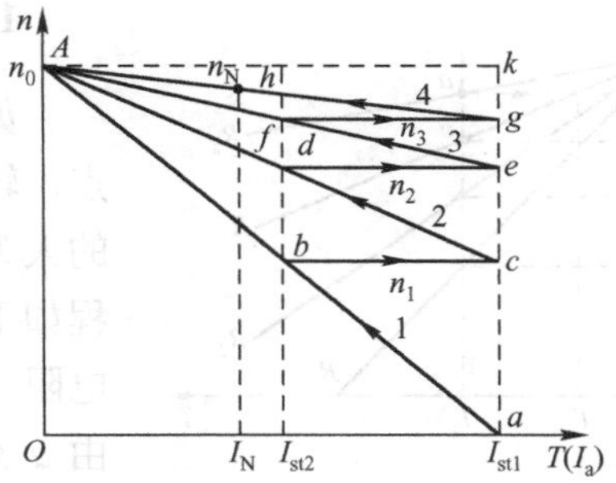

图 3.18 他励电动机串电阻启动时机械特性曲线

为使电动机转速能均匀上升，启动后应把与电枢串联的电阻平滑均匀切除。但这样做比较困难，实际中只能将电阻分段切除，通常利用接触器的触点来分段短接启动电阻。由于每段电阻的切除都需要有一个接触器控制，因此启动级数不宜过多，一般为 2～5 级。

在启动过程中，通常限制最大启动电流 $I_{st1}=(1.5\sim2.5)I_N$，$I_{st2}=(1.1\sim1.2)I_N$，并尽量在切除电阻时，使启动电流能从 $I_{st2}$ 回升到 $I_{st1}$。图 3.18 所示为他励电动机串电阻三级启动时的机械特性。

启动时依次切除启动电阻 $R_{st1}$、$R_{st2}$、$R_{st3}$，相应的电动机工作点从 *a* 点到 *b* 点、*c* 点、*d* 点、……最后稳定在 *h* 点运行，启动结束。

（2）降压启动。降压启动只能在电动机有专用电源时才能采用。启动时，通过降低电枢电压来达到限制启动电流的目的。为保证足够大的启动转矩，应保持磁通不变，待电动机启动后，随着转速的上升、反电动势的增加，再逐步提高其电枢电压，直至将电压恢复到额定值，电动机在全压下稳定运行。

降压启动虽然需要专用电源，设备投资大，但它启动电流小，升速平滑，并且启动过程中能量消耗也较少，因而得到广泛应用。

**3．反转**

在有些电力拖动设备中，由于生产的需要，常常需要改变电动机的转向。电动机中的电磁转矩是动力转矩，因此改变电磁转矩 $T$ 的方向就能改变电动机的转向。根据公式 $T=C_T\Phi I_a$ 可知，只要改变磁通$\Phi$或电枢电流 $I_a$ 这两个量中一个量的方向，就能改变 $T$ 的方向。

因此，直流电动机的反转方法有两种：一种是改变磁通（$I_f$）的方向，另一种是改变电枢电流的方向。由于磁滞及励磁回路电感等原因，反向磁场的建立过程缓慢，反转过程不能很快实现，故一般多采用后一种方法。

## 3.6 他励直流电动机的调速

由于生产机械在不同的工作情况下，要求有不同的运行速度，因此需要对电动机进行调速。调速可以用机械的、电气的或机电配合的方法。电气调速就是在同一负载下，人为地改变电动机的电气参数，使转速得到控制性的改变。调速是为了生产需要而人为地对电动机转速进行的一种控制，它和电动机在负载变化时而引起的转速变化是两个不同的概念。调速是通过改变电气参数，有意识地使电动机工作点由一种机械特性转换到另一种机械特性上，从而在同一负载下得到不同的转速。而因负载变化引起的转速变化则是自动进行的，电动机工作在同一种机械特性上。

当负载电流 $I_a$ 不变时，他励直流电动机可以通过改变 $U$、$R_{Pa}$ 及$\Phi$三个参数进行调速。

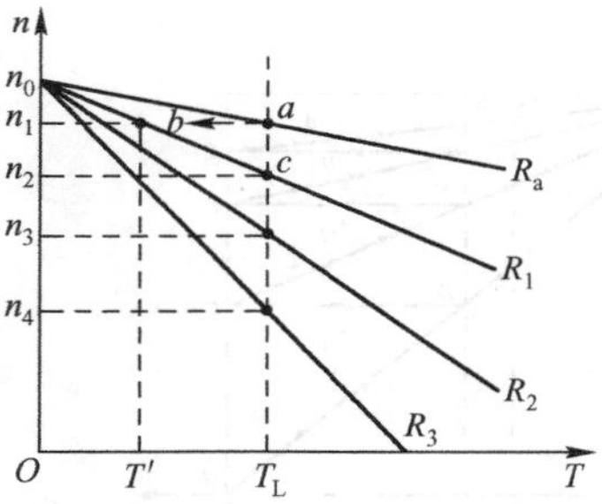


图 3.19　电枢串电阻调速

**1．电枢串电阻调速**

如图 3.19 所示，他励直流电动机原来工作在固有特性 $a$ 点，转速为 $n_1$，当电枢回路串入电阻后，工作点转移到相应的人为机械特性上，从而得到较低的运行速度。整个调速过程如下：调整开始时，在电枢回路中串入电阻 $R_{Pa}$，电枢总电阻 $R_1=R_a+R_{Pa}$。这时因转速来不及突变，电动机的工作点由 $a$ 点平移到 $b$ 点。此后由于 $b$ 点的电磁转矩 $T'<T_L$，使电动机减速，随着转速 $n$ 的降低，$E_a$ 减小，电枢电流 $I_a$ 和电磁转矩 $T$ 相应增大，直到工作点移到人为机械特性上 $c$ 点时 $T=T_L$，电动机就以较低的速度 $n_2$ 稳定运行。

电枢串入的电阻值不同，可以保持不同的稳定速度，串入的电阻值越大，最后的稳定运行速度就越低。串电阻调速时，转速只能从额定值往下调，因此 $n_{max}=n_N$。在低速时由于特性很软，调速的稳定性差，因此 $n_{min}$ 不宜过低。另外，一般串电阻时，电阻分段串入，故属于有级调速，调速平滑性差。从调速的经济性来看，设备投资不大，但能耗较大。

需要指出的是，调速电阻应按照长期工作设计，而启动电阻是短时工作的，因此不能把启动电阻当作调速电阻使用。

**2．弱磁调速**

这是一种改变电动机磁通大小来进行调速的方法。为了防止磁路饱和，一般只采用减弱磁通的方法。小容量电动机多在励磁回路中串接可调电阻，大容量电动机可采用单独的可控整流电源来实现弱磁调速。

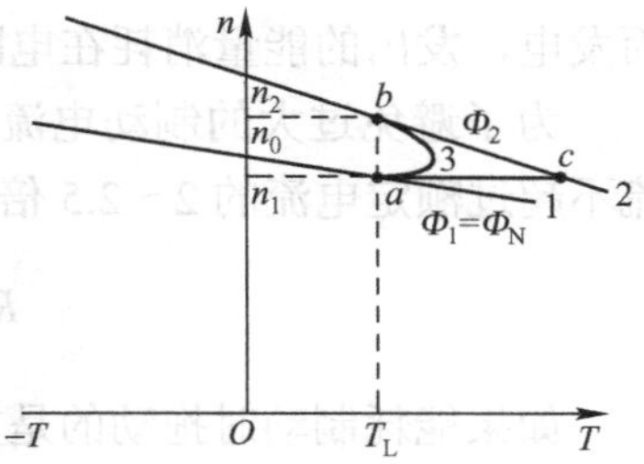

图 3.20　减弱磁通调速

图 3.20 中曲线 1 为电动机的固有机械特性曲线，曲线 2 为减弱磁通后的人为机械特性曲线。调速前电动机运行在 $a$ 点，调速开始后，电动机从 $a$ 点平移到 $c$ 点，再沿曲线 2 上升到 $b$ 点。考虑到励磁回路的电感较大以及磁滞现象，磁通不可能突变，电磁转矩的变化实际如图 3.20 中的曲线 3 所示。

弱磁调速的速度是往上调的，以电动机的额定转速 $n_N$ 为最低速度，最高速度受电动机的换向条件及机械强度的限制。同时若磁通过弱，电枢反应的去磁作用显著，将使电动机运行的稳定性受到破坏。

在采用弱磁调速时，由于在功率较小的励磁电路中进行调节，因此控制方便，能量损耗低，调速的经济性比较好，并且调速的平滑性也较好，可以做到无级调速。

**3．降压调速**

采用这种调速方法时，电动机的工作电压不能大于额定电压。从机械特性方程式可以看出，当端电压 $U$ 降低时，转速降 $\Delta n$ 和特性曲线的斜率不变，而理想空载转速 $n_0$ 随电压成正比例降低。降压调速的过程可参见降压时的人为机械特性曲线。

通常降压调速的调速范围可达 2.5～12。随着晶闸管技术的不断发展和广泛应用，利用晶闸管可控整流电源可以很方便地对电动机进行降压调速，而且调速性能好，可靠性高，目前正得到广泛应用。

## 3.7　他励直流电动机的电气制动

电动机的制动是指在电动机轴上加一个与旋转方向相反的转矩，以达到快速停车、减速或稳速。制动可以采用机械方法和电气方法，常用的电气方法有 3 种：能耗制动、反接制动和回馈制动。判断电动机是否处于制动状态的条件是：电磁转矩 $T$ 的方向和转速 $n$ 的方向是否相反。电磁转矩的方向和转速的方向相反，则为制动状态，其工作点应位于第二或第四象限；否则为电动状态。

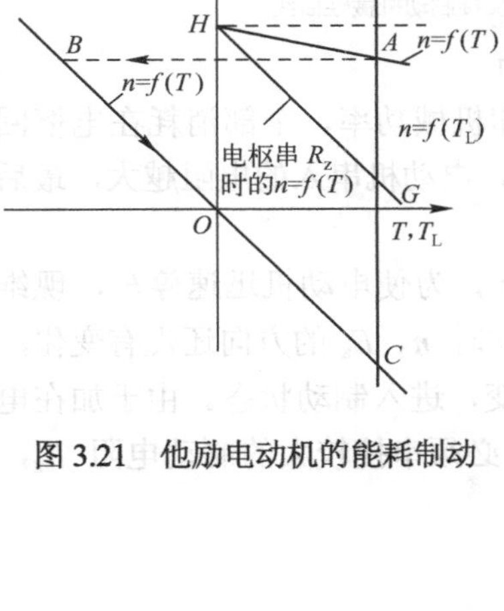

图 3.21　他励电动机的能耗制动

在电动机的制动过程中，要求迅速、平滑、可靠、能量损耗小，并且制动电流应小于限值。

**1．能耗制动**

能耗制动对应的机械特性如图 3.21 所示。电动机原来工作于电动运行状态，制动时保持励磁电流不变，将电枢两端从电网断开，并立即接到一个制动电阻 $R_Z$ 上。这时从机械特性上看，电动机工作点从 $A$ 点切换到 $B$ 点，在 $B$ 点因为 $U=0$ 所以 $I_a=-E_a/(R_a+R_Z)$，电枢电流为负值，由此产生的电磁转矩 $T$ 也随之反向，由原来与 $n$ 同方向变为与 $n$ 反方向，进入制动状态，起到制动作用，使电动机减速，工作点沿特性曲线下降，由 $B$ 点移至 $O$ 点。当 $n=0$，$T=0$ 时，若是反抗性负载，则电动机停转。在这过程中，电动机由生产机械的惯性作用拖动，输入机械能而发电，发出的能量消耗在电阻 $R_a+R_z$ 上，直到电动机停止转动，故称为能耗制动。

为了避免过大的制动电流对系统带来不利影响，应合理选择 $R_z$，通常限制最大制动电流不超过额定电流的 2～2.5 倍。

$$R_a + R_z \geqslant \frac{E_a}{(2-2.5)I_N} \approx \frac{U_N}{(2-2.5)I_N}$$

如果能耗制动时拖动的是重物负载，电动机可能被拖向反转，工作点从 $O$ 点移至 $C$ 点才能稳定运行。能耗制动操作简单，制动平稳，但在低速时制动转矩变小。若为了使电动机更快地停转，可以在转速降到较低时，再加上机械制动相配合。

**2．反接制动**

反接制动分为倒拉反接制动和电枢电源反接制动两种。

（1）倒拉反接制动。如图 3.22 所示，电动机原先提升重物，工作于 $a$ 点，若在电枢回路中串接足够大的电阻，特性变得很软，转速下降，当 $n=0$ 时（$c$ 点），电动机的 $T$ 仍然小于 $T_L$，在重物负载倒拉作用下，电动机继续减速进入反转，最终稳定地运行在 $d$ 点。此时 $n<0$，$T$ 方向不变，即进入制动状态，工作点位于第四象限，$E_a$ 方向变为与 $U$ 相同。倒拉反接制动的机械特性方程和电枢串电阻电动运行状态时相同。

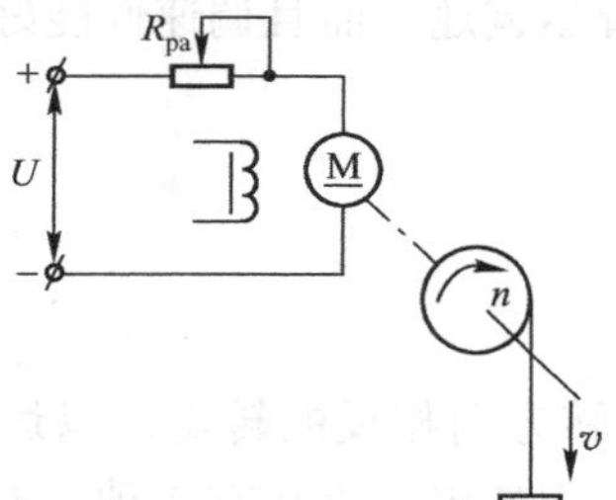


（a）倒拉反接制动示意图

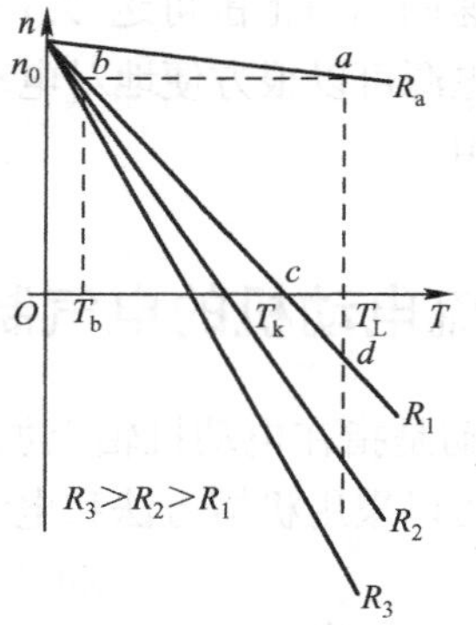


（b）倒拉反接制动机械性曲线

图 3.22 他励电动机倒拉反接制动

倒拉反接制动时，电动机从电源及负载处吸收电功率和机械功率，全部消耗在电枢回路电阻 $R_a+R_z$ 上。倒拉反接制动常用于起重机低速下放重物，电动机串入的电阻越大，最后稳定的转速越高。

（2）电枢电源反接制动。电动机原来工作于电动状态下，为使电动机迅速停车，现维持励磁电流不变，突然改变电枢两端外加电压 $U$ 的极性，此时 $n$、$E_a$ 的方向还没有变化，电枢电流 $I_a$ 为负值，由其产生的电磁转矩的方向也随之改变，进入制动状态。由于加在电枢回路的电压为 $-(U+E_a)\approx -2U$，因此，在电源反接的同时，必须串接较大的制动电阻 $R_z$，

$R_z$的大小应使反接制动时电枢电流 $I_a \leqslant 2.5I_N$。

机械特性曲线见图 3.23 中的直线 $bc$。从图中可以看出，反接制动时电动机由原来的工作点 $a$ 沿水平方向移到 $b$ 点，并随着转速的下降，沿直线 $bc$ 下降。通常在 $c$ 点处若不切除电源，电动机很可能反向启动，加速到 $d$ 点。所以电枢反接制动停车时，一般情况下，当电动机转速 $n$ 接近于零时，必须立即切断电源，否则电动机反转。

电枢反接制动效果强烈，电网供给的能量和生产机械的动能都消耗在电阻 $R_a+R_z$ 上。

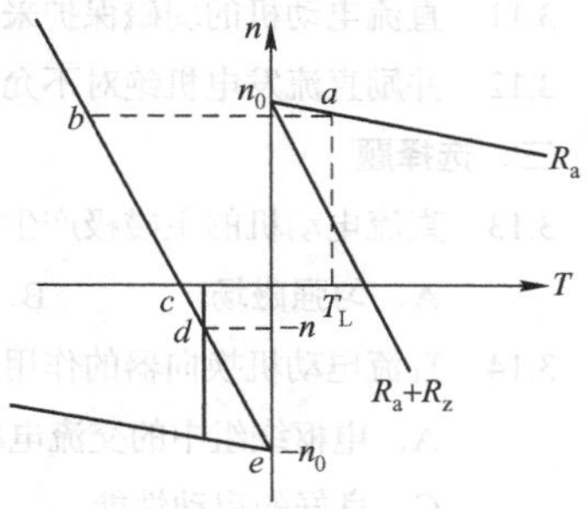


图 3.23 他励电动机的电枢反接制动

**3．回馈制动（再生制动）**

若电动机在电动状态运行中，由于某种因素（如电动机车下坡）而使电动机的转速高于理想空载转速时，电动机便处于回馈制动状态。$n>n_0$ 是回馈制动的一个重要标志。因为当 $n>n_0$ 时，电枢电流 $I_a$ 与原来 $n<n_0$ 时的方向相反，因磁通 $\Phi$ 不变，所以电磁转矩随 $I_a$ 反向而反向，对电动机起制动作用。电动状态时电枢电流由电网的正端流向电动机，而在回馈制动时，电流由电枢流向电网的正端，这时电动机将机车下坡时的位能转变为电能回送给电网，因而称为回馈制动。

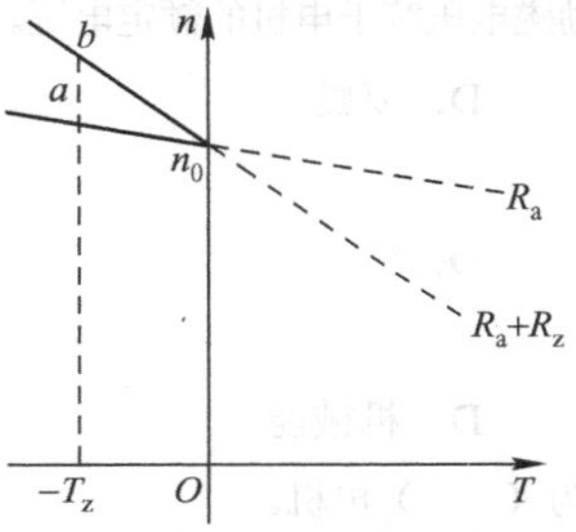


图 3.24 他励电动机的回馈制动

回馈制动的机械特性方程式和电动状态时完全一样，由于 $I_a$ 为负值，所以在第二象限，如图 3.24 所示。电枢电路若串入电阻，可使特性曲线的斜率增加。

## 习 题 3

**一、填空题**

3.1 直流电动机根据励磁方式可分为______、______、_______和________4 种类型。

3.2 直流电机的电枢电动势，对于发电机而言是_______________，对于电动机而言是__________。

3.3 直流电机的电磁转矩，对于发电机而言是_______________，对于电动机而言是__________。

3.4 直流电动机常用的启动方法有________启动和________启动两种。

3.5 他励直流电动机在启动时，必须先给_______绕组加上额定电压，再给________绕组加上电压。

3.6 直流电动机的旋转方向是由________电流方向与________电流方向决定的，根据________定则来确定。

3.7 改变励磁调速是改变加在________绕组上的__________或改变串接在励磁绕组中的________值，以改变励磁电流进行调速。

**二、判断题（正确的打√，错误的打×）**

3.8 直流发电机的电枢绕组中产生的是直流电动势。（ ）

3.9 直流电动机的电枢绕组中通过的是直流电流。（ ）

3.10 要改变他励直流电动机的旋转方向，必须同时改变电动机电枢电压的极性和励磁的极性。（ ）

3.11 直流电动机的弱磁保护采用欠电流继电器。（ ）

3.12 并励直流发电机绝对不允许短路。（ ）

三、选择题

3.13 直流电动机的主磁极产生的磁场是（ ）。

A．匀强磁场 B．恒定磁场 C．脉动磁场 D．旋转磁场

3.14 直流电动机换向器的作用是使电动机获得（ ）。

A．电枢绕组中的交流电动势和电流 B．更高的转子转速

C．良好的启动性能 D．更大的过载能力

3.15 直流电动机的额定功率是（ ）。

A．额定电压与额定电流的乘积 B．转轴上输出的机械功率

C．输入的电功率 D．电枢中的电磁功率

3.16 直流电机的绕组如果是链式绕组，其节矩（ ）。

A．相等 B．有两种 C．大小不等 D．有 3 种

3.17 直流电机励磁电压是指在励磁绕组两端的电压。对（ ）电机，励磁电压等于电机的额定电压。

A．并励 B．串励 C．他励 D．复励

3.18 直流电动机按励磁绕组与电枢绕组的连接关系分为（ ）种。

A．2 B．3 C．4 D．5

3.19 直流电动机把直流电能转换成（ ）输出。

A．直流电压 B．直流电流 C．电场力 D．机械能

3.20 直流电机励磁绕组不与电枢连接，励磁电流由独立的电源供给，称为（ ）电机。

A．他励 B．串励 C．并励 D．复励

3.21 直流电机主磁极上两个励磁绕组，一个与电枢绕组串联，一个与电枢绕组并联，称为（ ）电机。

A．他励 B．串励 C．并励 D．复励

3.22 直流电机主磁极的作用是（ ）。

A．产生换向磁场 B．产生主磁场 C．削弱主磁场 D．削弱电枢磁场

3.23 直流电动机是利用（ ）的原理工作的。

A．导体切割磁力线 B．通电线圈产生磁场

C．通电导体在磁场中受力运动 D．电磁感应

3.24 直流电机中的换向器是由（ ）而成的。

A．相互绝缘的特殊形状的硅钢片组装 B．相互绝缘的特殊形状的铜片组装

C．特殊形状的铸铁加工 D．特殊形状的整块钢板加工

3.25 直流电动机换向器的作用是使电枢获得（ ）。

A．单向电流 B．单向转矩 C．恒定转矩 D．旋转磁场

3.26 直流并励电动机的机械特性曲线是（ ）。

A．双曲线 B．抛物线 C．一条直线 D．圆弧线

3.27 直流串励电动机的机械特性曲线是（ ）。

A．双曲线 B．抛物线 C．一条直线 D．圆弧线

3.28 直流电动机的主磁极产生的磁场是（ ）。

A．恒定磁场 B．旋转磁场 C．脉动磁场 D．匀强磁场

# 第 4 章　控 制 电 机

在自动控制系统中需要大量各种各样的元件，控制电机就是其中的重要元件之一。控制电机属于机电元件，在系统中具有转换和传送控制信号的作用。就其基本原理来说，控制电机和普通旋转电机没有本质上的区别。但是由于控制电机和普通旋转电机的用途不同，所以对特性的要求和评价其性能好坏的指标就有较大差别。普通旋转电机着重于启动和运转状态时的力能指标，而控制电机由于控制系统的需要，其主要任务是完成控制信号的传递和交换，性能指标着重在特性的精度和灵敏度（快速响应）、运行可靠性及特性的线性程度等方面。

控制电机的容量一般在 1kW 以下，小到几微瓦。当然也有较大的，在大功率的自控系统中，控制电机的容量可达几千瓦。

## 4.1　测速发电机

测速发电机在自控系统中的基本任务是将机械转速转换为电信号。它具有测速、阻尼及计算的职能，用于产生加速或减速的信号，在计算装置中作计算元件，对旋转机械作恒速控制等。

按照测速发电机的职能，对它的要求首先是输出电压要与转速 $n$ 成严格的线性关系，以达到较高的精确度；其次，转速变化所引起的电动势的变化要大，以满足灵敏度的要求。用做计算元件时，应着重考虑线性误差要小；用做一般测速或阻尼元件时，则须具有大的输出变化率。

### 4.1.1　直流测速发电机

图 4.1 为直流测速发电机外形图。直流测速发电机分为永磁式和他励式两种，前者的定子磁极用永磁材料制成，而后者与他励直流电动机一样。直流测速发电机的工作原理与普通直流发电机相同，在恒定磁场下，电枢以速度 $n$ 旋转时，电枢导体切割磁力线产生感应电动势，其值为：

$$E_a = C_e \Phi n = U + I_a R_a$$

在空载情况下，直流测速发电机的输出电流为零，输出空载电压与感应电动势相等，即 $U_o = E_a = C_e \Phi n$。说明直流测速发电机空载时的输出电压与转速成线性关系。当接上负载后，如果负载电阻为 $R_L$，在不计电枢反应的条件下，输出电压 $U$ 为：

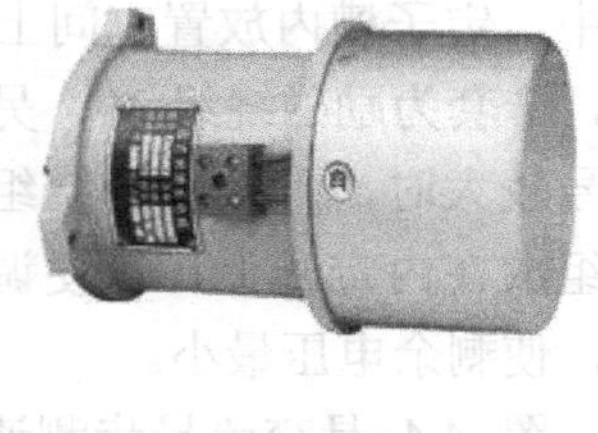

图 4.1　直流测速发电机外形

$$U = \frac{C_e \Phi}{1 + R_a / R_L} n$$

可见，如果电枢回路总电阻 $R_a$（包括电枢绕组电阻与换向器接触电阻）、负载电阻 $R_L$

和磁通$\Phi$都不变，直流测速发电机的输出电压 $U$ 与转速成线性关系，即 $U=f(n)$ 是一条过原点的直线，其斜率为$C_e\Phi/(1+R_a/R_L)$，称为直流测速发电机的输出特性，如图 4.2 所示。若负载增大（即负载电阻减小），则斜率减小。

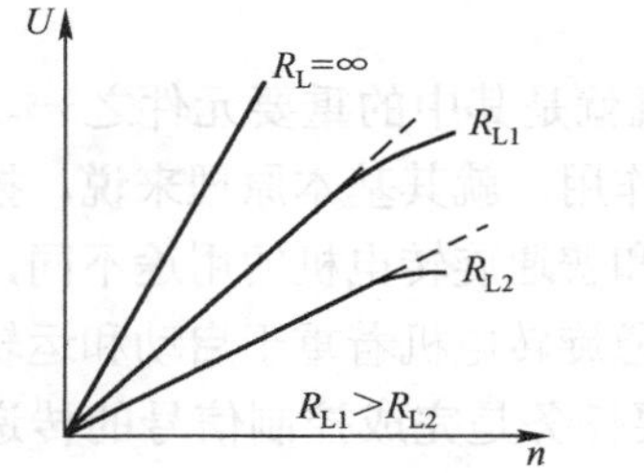


图 4.2　直流测速发电机的输出特性

实际上，直流测速发电机在运行时，有一些因素会引起某些量的变化，如周围环境温度变化使各绕组电阻发生变化，特别是励磁绕组电阻变化，引起励磁电流及其磁通$\Phi$的变化，而造成线性误差；直流发电机的电枢反应存在，必然影响发电机内磁场变化，也引起线性误差。所以，实际输出特性曲线如图 4.2 中实线所示。另外，接触电阻上的电刷压降会使低速时出现失灵区，几乎无电压输出，影响线性关系。采用金属电刷可使失灵区大大减小。

### 4.1.2　交流测速发电机

图 4.3 为交流测速发电机外形图。交流测速发电机有异步测速发电机和同步测速发电机之分，现以应用较多的异步测速发电机为例，介绍其结构和工作原理。

（a）异步测速发电机

（b）同步测速发电机

图 4.3　交流测速发电机外形图

目前被广泛应用的交流异步测速发电机的转子都是杯形结构。这是因为测速发电机在运行时，经常与伺服电动机的轴连接在一起，为提高系统的快速性和灵敏度，采用杯形转子要比采用笼型转子的转动惯量小且精度高。在机座号小的测速发电机中，定子槽内放置空间上相差 90° 电角度的两套绕组，一套为励磁绕组 $N_1$，另一套为输出绕组 $N_2$；在机座号较大时，常把励磁绕组放在外定子上，而把输出绕组放在内定子上，以便调节内、外定子间的相对位置，使剩余电压最小。

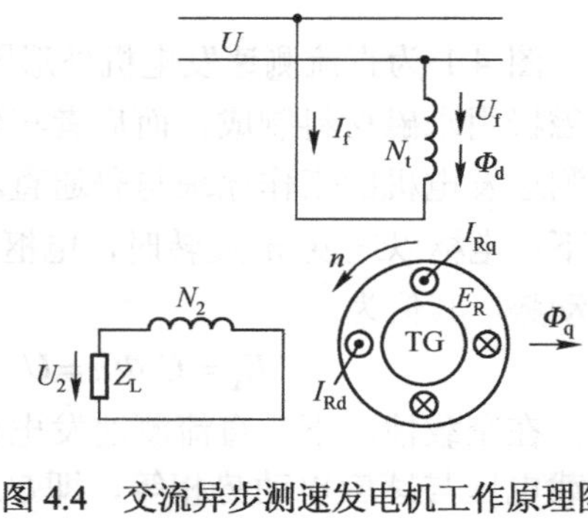


图 4.4　交流异步测速发电机工作原理图

图 4.4 是交流异步测速发电机的工作原理图，定子上励磁绕组接频率为 $f_1$ 的恒定单相电压 $U_f$，转子不动时，励磁绕组与杯形转子之间的电磁关系和二次绕组短路的变压器一样，励磁绕组相当于变压器的一次绕组，杯形转子就是短路的二次绕组（杯形转子可以看成具有无数多导条的笼型转子）。此时，励磁绕组的轴线上产生直轴（d 轴）脉振磁动势，其磁通 $\Phi_d$ 以电压 $U_f$ 的频率 $f_1$ 脉振，在转子上产生感应电动势 $E_d$ 和电流（涡流）$I_{Rd}$，$I_{Rd}$ 形成反向磁动势，但合成

磁动势不变，磁通仍是直轴脉振磁通 $\Phi_d$，与交轴上的输出绕组没有交链，故输出绕组中不产生感应电动势，输出电压为零。

当转子旋转时，转子绕组中仍将沿 d 轴感应一变压器电动势，同时转子导体将切割磁通 $\Phi_d$，并在转子绕组中感应一旋转电动势 $E_R$，其有效值为 $E_R = C_q n\Phi_d$。

由于 $\Phi_d$ 按频率 $f_1$ 交变，所以 $E_R$ 也按频率 $f_1$ 交变。当 $\Phi_d$ 为恒定值时，$E_R$ 与转速 $n$ 成正比。在 $E_R$ 的作用下，转子将产生电流 $I_{Rq}$，并在交轴（q 轴）方向上产生一频率为 $f_1$ 的交变磁通 $\Phi_q$。由于 $\Phi_q$ 作用在 q 轴，将在定子输出绕组 $N_2$ 中感应变压器电动势，有效值为：

$$E_2 = 4.44 f_1 N_2 K_{N2} \Phi_q$$

因 $\Phi_q \propto E_R$，而 $E_R \propto n$，故输出电动势为：

$$E_2 = C_2 n \approx U_2$$

上式表明杯形转子测速发电机的输出电压 $U_2$ 与转速 $n$ 成正比，并且输出电压的频率仅取决于 $U_f$ 的频率，而与转速无关，当电机反转时，输出电压的相位也相反。

以上分析交流测速发电机的输出特性时，忽略了励磁绕组阻抗和转子漏阻抗的影响，实际上这些阻抗对测速发电机的性能影响是比较大的。即使是输出绕组开路，实际的输出特性与直线性输出特性仍然存在着一定的误差，如幅值及相位误差和零位误差。

上述两种测速发电机相比较，直流测速发电机的主要优点是：不存在输出电压相位移问题；转速为零时，无零位电压；输出特性曲线的斜率较大，负载电阻较小。

直流测速发电机的主要缺点是：由于有电刷和换向器，所以结构比较复杂，维护较麻烦；电刷的接触电阻不恒定，使输出电压有波动；电刷下的火花对无线电有干扰。

## 4.2 伺服电动机

伺服电动机亦称执行电动机，它具有一种服从控制信号的要求而动作的职能，在信号来到之前，转子静止不动；信号一来，转子立即转动；当信号消失，转子能即时自行停转。由于这种“伺服”的性能，因此而命名。

### 4.2.1 直流伺服电动机

直流伺服电动机的结构与普通小型直流电动机相同，不过由于直流伺服电动机的功率不大，也可用永久磁铁代替励磁绕组。其励磁方式几乎只采取他励式（永磁式）。图 4.5 为直流伺服电动机外形图。

直流伺服电动机的工作原理和普通直流电动机相同。只要在其励磁绕组中有电流通过并产生了磁通，当电枢绕组中通过电流时，这个电枢电流与磁通相互作用而产生转矩，便可使伺服电动机投入工作。这两个绕组其中的一个断电时，电动机立即停转，它不像交流伺服电动机那样有“自转”现象，所以直流伺服电动机也是自动控制系统中一种很好的执行元件。

直流伺服电动机的励磁绕组和电枢绕组分别装在定子和转子上。工作时可以由励磁绕组励磁，用电枢绕组来进行控制，或由电枢绕组励磁，用励磁绕组来进行控制，这两种控制方式的特性有所不同。

电枢控制时，直流伺服电动机的线路图如图 4.6 所示。图中由励磁绕组进行励磁，即将励磁绕组接于恒定电压 $U_f$ 的直流电源上，绕组中通过电流 $I_f$ 以产生磁通$\Phi$。电枢绕组接受控制电压 $U_c$，作为控制绕组。当控制绕组接到控制电压 $U_c$之后，电动机就转动，控制电压消失，电动机立即停转，这就是无自转现象。电枢控制时，直流伺服电动机的机械特性和他励直流电动机改变电枢电压时的人为机械性相似，也是线性的。另外，励磁绕组励磁时，所消耗的功率较小，电枢回路电感小，因而时间常数小，响应迅速。这些良好的特性非常有利于将其作为执行元件使用。

图 4.5　直流伺服电动机外形图

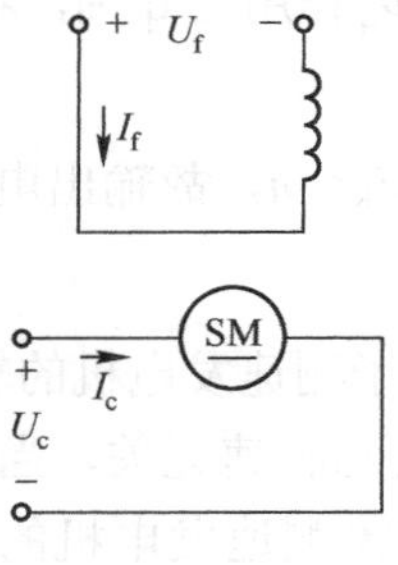


图 4.6　直流伺服电动机枢控线路图

对于磁场控制方式，由于其调节特性不是线性的，因此当负载转矩较小时，还不是单值的，即对应两个不同数值的控制电压 $U_c$，可得相同的转速，这是磁场控制方式的重大缺陷，因此很少采用。

### 4.2.2　交流伺服电动机

图 4.7 为交流伺服电动机外形图。图 4..8 是交流伺服电动机原理图，其中励磁绕组 *f* 和控制绕组 *c* 均装在定子上，它们在空间上相差 90° 电角度。励磁绕组由定值的交流电压励磁，控制绕组由输入信号（交流控制电压 $U_c$）供电。

图 4.7　交流伺服电动机外形

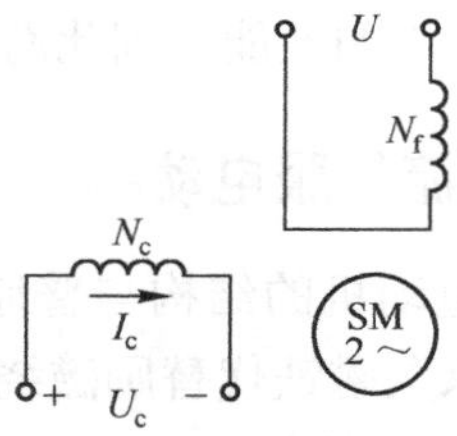


图 4..8　交流伺服电动机原理图

交流伺服电动机的工作原理与具有辅助绕组的单相异步电动机相似，它在系统中运行时，励磁绕组固定接到单相交流电源上，当控制电压为零时，气隙内的磁场仅有励磁电流 $I_f$ 产生脉振磁场，电动机无启动能力，转子不转；若控制绕组有控制信号输入时，则控制绕组内有控制电流 $I_c$ 通过，若使 $I_c$ 与 $I_f$ 不同相，则在气隙内建立了一定大小的旋转磁场，电动机就能自行启动；但一旦受控启动后，即使控制信号消失，电动机仍能继续运行，这样，电动机就失去控制作用。单相交流伺服电动机这种失控而自行旋转的现象称为自转。显然，自转现象是不符合可控性要求的。可以通过增大电动机转子电阻，使伺服电动机在控制信号消失（控制电压为零）时处于单相励磁状态，电磁转矩为负值，以制动转子旋转，克服自转现象。当然，过大的转子电阻将会降低电动机的启动转矩，以致影响速应性。

为了使电动机在输入信号值改变时，其转子转速能迅速跟着改变而达到与输入信号值所相应的转速值，必须减小转子惯量和增大启动转矩。因此，在结构上采用空心杯形转子，并在转子电路上适当增大转子电阻。这种结构除了有与一般异步电动机相似的定子外，还有一个内定子，由硅钢片叠成圆柱体，其上通常不放绕组，只是代替笼型转子铁芯，作为磁路的一部分；在内、外定子之间，有一个细长的装在转轴上的杯形转子，它通常用非磁性材料（铝或铜）制成，能在内、外定子间的气隙中自由旋转。这种电动机的工作原理是：通过杯形转子（无数多转子导条组成）在旋转磁场作用下感应电动势及电流，电流又与旋转磁场作用而产生电磁转矩，使转子旋转。

杯形转子交流伺服电动机的优点是转子惯量小，摩擦转矩小，速应性强，运行平滑，无抖动现象；其缺点是有内定子存在，气隙大，励磁电流大，体积也大。但尽管如此，目前采用这种结构的交流伺服电动机仍居多。

交流伺服电动机不仅具有启动和停止的伺服性，而且还必须具有转速的大小和方向的可控制性。如果励磁绕组接于额定电压进行励磁，控制绕组加以输入信号（控制电压），当改变控制电压的大小和相位时，电动机的气隙磁场也就随之改变，可能是圆形磁场，也可能是椭圆磁场或脉振磁场。因而伺服电动机的机械特性改变，转速也随之改变。

交流伺服电动机的控制方式有 3 种：幅值控制、相位控制和幅-相控制。

## 4.3 直流力矩电动机

普通伺服电动机的转速都比较高，转矩较小，在高精度的随动系统中必须经过减速器减速后，才能获得负载实际所需要的转速和转矩。图 4.9 为直流力矩电动机外形图。力矩电动机是一种能和负载直接相连，在大转矩、低转速状态下稳定运行，且能经常处于堵转状态的伺服电动机，能够省去高精度系统中的齿轮减速器。

图 4.9 直流力矩电动机外形

### 1. 直流力矩电动机的结构和原理

直流力矩电动机的基本原理与普通直流电动机无异，只是为了获得高力矩、低转速的使用特点，在普通电动机的原理基础上进行了特殊设计。直流力矩电动机的极对数较多，且都做成扁平的盘式结构。它的定子和转子可直接附装在其驱动的固定部分和转动部分上。图 4.10 所示为直流力矩电动机的结构示意图，定子是一个用软磁材料做成的带槽的环，槽中镶入永久磁铁。转子由铁芯、绕组和换向器三部分组成，铁芯和绕组与普通直流电动机的相似，换向器的结构则有所不同。它采用导电材料做槽楔，槽楔和绕组用环氧树脂浇铸成一个整体，槽楔的一端接线，另一端加工成换向器。电刷架是环状的，它紧贴于定子一侧。电刷装在电刷架上，可按需要调节电刷位置。

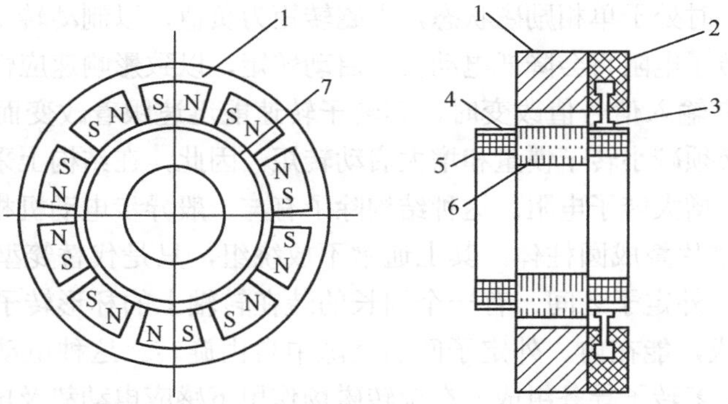

1—定子；2—刷架环；3—电刷；4—导电槽楔；5—绕组；6—转子铁芯；7—转子

图 4.10　直流力矩电动机结构示意图

扁平结构的力矩电动机能产生较大转矩、较低转速的原理从式

$$T = NB_{\mathrm{av}} l i_{\mathrm{a}} \frac{D_{\mathrm{a}}}{2}$$

可以看出，在相同的体积和控制电压下，若把电枢直径 $D_{\mathrm{a}}$ 增大一倍，电枢总导体数 $N$ 因电枢槽面积的加大而增大 4 倍，电枢长度将减少到原来的 1/4。假定气隙平均磁密及电枢导体电流不变，电磁转矩 $T$ 将比原来增大一倍，转速下降至原来的一半。可见，在气隙平均磁密、电枢导体电流及电枢电压相同时，电动机电磁转矩与电枢外径近似成正比，转速与电枢外径近似成反比。

**2．直流力矩电动机的特点**

（1）可直接与负载连接。直流力矩电动机具有较高的耦合刚度、机械共振频率、转矩和惯量比。因为不存在齿轮减速，所以消除了齿隙，提高了传动精度。

（2）反应速度快。直流力矩电动机在设计中采用了高度饱和的电枢铁芯，以降低电枢自感，因此电磁时间常数很小，一般在几毫秒甚至在 1ms 以内。同时，这种电动机的机械特性设计得较硬，所以总的机电时间常数也较小，约十几毫秒、几十毫秒。

（3）低速时能平稳运行。直流力矩电动机通常在每分钟几转到几十转时，其力矩波动约为 5%（其他电动机约 20%），甚至更小。

（4）线性度好、结构紧凑。由于有这一特点，所以直流力矩电动机特别适用于尺寸、重量和反应时间必须最小，而位置与转速控制精度要求高的伺服系统。

## 4.4 自整角机

自整角机是一种对角位移或角速度的偏差能自动整步的控制电机，在自动控制系统中，自整角机总是两个以上组合使用。这种组合自整角机能将转轴上的转角变换为电信号，或者再将电信号变换为转轴的转角，使机械上互不相连的两根或几根转轴同步偏转或旋转，以实现角度的传输、变换和接收。图 4.11 为力矩式自整角机外形图，图 4.12 为控制式自整角机外形图。

图 4.11　力矩式自整角机外形图

图 4.12　控制式自整角机外形图

自整角机的基本结构与一般小型同步电动机相似，定子铁芯上嵌有一套与三相绕组相似的 3 个互成 120° 电角度的绕组，称为同步绕组。转子上放置单相的励磁绕组，转子有凸极结构，也有隐极结构。励磁电源通过电刷和集电环施加于励磁绕组。

自整角机按其工作原理的不同分为力矩式和控制式两种。力矩式自整角机主要用在指示系统中，以实现角度的传输；控制式自整角机主要用在传输系统中，做检测元件用，其任务是将角度信号变换为电压信号。

**1．力矩式自整角机的工作原理**

力矩式自整角机的接线图如图 4.13 所示，图中左边的自整角机称为发送机，右边的称为接收机。它们的转子励磁绕组 $Z_1Z_2$ 和 $Z_1'Z_2'$ 接到同一单相电源上，同步绕组的出线端按顺序依次连接。当发送机和接收机的励磁绕组相对于本身的同步绕组偏转角分别为$\theta_1$ 和$\theta_2$ 时，两者的相对偏转角为$\theta=\theta_1-\theta_2$。这个相对偏转角$\theta$称为失调角。当$\theta_1=0$ 时（谐调状态），励磁绕组 $Z_1Z_2$ 和 $Z_1'Z_2'$产生的脉振磁场轴线分别与各自同步绕组之间的耦合位置关系相同，故发送机和接收机对应的同步绕组感应电动势相等，即等电位，它们之间没有电流。当发送机转子绕组及其脉振磁场轴线由主令轴带动向逆时针方向偏转$\theta_1$ 角时，即$\theta_1=\theta_1$，$\theta_2=0$，便出现失调状态。这样，$Z_1Z_2$ 和 $Z_1'Z_2'$的脉振磁场轴线与各自同步绕组的耦合位置关系不再相同，感应电动势大小不等，发送机和接收机同步绕组之间便产生电流。此电流经过两个同步绕组，与励磁磁场作用产生整步转矩，其方向使 $Z_1Z_2$ 顺时针转动，使 $Z_1'Z_2'$逆时针转动，即力图使失调角$\theta_1$ 趋于零。由于发送机的转子与主令轴相接，不能任意转动，因此整步转矩只能使接收机转子跟随发送机转子逆时针转过$\theta_2=\theta_1$ 角，使失调角为零，差额电动势、电流消失，整步转矩变为零。系统进入新的谐调位置，实现了转角$\theta_1$ 的传输。

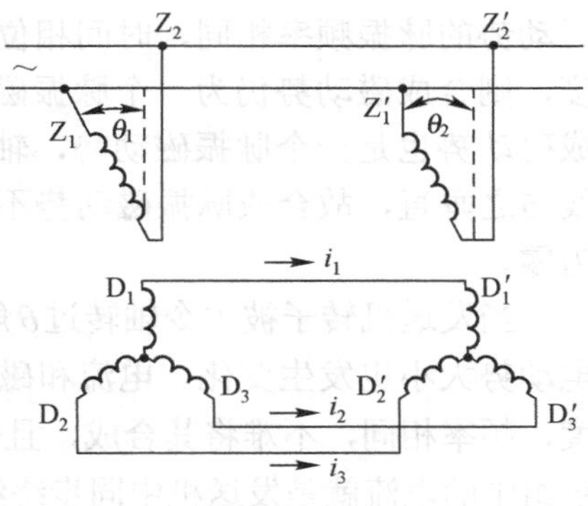


图 4.13　力矩式自整角机接线图

**2．控制式自整角机的工作原理**

若把发送机和接收机的转子绕组（即励磁绕组）互相垂直的位置作为谐调位置，并将接收机的转子绕组 $Z_1'Z_2'$从电源断开，其线路如图 4.14 所示，这样接线的自整角机系统便成为控制式自整角机。当发送机转子由主令轴转过$\theta$角，即出现失调角时，接收机转子绕组即输出一个与失调角$\theta$具有一定函数关系的电压信号，这样就实现了转角信号的变换。此时，接收机是变压器状态，故在控制式自整角机系统中的接收机也称为自整角变压器。

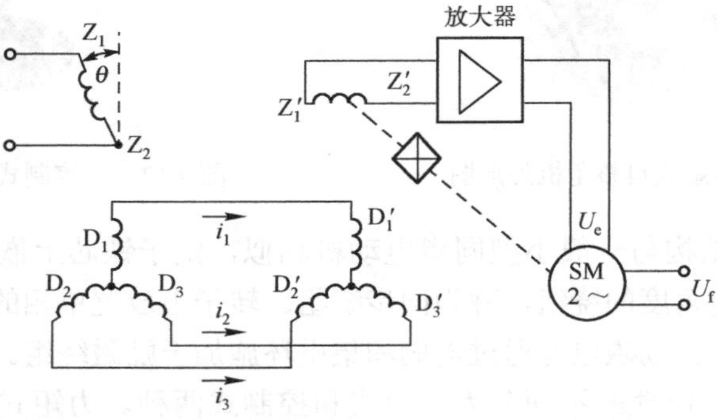


图 4.14　控制式自整角机接线图

在谐调位置上，当发送机转子与单相励磁电源接通时，产生脉振磁场。按变压器原理可知，定子 3 个空间对称的同步绕组中都产生感应电动势。这 3 个电动势频率相同，相位相同，但由于与转子绕组耦合位置不同，3 个电动势幅值不同，其中 $E_{D1}$ 最大，令 $E_{D1}=\dot{E}$，则 $E_{D2}=\dot{E}\cos 120°$，$E_{D3}=\dot{E}\cos 240°$。3 个电动势分别产生 3 个同相电流，它们流经发送机和接收机定子的 3 个绕组，产生两组 3 个脉振磁动势。在发送机中，3 个脉振磁动势的脉振频率相同，时间相位也相同，但幅值不同，且在空间位置上互差 120° 电角度，则合成磁动势仍为一个脉振磁动势，轴线在 $D_1$ 绕组轴线上。同理，在接收机中，合成磁动势也是一个脉振磁动势，轴线在定子 $D_1'$绕组轴线上。由于接收机转子绕组磁场轴线与之垂直，故合成脉振磁动势不会使其转子绕组产生感应电动势，即转子绕组输出电压为零。

当发送机转子被主令轴转过$\theta$角时，同步绕组因耦合位置发生变化，3 个绕组上的感应电动势大小也发生变化。电流和磁动势也是这样，但 3 个磁动势在空间各相差 120° 电角度，频率相同，不难将其合成，且合成脉振磁动势的轴线也跟着转过$\theta$角。因为接收机同步绕组中的电流就是发送机中同步绕组的电流，而两者绕组结构又完全相同，故接收机同步绕组合成脉振磁动势轴线也必然从 $D_1'$绕组的轴线位置转过$\theta$角。在未出现失调时，接收机转子绕组轴线与其同步绕组合成磁动势轴线互相垂直，两者无耦合作用；而出现失调角$\theta$时，接收机同步绕组脉振磁场的磁通就会穿链其转子绕组而感生电动势 $E_2$ 为：

$$E_2 = E_{2m}\sin\theta$$

式中，$E_{2m}$ 为当$\theta$=90° 电角度时子绕组的最大输出电动势。

$E_2$ 只与失调角$\theta$有关，而与发送机和接收机转子本身位置无关。$E_2$ 经放大后加到交流伺服电动机的控制绕组上，使伺服电动机转动。伺服电动机一方面拖动负载，另一方面转动接收机转轴，一直到 $Z_1Z_2$ 与 $Z_1'Z_2'$再次垂直谐调，接收机转子绕组中电动势消失，使负载的转轴处于发送机所要求的位置。此时接收机与发送机的转角相同，系统又进入新的谐调位置。

力矩式自整角机系统中整步转矩比较小，只能带动指针、刻度盘等轻负载，而且它仅能组成开环的自整角机系统，系统精度不高，应用于如液面的高低、闸门的开启等。由于控制式自整角机组成的闭环控制系统有功率放大环节，所以高精度、负载大的伺服系统，如雷达高低角自动显示等。

## 4.5 步进电动机

步进电动机是一种将电脉冲信号转换成相应的角位移的控制元件，也称为脉冲电机，输入一个电脉冲，就转过一个固定的角度（大小可以调整），一步一步地转动。步进电动机已被广泛应用于许多装置中，如数控机床、自动记录仪、计算机的外围设备、遥控装置等。

### 4.5.1 单段反应式步进电动机

图 4.8 所示为三相反应式步进电动机的原理示意图。A 相绕组通电时，由于磁力线力图通过磁阻最小的磁路，转子齿 1、3 受到磁阻转矩的作用，转至其轴线与 A 相绕组轴线重合。此时磁力线通过的磁路磁阻最小，转子只受径向力而无切向力，磁阻转矩为零，转子在此位置静止，如图 4.15（a）所示。当 A 相断电，B 相通电，转子齿 2、4 逆时针转过 30° 空间机械角，使其轴线与 B 相绕组轴线重合，如图 4.15（b）所示。显然，B 相断电而 C 相通电时，转子再逆时针转过 30° 空间角，如图 4.15（c）所示。若按 A→B→C→A 顺序通电，转子就沿逆时针方向一步一步前进（转动）；如按 A→C→B→A 顺序通电，转子便沿顺时针方向一步一步转动。一种通电状态转换到另一种通电状态，叫做一“拍”，每一拍转子转过一个角度，这个角度叫做步距角$\theta_b$。显然，变换通电状态的频率（即电脉冲的频率）越高，转子就转得越快。

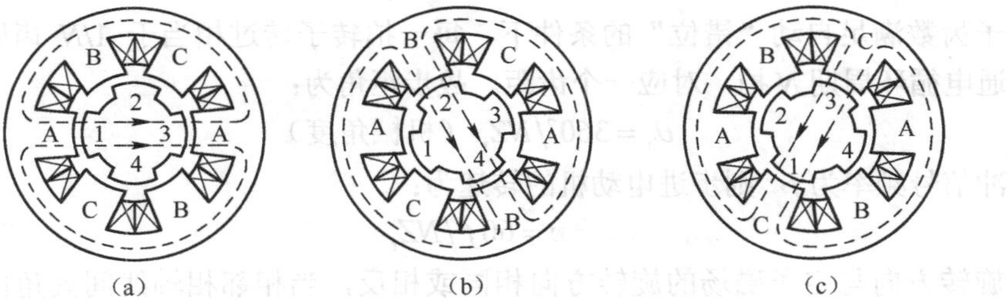


(a)　　(b)　　(c)

图 4.15　三相反应式步进电动机原理示意图

按上述三相依次单相通电方式，称为“三相单三拍运行”，“三相”指三相绕组，“单”指每次仅有一相通电，“三拍”指三次通电为一个循环。三相反应式步进电动机的通电方式还有“双三拍”和“三相单双六拍”等。

（1）“双三拍”。按 AB→BC→CA→AB 顺序通电，即每次有两相通电。通电后所建立磁场轴线与未通电的一相磁极轴线重合，因而转子磁极轴线与未通电一相的磁极轴线对齐，例如 A、B 相通电，与 C—C 磁极轴线对应。按此方式运行与“单三拍”相同，步距角不变。

（2）“三相单双六拍”。按 A→AB→B→BC→C→CA→A 顺序通电，相当于前述两种通电方式的综合，步距角为“三拍”方式的一半。

这种简单的三相反应式步进电动机，步距角太大，即每一步转过的角度太大，很难满足生产中提出的位移量要小和精确度的要求。

实际上，在转子铁芯和定子磁极上均开有小齿，且定子、转子齿距相等。转子齿数 $Z_r$ 要根据步距角的要求和工作原理来确定，不能任选。因为在同相几个磁极下，定子、转子齿应同时对齐或同时错开，才能使几个磁极作用相加，产生足够的磁阻转矩，所以，转子齿数应是磁极的倍数。除此以外，在不同的磁极下，定子、转子相对位置应依次错开（$1/m$）$t$（$m$ 为相数，$t$ 为齿距），这样才能在连续改变通电状态下，获得连续不断的运动。否则，无论当哪一相通电时，转子齿都始终处于磁路磁阻最小的位置，各相轮流通电时，转子将一直静止，电动机不能运行。为此，要求相邻相两相邻磁极轴线之间转子齿数应为整数加或减 $1/m$，即：

$$Z_r/2mp = k \pm 1/m$$

式中，$k$ 为自然整数。

图 4.16 所示为步进电动机定子、转子展开图，读者可自行分析。

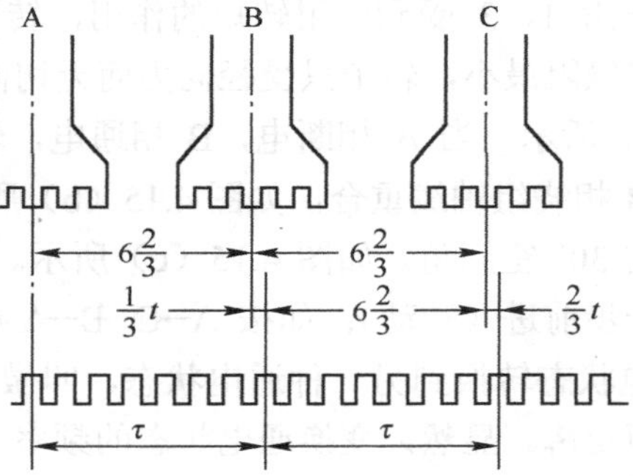


图 4.16　步进电动机定子、转子展开图

在转子齿数满足自动“错位”的条件下，每一拍转子转过相当于 $1/N$ 齿距的空间机械角，一个通电循环周期 $N$ 拍，对应一个齿距。故步距角为：

$$\theta_b = 360°/NZ_r \text{（机械角度）}$$

设脉冲信号频率为 $f$，则步进电动机的转速为：

$$n = 60f/NZ_r$$

转子旋转方向与定子磁场的旋转方向相同或相反，当相邻相轴线间夹角内的转子齿数为正整数加 $1/m$，转子沿着磁场方向旋转；如果相邻相轴线间夹角内的转子齿数为正整数减去 $1/m$，则转子转向与磁场旋转方向相反。

步进电动机也可做成多相的。相数和转子齿数越多，步距角越小，转速越低，性能将有所改善。但相数越多，电源越复杂，因此一般也就六相或八相。

### 4.5.2　多段式步进电动机

多段式步进电动机的定子、转子沿电动机轴向分成 $m$（相数）段，每一段定子铁芯上绕有一相环形绕组，定子、转子沿圆周开有相同数量和齿距的齿，定子相邻段铁芯错开 $1/m$ 齿距。图 4.17 所示五相电动机的定子、转子都分为 5 段，即 A、B、C、D、E 5 相。定子、转子均为 18 个齿，齿距角为 20°。定子相间错位，即 B 相相对 A 相沿顺时针方向错开 1/5 齿距（4°），C、D、E 相依次类推，转子相间不错位。

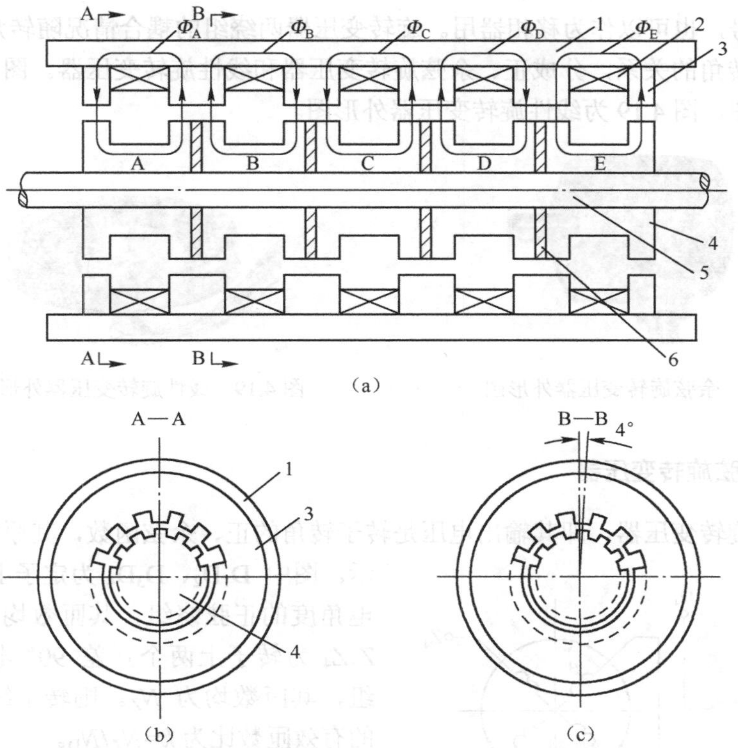


1—机座；2—定子绕组；3—定子铁芯；4—转子铁芯；5—转轴；6—磁绝缘（铝）

图 4.17　多段式五相步进电动机示意图

**1．五相单五拍运行**

按 A→B→C→D→E→A 的顺序通电励磁。当 A 相通电时，A 相定子、转子齿一一对齐，其他各相没有励磁，定子、转子均相对错开。当 A 相断电而 B 相通电时，A 相铁芯磁路中磁通为零，仅 B 相定子、转子磁路中有磁通，于是转子沿顺时针方向转过 4° 与 B 相定子齿对齐。同理，B 相断电而 C 相通电时，转子又顺时针转动一步，步距角为 4°。如果通电顺序改变为 A→E→D→C→B→A，则电动机将反转。

**2．五相十拍运行**

若按 AB→ABC→BC→BCD→CD→CDE→DE→DEA→EA→EAB→AB 的顺序通电，称为五相十拍运行方式。如果 AB 两相同时通电，转子铁芯的每一个齿，在两相定子磁场的作用下，只能停在 A 相和 B 相两齿中间的位置。而 ABC 三相同时通电时，显然转子的齿将停在正对 B 相齿位置。因此这种通电方式，每拍转过的步距角只有五相五拍的一半，即 $\theta_b = 2°$。若通电顺序反过来，转子也将反转。

## 4.6　旋转变压器

旋转变压器能把转子的旋转角度转换成电压参数，在自控系统中被用来进行三角运算和传输角度信号，也可以作为移相器用。旋转变压器两绕组的耦合情况随转角变化而变化，按输出电压与转角的关系，分成正、余弦旋转变压器和线性旋转变压器。图 4.18 为余弦旋转变压器外形图，图 4.19 为线性旋转变压器外形图。

图 4.18　余弦旋转变压器外形图

图 4.19　线性旋转变压器外形图

**1．正、余弦旋转变压器**

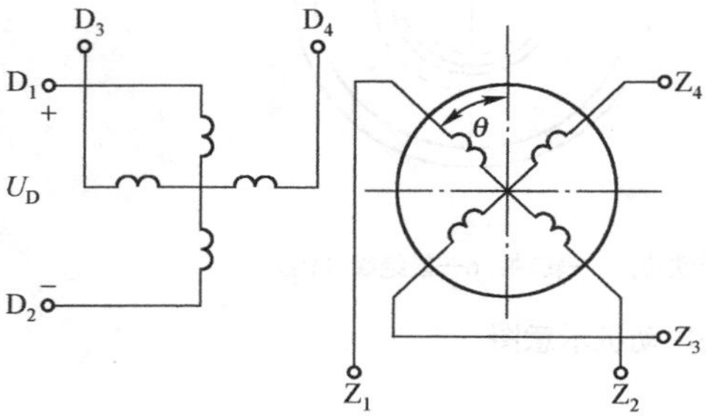


图 4.20　正、余弦旋转变压器原理图

正、余弦旋转变压器，即其输出电压是转子转角的正、余弦函数，其原理如图 4.20 所示。图中 $D_1D_2$、$D_3D_4$ 为定子上两个互差 90° 电角度的正弦绕组，其匝数均为 $N_D$。$Z_1Z_2$、$Z_3Z_4$ 为转子上两个互差 90° 电角度的正弦绕组，其匝数均为 $N_Z$。则转子绕组与定子绕组的有效匝数比为 $k=N_Z/N_D$。

转子绕组即输出绕组 $Z_1Z_2$、$Z_3Z_4$ 开路，且使 $Z_1Z_2$ 绕组与 $D_1D_2$ 绕组的轴线重合，$D_3D_4$ 绕组也开路。当 $D_1D_2$ 绕组上加上交流励磁电压 $u_D=\sqrt{2}U_D\sin\omega t$，$D_1D_2$ 即为励磁绕组，在气隙中，建立一个和转子位置无关的，且按正弦规律变化的脉振磁场，$Z_1Z_2$ 绕组好像变压器的二次绕组，脉振磁场在其中感应产生电动势为：

$$e_{Z_1Z_2}=k\sqrt{2}U_D\sin\omega t$$

同理可得出 $Z_3Z_4$ 绕组中的电动势为：

$$e_{Z_3Z_4}=-k\sqrt{2}U_D\sin\omega t\sin\theta$$

从以上两式可看出，在励磁电压 $U_D$ 不变和匝数比 $k$ 一定的条件下，输出绕组 $Z_1Z_2$ 中电动势的有效值为转角 $\theta$ 的余弦函数，即：

$$E_{Z_1Z_2}=kU_D\cos\theta$$

而输出绕组 $Z_3Z_4$ 中，电动势的有效值为转角 $\theta$ 的正弦函数，即：

$$E_{Z_3Z_4}=kU_D\sin\theta$$

当输出绕组带有负载时，就有电流通过输出绕组，从而产生相应的磁动势，使气隙磁场发生畸变，以致输出绕组中感应电动势的大小出现偏差，输出电压不再是转角的正、余弦函数。为减小旋转变压器负载时输出特性的畸变，可将 $D_3D_4$ 定子绕组短接，进行补偿，以保证输出电压是转角的正弦或余弦函数。

**2．线性旋转变压器**

图 4.21 所示为线性旋转变压器的原理图，定子绕组 $D_1D_2$ 与转子绕组 $Z_1Z_2$ 串联施加励磁电压 $U_D$，定子绕组 $D_3D_4$ 短接，起补偿作用，转子绕组 $Z_3Z_4$ 为输出绕组。

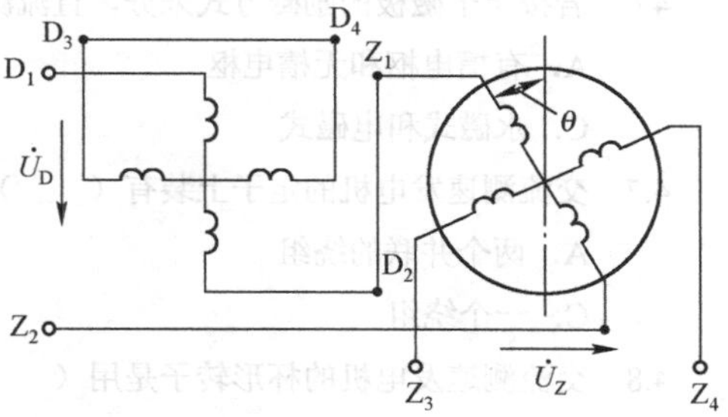

图 4.21　线性旋转变压器原理图

转子逆时针方向转过$\theta$角，使 $Z_1Z_2$ 绕组的轴线从 $D_1D_2$ 轴线位置逆时针转过$\theta$角。由于 $D_3D_4$ 绕组的补偿作用，可以认为 $D_1D_2$ 绕组及 $Z_1Z_2$ 绕组合成磁动势的轴线即为 $D_1D_2$ 轴线，如果转子绕组与定子绕组的匝数比 $k = N_Z / N_D$，在绕组 $D_1D_2$ 中感应的电动势为 $E_d$，则在绕组 $Z_1Z_2$、$Z_3Z_4$ 中感应的电动势分别为：

$$E_{Z_1Z_2} = kE_d \cos\theta$$

$$E_{Z_3Z_4} = kE_d \sin\theta$$

不计 $D_1D_2$ 及 $Z_1Z_2$ 绕组中的漏抗压降，根据电动势平衡关系，可得出：

$$U_D = E_d + kE_d \cos\theta$$

若输出绕组 $Z_3Z_4$ 的负载阻抗很大，则输出电压为：

$$U_Z \approx E_{Z_3Z_4} = kE_d \sin\theta$$

上述两有效值之比为：

$$U_Z = \frac{k\sin\theta}{1+k\cos\theta} U_D$$

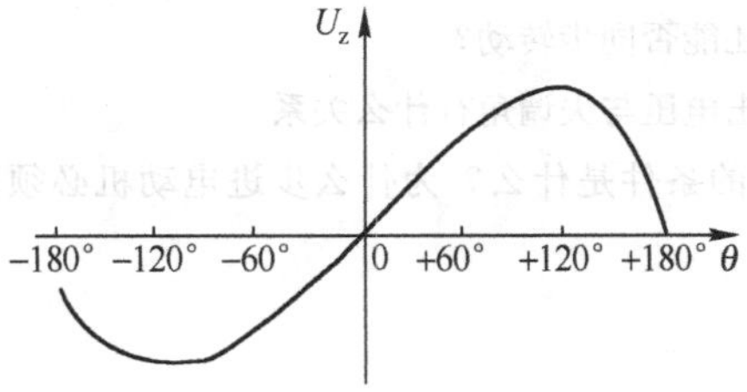

图 4.22　$k\approx 0.52$ 时，$U_Z=f(\theta)$ 的关系曲线图

上式中，当 $k \approx 0.52$ 时，$U_Z=f(\theta)$ 的关系如图 4.22 所示。从所示曲线可以看出，在$\theta$=±60°范围内，输出电压 $U_Z$ 随$\theta$角做线性变化。这种线性关系与理想的直线关系比较，误差不超过 0.1%。所以线性旋转变压器输出电压随转角的线性变化是有一定条件的。

## 习　题　4

**一、判断题（正确的打√，错误的打×）**

4.1　交流测速发电机的主要特点是其输出电压和转速成正比。（　　）

4.2　测速发电机分为交流和直流两大类。（　　）

4.3　直流测速发电机的结构和直流伺服电动机基本相同，原理与直流发电机相同。（　　）

4.4　直流伺服电动机不论是他励式还是永磁式，其转速都是由信号电压控制的。（　　）

**二、选择题**

4.5　测速发电机在自动控制系统中常作为（　　）元件。

A．电源　　B．负载　　C．测速　　D．放大

4.6 若按定子磁极的励磁方式来分，直流测速发电机可分为（　　）两大类。

A．有槽电枢和无槽电枢　　B．同步和异步

C．永磁式和电磁式　　D．空心杯形转子和同步

4.7 交流测速发电机的定子上装有（　　）。

A．两个并联的绕组　　B．两个串联的绕组

C．一个绕组　　D．两个在空间相差90°电角度的绕组

4.8 交流测速发电机的杯形转子是用（　　）材料做成的。

A．高电阻　　B．低电阻　　C．高导磁　　D．低导磁

4.9 交流测速发电机的输出电压与（　　）成正比。

A．励磁电压频率　　B．励磁电压幅值

C．输出绕组负载　　D．转速

4.10 若被测机械的转向改变，则交流测速发电机的输出电压（　　）。

A．频率改变　　B．大小改变　　C．相位改变90°　　D．相位改变180°

三、简答题

4.11 为什么说交流异步测速发电机是交流伺服电动机的一种逆运行？

4.12 直流测速发电机的转速为什么不得超过规定的最高值？所接负载电阻为什么不得低于规定值？

4.13 什么是自转现象？如何消除？

4.14 当控制电压变化时，交流伺服电动机的转速为何能发生变化？交、直流伺服电动机的转速方向怎样才能改变？

4.15 直流力矩电动机有什么特点？

4.16 如果一对自整角机同步绕组的一根连接线脱开，还能否同步转动？

4.17 自整角变压器的输出绕组如果放在直轴上，则输出电压与失调角有什么关系？

4.18 步进电动机的主要技术指标是什么？自动错位的条件是什么？为什么步进电动机必须自动错位？

4.19 怎样改变步进电动机的转向？

# 第 5 章　常用低压电器

什么叫电器？概括地说，电器就是一种控制电的工具。它可以根据外界指令，自动或手动接通和断开电路，断续或连续地改变电路参数，实现对电路或非电对象的切换、控制、保护、检测和调节。在本章中要介绍多种低压电器，这里所说的“低压电器”是指其工作电压为交流 1 200V、直流 1 500V 以下的电器。

## 5.1　低压电器的基本知识

低压电器种类繁多，分类方法有很多种，按动作方式可分为手控电器和自控电器两大类。手控电器是指电器的动作由操作人员手工操控，如闸刀开关、按钮开关等。自控电器是指按照指令或物理量（如电流、电压、时间、速度等）的变化而自动动作的电器，如接触器、继电器等。

若按照用途来分类，可分成低压控制电器、低压保护电器和低压执行电器。低压控制电器主要在低压配电系统及动力设备中起控制作用，如刀开关、低压断路器等。低压保护电器主要在低压配电系统及动力设备中起保护作用，如熔断器、热继电器等。

若按种类分类，有刀开关和刀形转换开关、熔断器、低压断路器、接触器、继电器、主令电器和自动开关等。

我国低压电器型号是按产品种类编制的，产品型号采用汉语拼音字母和阿拉伯数字组合表示，其组合方式如下（具体含义可见表 5.1～表 5.3）：

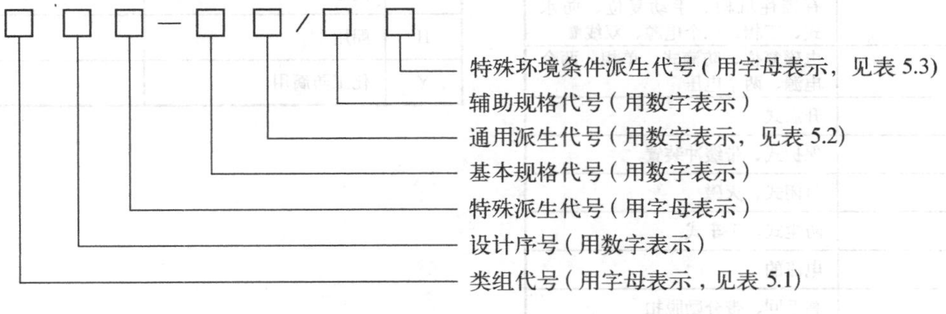


**表 5.1　低压电器产品型号类组代号表**

| 代号 | 名称 | A | B | C | D | G | H | J | K | L | M | P | Q | R | S | T | U | W | X | Y | Z |
|---|---|---|---|---|---|---|---|---|---|---|---|---|---|---|---|---|---|---|---|---|---|
| H | 刀开关和转换开关 | | | | 刀开关 | | 封闭形负荷开关 | | 封闭形负荷开关 | | | | | 熔断器式刀开关 | 刀形转换开关 | | | | | 其他 | 组合开关 |
| R | 熔断器 | | | 插入式 | | | 汇流排式 | | | 螺旋式 | 密闭管式 | | | | 快速 | 有填料管式 | | | 限流 | 其他 | |
| D | | | | | | | | | | 照明 | 灭磁 | | | | 快速 | | | 框架式 | 限流 | 其他 | 塑料外壳式 |
| K | | | | | | 鼓形 | | | | | | 平面 | | | | 凸轮 | | | | 其他 | |

续表

| 代号 | 名称 | A | B | C | D | G | H | J | K | L | M | P | Q | R | S | T | U | W | X | Y | Z |
|---|---|---|---|---|---|---|---|---|---|---|---|---|---|---|---|---|---|---|---|---|---|
| C | | | | | | 高压 | | 交流 | | | | 中频 | | | 时间 | | | | | 其他 | 直流 |
| Q | | 按钮式 | | 磁力 | | | | 减压 | | | | | | | 手动 | | 油浸 | | 星三角 | 其他 | 综合 |
| J | | | | | | | | | | 电流 | | | | 热 | 时间 | 通用 | | 温度 | | 其他 | 中间 |
| L | | 按钮 | | | | | | | 主令控制器 | | | | | | 主令开关 | 足踏开关 | 旋钮 | 万能转换开关 | 行程开关 | 其他 | |
| Z | | | 板形元件 | 冲片元件 | | 管形元件 | | | | | | | | | 烧结元件 | 铸铁元件 | | | 电阻器 | 其他 | |
| B | | | | 旋臂式 | | | | | | 励磁 | | 频敏 | 启动 | | 石墨 | 启动速度 | 油浸启动 | 液体启动 | 滑线式 | 其他 | |
| M | | | | | | | | | | | | | 牵引 | | | | | 起重 | | | 制动 |

类组代号与设计序号组合表示产品的系列，类组代号一般由两个字母组成，若是 3 个字母的类组代号其第 3 个字母在编制具体型号时临时拟定，以不重复为原则。设计序号用数字表示，位数不限，其中两位及两位以上的首位数字为“9”者表示沿用；“8”表示防爆型；“7”表示纺织用；“6”表示农用；“5”表示化工用。

**表 5.2 通用派生代号表**

| 派生字母 | 代表意义 |
|---|---|
| A，B，C，D … | 结构设计稍有改进或变化 |
| J | 交流、防溅式 |
| Z | 直流、自动复位、防震、重任务 |
| W | 无灭弧装置 |
| N | 可逆 |
| S | 有锁住机构、手动复位、防水式、三相、三个电源、双线圈 |
| P | 电磁复位、防滴式、单相、两个电源、两个电压 |
| K | 开启式 |
| H | 保护式、带缓冲装置 |
| M | 封闭式、灭磁 |
| Q | 防尘式、手车式 |
| L | 电流的 |
| F | 高返回、带分励脱扣 |

**表 5.3 特殊环境条件派生代号表**

| 派生字母 | 说明 | 备注 |
|---|---|---|
| T | 热湿热带临时措施制造 | 此项派生代号加注在产品全型号后 |
| TH | 湿热带 | |
| TA | 干热带 | |
| G | 高原 | |
| H | 船用 | |
| Y | 化工防腐用 | |

例如，RC1-10/6 含义如下：

RC 1 –10 /6

- /6 —— 熔体额定电流 6A
- –10 —— 熔断器额定电流 10A
- 1 —— 设计序号
- RC —— 插入式熔断器

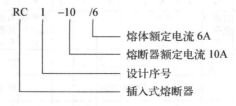

全型号表示：10A 的插入式熔断器，熔体额定电流为 6A。

由此可见，主要规格代号一般为额定电流，但有的则另有其他意义，辅助规格代号所表示的意义也不尽相同，所以不能一概而论，应分别记住它们所表示的意义。

## 5.2 常用低压电器的结构及工作原理

### 5.2.1 刀开关

刀开关也称闸刀开关。它广泛地应用在低压线路中做不频繁接通或分断容量不太大的低压供电线路，有时也作为隔离开关使用。根据不同的工作原理、使用条件和结构形式，刀开关及其与熔断器组合的产品分类情况为：

（1）刀开关和刀形转换开关。

（2）开启式负荷开关（胶盖瓷底刀开关）。

（3）封闭式负荷开关（铁壳开关）。

（4）熔断器式刀开关。

（5）组合开关。

各种类型的刀开关还可按其额定电流、刀的极数以及操作方式来区分。通常，除特殊的大电流刀开关有采用电动机操作者外，一般都采用手动操作方式。

**1．刀开关和刀形转换开关**

（1）外形结构。刀开关的结构如图 5.1 所示，接通操作是用手握住手柄，使触刀绕铰链支座转动，推入静插座内即完成。分断操作与接通操作相反，向外拉出手柄，使触刀脱离静插座。

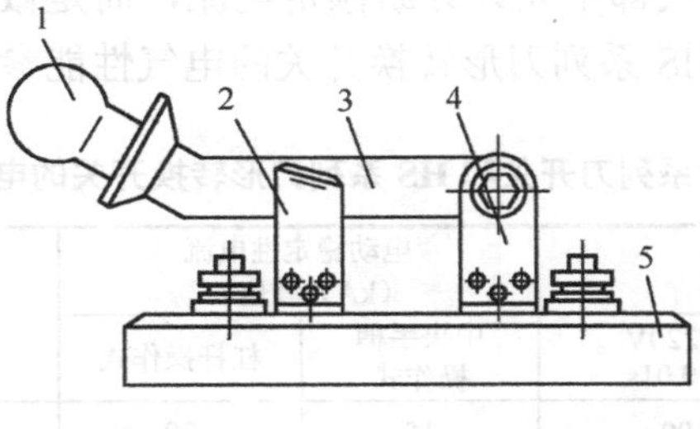


1—手柄；2—静插座；3—触刀；4—铰链支座；5—绝缘底板

图 5.1　刀开关的结构

刀开关可靠工作的关键之一是触刀与静插座之间有着良好的接触，这就要求它们之间有一定的接触压力。对于额定电流较小的刀开关，静插座使用硬紫铜制成，利用材料的弹性来产生所需的接触压力；对于额定电流较大的刀开关，可采用在静插座两侧加弹簧的方法进一步增加接触压力。

（2）型号含义与技术参数。刀开关有 HD 系列，它是单投刀开关，刀形转换开关有 HS 系列，它是双投刀形转换开关。它们都适用于交流 50Hz、额定电压至 500V，直流额定电压至 440V、额定电流至 1 500A 的成套配电装置中，作为非频繁的手动接通和分断电路使用，或作为隔离开关使用，其型号的意义如下：

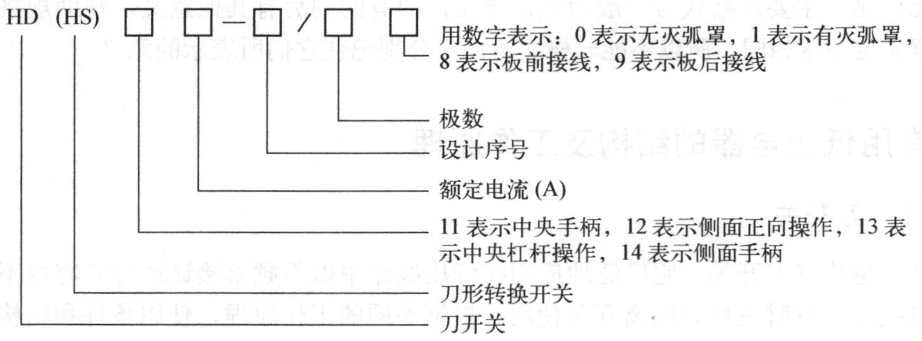


HD 系列刀开关和 HS 系列刀形转换开关的结构形式、转换方式、极数、操作方式可参阅表 5.4 所示该系列的规格。

**表 5.4 HD 系列刀开关和 HS 系列刀形转换开关的规格**

| 型　　号 | 结 构 形 式 | 转换方式 | 极 数 | 额定电流（A） |
|---|---|---|---|---|
| HD11-□/□8 | 中央手柄操作式 | | 1，2，3 | 100，200，400 |
| HD12-□/□1 | 侧方正面杠杆操作式（带灭弧罩） | 单投 | 2，3 | 100，200，400，600，1 000 |
| HD12-□/□1 | | 双投 | | |
| HD13-□/□0 | 中央正面杠杆操作式（不带灭弧罩） | 单投 | 2，3 | 100，200，400，600，1 000，1 500 |
| HD13-□/□0 | | 双投 | | 100，200，400，600，1 000 |

为了保障操作人员的安全，防止出现意外事故伤人，允许分断额定电流的是带杠杆操作机构的刀开关和刀形转换开关，它们都带有灭弧罩，主要用于配电板和动力箱。而中央手柄式刀开关和刀形转换开关都不允许分断额定电流，而是做隔离开关使用，主要用于控制屏中。HD 系列刀开关和 HS 系列刀形转换开关的电气性能参数如表 5.5 所示。

**表 5.5 HD 系列刀开关和 HS 系列刀形转换开关的电气性能参数**

| 额定电流（A） | 分断能力（A） | | 电动稳定性电流（kA)(峰值） | | 1s 热稳定电流（kA） | AC380V 及断开 60% 额定电流时的电寿命（次） |
|---|---|---|---|---|---|---|
| | AC380V $\cos\varphi=0.7$ | DC220V $T=0.01$s | 中央手柄操作式 | 杠杆操作式 | | |
| 100 | 100 | 100 | 15 | 20 | 6 | 1 000 |
| 400 | 400 | 400 | 30 | 40 | 20 | 1 000 |
| 1 000 | 1 000 | 1 000 | 50 | 60 | 30 | 500 |

（3）使用与安装。使用刀开关，首先应根据它在线路中的作用和在成套配电装置中的安装位置，确定其结构形式。如果电路中的负载是由低压断路器、接触器或其他具有一定分断能力的开关电器（包括负荷开关）来分断，即刀开关仅仅是用来隔离电源的，则只需选用不带灭弧罩的产品；反之，如果刀开关必须分断负荷，就应使用带灭弧罩而且是通过杠杆来操作的产品。

刀开关一般应垂直安装在开关板上，并使静插座位于上方，以防止触刀等运动部件因支座松动而在自重作用而向下掉落，与插座接触，发生误合闸而造成事故。

刀开关在使用中应注意以下几点：

① 当刀开关被用做隔离开关时，合闸顺序是先合上刀开关，再合上其他用以控制负载

的开关电器。分闸顺序则相反，要先使控制负载的开关电器分闸。

② 严格按照产品说明书规定的分断能力来分断负载，若是无灭弧罩的产品，一般不允许分断负载，否则，有可能导致稳定持续燃弧，并因之造成电源短路。

③ 若是多极的刀开关，应保证各极动作的同步，并且接触良好，否则当负载是笼型异步电动机时，便有可能发生电动机因单相运转而烧坏的事故。

④ 如果刀开关不是安装在封闭的箱内，则应经常检查，防止因积尘过多而发生相间闪络现象。

另外，还有采用大理石及石棉水泥板做底板的刀开关和刀形转换开关，它们的防湿能力比较差，一般不宜选用。

**2．开启式负荷开关**

开启式负荷开关也称胶盖瓷底刀开关，主要用做电气线路照明的控制开关，或者用做分支电路的配电开关。在降低容量的情况下，三极的开启式负荷开关还可用做小容量笼型异步电动机的非频繁启动控制开关。

（1）外形结构与符号。开启式负荷开关的外形结构如图 5.2（a）所示，图 5.2（b）所示为其图形符号，其中 QS 为刀开关的文字符号（FU 为熔断器的文字符号）。图 5.2（c）所示为其结构。

（a）外形结构图

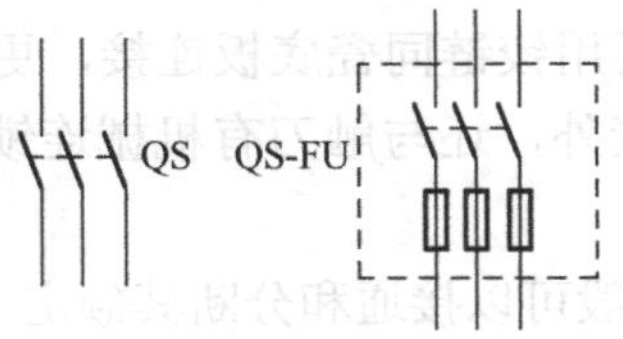


（b）图形符号

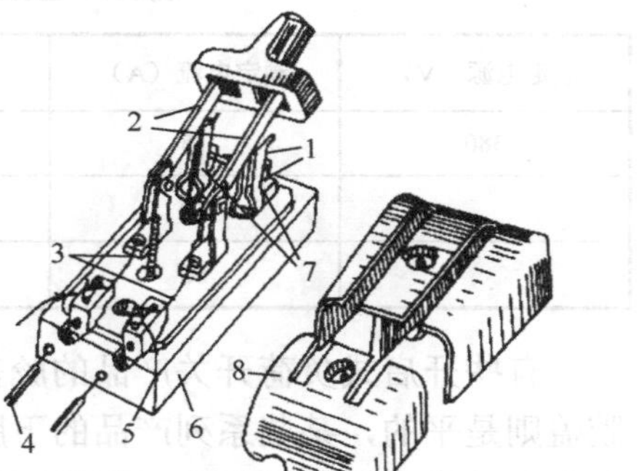

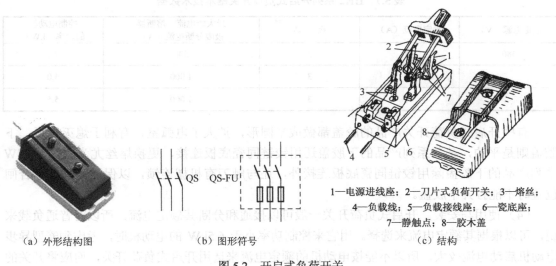

1—电源进线座；2—刀片式负荷开关；3—熔丝；4—负载线；5—负载接线座；6—瓷底座；7—静触点；8—胶木盖

（c）结构

图 5.2　开启式负荷开关

（2）工作原理与型号含义。图 5.2 中刀片式动触点有两片式或三片式，以适用于不同的应用场合。操作人员手握瓷柄向上推时，刀片式动触点就绕铰链向上转动，插入插座，电路接通；反之，瓷柄往下拉，刀片式动触点就绕铰链向下转动，脱离插座，将电路切断。由于有胶盖罩着，不仅是当开关处于合闸位置时，操作人员不可能触及带电部分，就是开关分断电路所产生的电弧，一般也不致飞出胶盖外面，灼伤操作人员。此外，胶盖还能起到防止因金属零件掉落刀上而形成极间短路的作用。

刀开关因其内部安装了熔丝，当它所控制的电路发生短路故障时，可借熔丝的熔断迅速切断故障电路，从而保护电路中其他的电气设备。

开启式负荷开关型号的表示方法及含义如下：

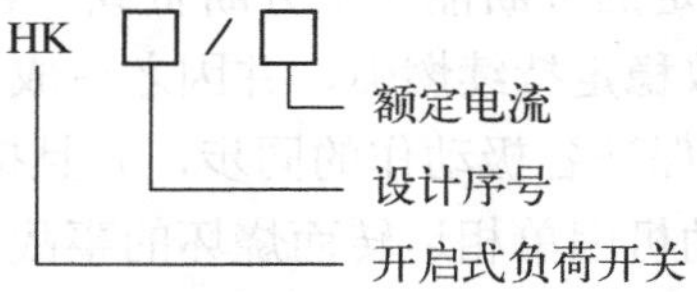


（3）技术数据。常用的开启式负荷开关有 HK1 和 HK2 系列，其技术数据如表 5.6 和表 5.7 所示。

**表 5.6　HK1 系列开启式负荷开关基本技术数据**

| 型　号 | 极　数 | 额定电源（V） | 额定电流（A） | 可控制电动机 最大功率（kW） | | 配用熔丝规格 | | | |
|---|---|---|---|---|---|---|---|---|---|
| | | | | 220V | 380V | 熔丝成分 铅 | 锡 | 锑 | 熔丝线径（mm） |
| HK1-15 | 2 | 15 | 220 | – | – | | | | 1.5～1.59 |
| HK1-60 | 2 | 60 | 220 | – | – | | | | 3.36～4.0 |
| HK1-15 | 3 | 15 | 380 | 1.5 | 2.2 | 98% | 1% | 1% | 1.5～1.59 |
| HK1-60 | 3 | 60 | 380 | 4.5 | 5.0 | | | | 3.36～4.0 |

**表 5.7　HK2 系列开启式负荷开关基本技术数据**

| 额定电源（V） | 额定电流（A） | 极　数 | 最大断电流（熔断器极限分断电流）(A) | 控制电动机的功率（kW） |
|---|---|---|---|---|
| 380 | 15 | 3 | 500 | 2.2 |
| | 30 | 3 | 1 000 | 4.0 |
| | 60 | 3 | 1 000 | 5.5 |

有些开启式负荷开关产品的胶盖都做成半圆形，扩大了电弧室，有利于熄灭电弧，下胶盖则是平的，某些系列产品的下胶盖还用铰链同瓷底板连接，更换熔丝尤为方便。TSW 系列产品的下胶盖除用铰链同瓷底板连接外，还与触刀有机械连锁，以保证开关处于合闸位置时不能打开下胶盖。

（4）使用与安装。开启式负荷开关一般可以接通和分断其额定电流，所以对普通负载来说，可以根据其额定电流来选择。用它来控制功率小于 6.5kW 的电动机时，考虑到笼型异步电动机启动电流较大，所以不能按电动机的额定电流来选用开启式负荷开关，而应将开关的额定电流选得大一些，也就是说，开关应适当降低容量使用。一般情况下，若电动机直接启动，开关的额定电流应当是电动机额定电流的 3 倍，电压为 380V 或 500V，并且是三极开关。

表 5.6 和表 5.7 中，HK1 和 HK2 系列开关的额定电流都是按电动机额定电流的 3 倍选用的。例如，当电压为 380V 时，4kW 电动机要配用 30A 开启式负荷开关，6.5kW 的电动机要配用 60A 的开启式负荷开关。由于表中的数据都是经验值，因此应该灵活应用。若被控电动机既不需要经常启动，又不大会发生堵转情况，同时开关的质量又比较好，那么用 15A 的开关控制 4kW 的电动机，用 30A 的开关控制 6.5kW 的电动机，也是可以的。

开启式负荷开关在安装和运行中应注意的事项有以下几点：

① 电源进线应装在静触座上，用电负荷接在闸刀的下出线端上。当开关断开时，闸刀

和熔丝上不带电，以保证换装熔丝时的安全。

② 闸刀在合闸状态时手柄应向上，不可倒装或平装，以防误合闸。

③ 排除熔丝熔断故障后，应特别注意观察绝缘瓷底和胶盖内壁表面是否附有一层金属粉粒，这些金属粉粒会造成绝缘部分的绝缘性能下降，致使在重新合闸送电的瞬间，可能造成开关本体相间短路。因此，应将内壁的金属粉粒清除后，再更换熔丝。

④ 负荷较大时，为防止出现闸刀本体相间短路，可与熔断器配合使用。将熔断器装在闸刀负荷一侧，闸刀本体不再装熔丝，在应装熔丝的接点上装与线路导线截面相同的铜线，此时开启式负荷开关只做开关使用，短路保护由熔断器完成。

### 3．封闭式负荷开关

封闭式负荷开关也称铁壳开关、负载开关。其早期产品都有一个铸铁的外壳，如今这种外壳已被结构轻巧、强度更高的薄钢板冲压外壳所取代。封闭式负荷开关一般用在电力排灌、电热器、电气照明线路的配电设备中，作为非频繁接通和分断电路使用，其中容量较小者（额定电流为 60A 及以下），还可用做异步电动机非频繁全电压启动的控制开关。

封闭式负荷开关与开启式负荷开关的不同之处在于开启式负荷开关没有灭弧装置，而且触点的断开速度比较慢，以致在分断大电流时，往往会有很大的电弧向外喷出，引起相间短路。而封闭式负荷开关增设了提高触刀通断速度的装置，又在断口处设置灭弧罩，并将整个开关本体装在一个防护壳体内，可以大大地改善通电性能。

（1）外形结构。封闭式负荷开关的外形结构如图 5.3 所示。

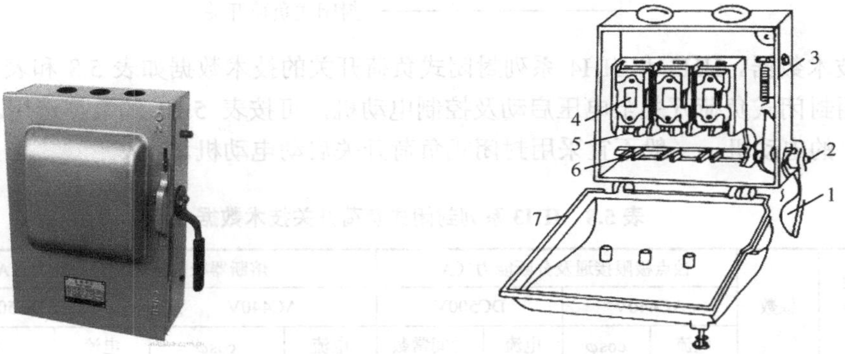


1—手柄；2—转轴；3—速断弹簧；4—熔断器；5—夹座；6—闸刀；7—外壳前盖

（a）外形　　（b）结构

图 5.3　封闭式负荷开关

常用的 HH 系列封闭式负荷开关的 3 个 U 形双刀片装在与手柄相连的转动杆上，熔断器有瓷插式或无填料封闭管式；操作机构上装有速断弹簧和机械连锁装置。速断弹簧使电弧快速熄灭，降低刀片的磨损；机械连锁装置供手动快速接通和分断负荷电路，并保证箱盖打开时开关不能闭合及开关闭合后箱盖不能打开，以确保使用安全。

（2）工作原理与型号含义。常用的 HH3 和 HH4 系列封闭式负荷开关的触点和灭弧系统有两种形式：一种是双断点楔形转动式触点，其动触点为 U 形双刀片，静触点（触点座）则固定在瓷质 E 形灭弧室上，两断口间还隔有瓷板；另一种是单断点楔形触点，其结构与一般的闸刀开关相仿。

封闭式负荷开关配用的熔断器也有两种：额定电流为 60A 及以下者，配用瓷插式熔断器；额定电流为 100A 及以上者，配用无填料封闭管式熔断器。采用瓷插式熔断器的好处是价格低廉，更换熔体方便，但分断能力较低，只能用在短路电流较小的地方。采用封闭管式熔断器，虽然价格高一些，更换熔体困难些，但却有较高的分断能力。

HH10 系列封闭式负荷开关在结构上不同于前两个系列。其动触点一律是双断点楔形转动式的，灭弧室则是由耐弧塑料压制而成的整块模压件。其瓷插式熔断器以铜丝为熔体，而另一种结构的则是一律用 RT10 系列封闭管式有填料熔断器。它们分别适用于小容量和大容量的负荷开关。至于 HH1 系列封闭式负荷开关的触点系统，则是以封闭管式有填料熔断器作为桥臂的双断点桥式动触点，灭弧室也以耐弧塑料压制而成。

封闭式负荷开关的操作机构都具有以下两个特点：一是采用储能合闸方式，即利用一根弹簧以执行合闸和分闸机能，既提高了开关的动作性能和灭弧性能，又能防止触点停滞在中间位置上；二是设有连锁装置，它可以保证开关合闸后不能打开箱盖，而当箱盖打开的时候，又不能将开关合闸。

封闭式负荷开关型号的表示方法及含义如下：

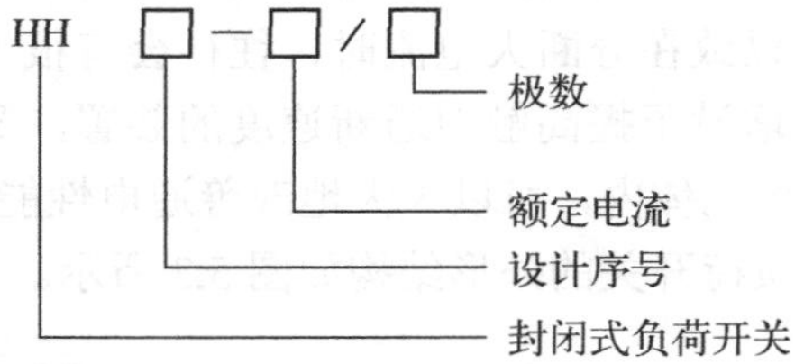


（3）技术数据。HH3 和 HH4 系列封闭式负荷开关的技术数据如表 5.8 和表 5.9 所示。如果要采用封闭式负荷开关全电压启动及控制电动机，可按表 5.10 的数据选用。对于功率大于 15kW 的电动机，一般不宜采用封闭式负荷开关启动电动机。

**表 5.8　HH3 系列封闭式负荷开关技术数据**

| 额定电流（A） | 额定电压（V） | 极数 | 触点极限接通及分断能力（A） | | | | 熔断器极限接通及分断能力（A） | | | |
|---|---|---|---|---|---|---|---|---|---|---|
| | | | AC440V | | DC500V | | AC440V | | DC500V | |
| | | | 电流 | cosφ | 电流 | 时间常数 | 电流 | cosφ | 电流 | 时间常数 |
| 10 | AC 440，DC 500 | 2. 3 | 40 | 0.4 | | 0.006～0.008s | 500 | 0.8 | – | 0.006～0.008s |
| 15 | | | 60 | | | | 1 000 | | 500 | |
| 20 | | | 80 | | | | 1 000 | | – | |
| 60 | | | 240 | | | | 4 000 | | 4 000 | |

**表 5.9　HH4 系列封闭式负荷开关技术数据**

| 额定电流/A | 额定电压/V | 极数 | 熔 体 主 要 参 数 | | | 触点极限接通及分断能力（A） | | 熔断器极限接通及分断能力（A） | |
|---|---|---|---|---|---|---|---|---|---|
| | | | 额定电流（A） | 材料 | 线径（mm） | 电流 | cosφ | 电流 | cosφ |
| 15 | 380 | 2 . 3 | 6 | 软铅丝 | 1.08 | 60 | 0.5 | 500 | 0.8 |
| | | | 10 | | 1.25 | | | | |
| | | | 15 | | 1.98 | | | | |

续表

| 额定电流/A | 额定电压/V | 极数 | 熔体主要参数 | | | 触点极限接通及分断能力（A） | | 熔断器极限接通及分断能力（A） | |
|---|---|---|---|---|---|---|---|---|---|
| | | | 额定电流（A） | 材料 | 线径（mm） | 电流 | cosφ | 电流 | cosφ |
| 60 | 380 | 2.3 | 40 | 紫铜丝 | 0.92 | 240 | 0.4 | 300 | 0.6 |
| | | | 50 | | 1.07 | | | | |
| | | | 60 | | 1.20 | | | | |
| 100 | 440 | 3 | 60、80、100 | PT10系列熔断器 | 熔断管额定电流与开关额定电流同 | 300 | 0.8 | 50000 | 0.25 |
| 200 | | | 100、150、200 | | | 600 | | | |

**表5.10　封闭式负荷开关与可控制电动机容量的配合**

| 额定电流（A） | 可控电动机最大容量（kW） | | |
|---|---|---|---|
| | 220V | 380V | 500V |
| 10 | 1.5 | 2.7 | 3.5 |
| 15 | 2.0 | 3.0 | 4.5 |
| 20 | 3.5 | 5.0 | 7.0 |
| 30 | 4.5 | 7.0 | 10 |
| 60 | 9.5 | 15 | 20 |

（4）使用与安装。使用封闭式负荷开关接通和分断笼型异步电动机，如果启动不是很频繁，一般小型电动机可用封闭式负荷开关控制，但60A以上的开关用来控制电动机已不算便宜，还可能发生弧光烧手事故。另外，封闭式负荷开关又不带过载保护，只使用熔断器做短路保护。因此，很可能因一相熔断器熔断，而导致电动机断相运转故障。从这一点考虑，也不宜使用这类开关控制大容量的电动机。

封闭式负荷开关的外壳应可靠接地，防止发生漏电击伤人员事故。严格禁止在开关箱上方放置紧固件及其他金属零件，以免它们掉入开关内部造成相间短路事故。开关电源的进出线应按要求连接。60A及以下的开关电源进线座在下端，60A以上的开关电源进线座在上端。操作时不要面对着开关箱，以免万一发生故障而开关又分断不了短路电流时，铁壳爆炸飞出伤人。

### 4．组合开关

组合开关实质上也是一种刀开关，只不过一般刀开关的操作手柄是在垂直于其安装面的平面内向上或向下转动，而组合开关的操作手柄则是在平行于其安装面的平面内向左或向右转动。组合开关一般在电气设备中用于非频繁接通和分断电路、换接电源和负载、测量三相电压以及控制小容量异步电动机的正反转和星形-三角形降压启动等。

（1）外形结构。组合开关的外形如图5.4所示。这种开关使用三副静触片，每个静触片的一端固定在绝缘垫板上，另一端伸出盒外，并附有接线柱，以便和电源线及用电设备的导线相连。3个动触片装在另外的绝缘垫板上，垫板套装在附有绝缘手柄的绝缘杆上，手柄能沿任何方向每次旋转90°，带动3个动触片分别与3个静触片接通或断开。为了使开关在切断负荷电流时所产生的电弧能迅速熄灭，在开关的转轴上都装有弹簧储能机构，使开关能快速闭合与分断，其闭合与分断速度和手柄旋转速度无关。

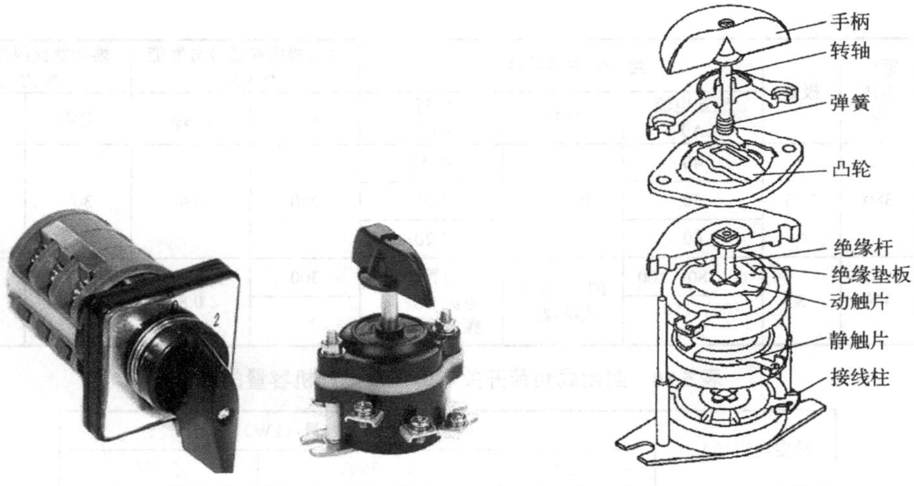


（a）　　　　　　　　　　（b）结构

图 5.4　组合开关

（2）型号含义。组合开关型号的表示及含义如下：

其中类型一项，凡不标出类型代号（拼音字母）者，是同时通断或交替通断的产品；有 P 代号者，是 2 位转换的产品；有 S 代号者，是 3 位转换的产品；有 Z 代号者，是供转接电阻用的产品；有 X 代号者，是控制电动机做星形-三角形降压启动用的产品。

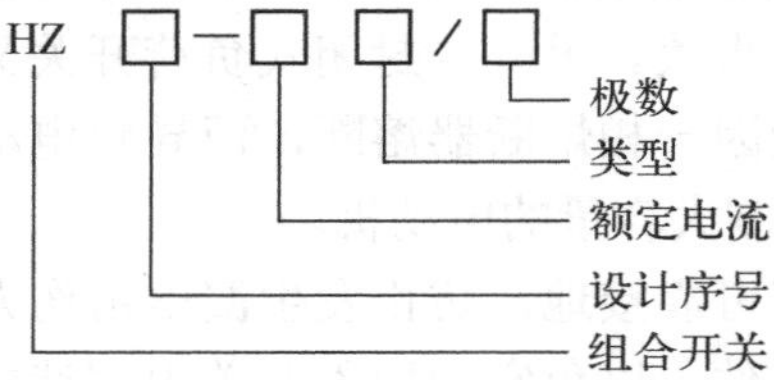


交替通断的产品，其极数标志部分有两位数字：前一位表示在起始位置上接通的电路数，第二位表示总的通断电路数。两位转换的产品，其极数标志前无字母代号者，是有一位断路的产品；极数标志前有字母代号 B 者，是有两位断路的产品；极数标志前有数字代号 0 者，是无断路的产品。

（3）技术数据。HZ10 系列组合开关的技术数据如表 5.11 所示。

**表 5.11　HZ10 系列组合开关技术数据**

<table>
<tr><th rowspan="3">型　号</th><th rowspan="3">额定电压（V）</th><th rowspan="3">额定电流（A）</th><th rowspan="3">极数</th><th colspan="2" rowspan="2">极限操作电流[①]（A）</th><th colspan="2" rowspan="2">可控制电动机最大容量和额定电流[①]</th><th colspan="4">额定电压及额定电流下的通断次数</th></tr>
<tr><th colspan="2">AC cosφ</th><th colspan="2">直流时间常数（s）</th></tr>
<tr><th>接通</th><th>分断</th><th>容量（kW）</th><th>额定电流（A）</th><th>≥0.8</th><th>≥0.3</th><th>≤0.0025</th><th>≤0.01</th></tr>
<tr><td rowspan="2">HZ10-10</td><td rowspan="4">DC 220<br>AC 380</td><td>6</td><td>单极</td><td rowspan="2">94</td><td rowspan="2">62</td><td rowspan="2">3</td><td rowspan="2">7</td><td rowspan="3">20 000</td><td rowspan="3">10 000</td><td rowspan="3">20 000</td><td rowspan="3">10 000</td></tr>
<tr><td>10</td><td rowspan="3">2．3</td></tr>
<tr><td>HZ10-25</td><td>25</td><td>155</td><td>108</td><td>6.5</td><td>12</td></tr>
<tr><td>HZ10-100</td><td>100</td><td></td><td></td><td></td><td></td><td>10 000</td><td>5 000</td><td>10 000</td><td>5 000</td></tr>
</table>

① 均指三极组合开关。

（4）使用与安装。组合开关使用和安装时应注意：尽管组合开关的寿命较长，但也应当按照规定的条件使用。例如，组合开关的电寿命是它在额定电压下，操作频率不超过每小时300次、功率因数也不小于规定数值时，通断额定电流的次数。如果功率因数低了，或是操作频率高了，都应降低容量使用。否则，不仅会降低开关的寿命，有时还可能因持续燃弧而发生事故。另外，虽然组合开关有一定的通断能力，但毕竟还是比较低的，所以不能用它来分断故障电流。不仅如此，就是用于控制电动机做可逆运转的组合开关，也必须在电动机完全停止转动以后，才允许反方向接通（即只能作为预选开关使用）。

### 5.2.2 熔断器

熔断器中的熔体也称为保险丝，它是一种保护类电器。在使用中，熔断器串联在被保护的电路中，当该电路发生过载或短路故障时，如果通过熔体的电流达到或超过了某一定值，在熔体上产生的热量便会使其温度升高到熔体金属的熔点，导致熔体自行熔断，达到保护目的。

#### 1．外形结构与符号

瓷插式熔断器和螺旋式熔断器的外形结构如图5.5中的（a）、（b）所示，（c）为熔断器的图形符号，其文字符号为FU。

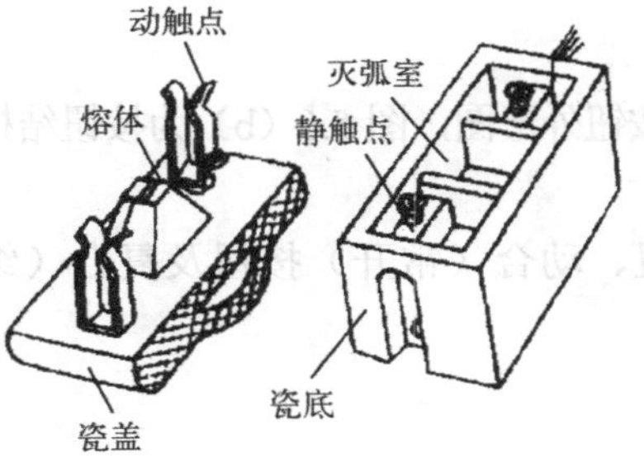

（a）瓷插式熔断器外形

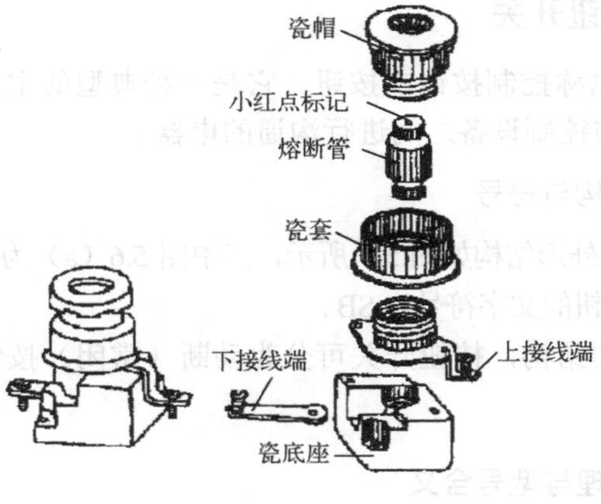

（b）螺旋式熔断器外形

（c）熔断器图形符号与文字符号

图5.5 熔断器外形与符号

瓷插式熔断器的电源线和负载线分别接在瓷底座两端静触点的接线柱上，瓷盖中间凸起部分的作用是将熔体熔断产生的电弧隔开，使其迅速熄灭。较大容量熔断器的灭弧室中还垫有熄灭电弧用的石棉织物。

螺旋式熔断器的电源线应当接在瓷底座的下接线端，负荷线接到金属螺纹壳的上接线端。

#### 2．型号的含义

熔断器型号表示方法及含义如下：

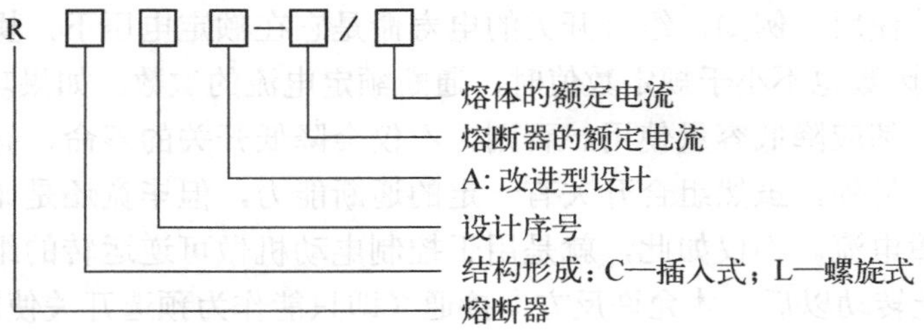


**3．技术数据**

常用熔断器的技术数据如表5.12所示。

**表5.12　常用熔断器技术数据**

| 名　称 | 型　号 | 额定电压（V） | 额定电流（A） | 熔体的额定电流等级（A） |
|---|---|---|---|---|
| 插入式熔断器 | RC1-10 | AC380 | 10 | 2，4，6，10 |
| | RC1-30 | | 30 | 20，25，30 |
| | RC1-60 | | 60 | 40，50，60 |
| 螺旋式熔断器 | RL1-15 | AC380 | 15 | 2，4，6，10，15 |
| | RL1-60 | | 60 | 20，25，30，35，40，50，60 |

## 5.2.3　按钮开关

按钮开关也称控制按钮或按钮。它是一种典型的主令电器，其作用是发布命令，所以它是操作人员与控制设备之间进行沟通的电器。

**1．外形结构与符号**

常用按钮的外形结构如图5.6所示，其中图5.6（a）为按钮外形图，图5.6（b）为按钮结构示意与符号。按钮的文字符号为SB。

根据触点的结构，按钮开关可分为动断（常闭）按钮、动合（常开）按钮及复合（组合）按钮。

**2．工作原理与型号含义**

动合按钮、动断按钮和复合按钮的结构类似，其工作原理分别如下：

（1）动合按钮。外力未作用时（手未按下），触点是断开的；外力作用时，动合触点闭合；但外力消失后，在复位弹簧作用下自动恢复原来的断开状态。

（2）动断按钮。外力未作用时（手未按下），触点是闭合的；外力作用时，动合触点断开；但外力消失后，在复位弹簧作用下自动恢复原来的闭合状态。

（3）复合按钮。按下复合按钮时，所有的触点都改变状态，即动合触点要闭合，动断触点要断开。但是，这两对触点的变化是有先后次序的。按下按钮时，动断触点先断开，动合触点后闭合；松开按钮时，动合触点先复位（断开），动断触点后复位（闭合）。

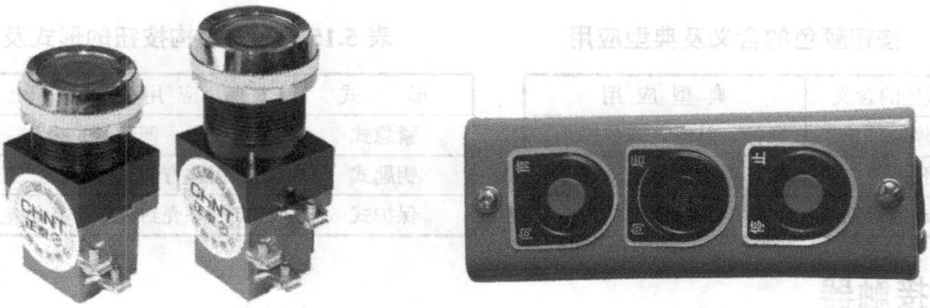


（a）按钮外形

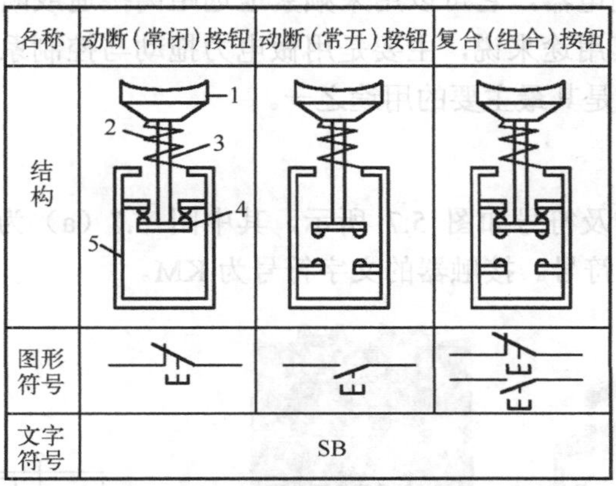

名称
动断（常闭）按钮
动断（常开）按钮
复合（组合）按钮
结构
1
2
3
4
5
图形符号
文字符号
SB


1—按钮帽；2—复位弹簧；3—推杆；4—桥式动、静触点；5—外壳；

（b）按钮结构示意与符号

图 5.6　按钮开关

按钮开关型号表示方法及含义如下：

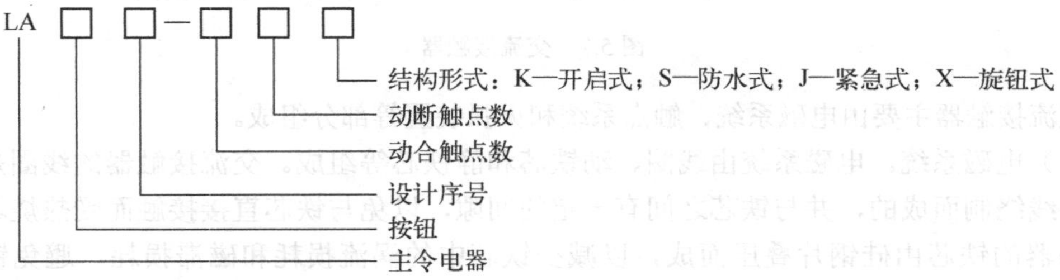


## 3．技术数据与结构形式

常用按钮开关的技术数据如表 5.13 所示。按钮颜色的含义及典型应用如表 5.14 所示。不同结构按钮的形式及应用场合如表 5.15 所示。

**表 5.13　常用按钮开关的技术数据**

| 型　号 | 额定电压（V） | 额定电流（A） | 结构形式 | 触点对数据 | | 钮　数 | 用　途 |
|---|---|---|---|---|---|---|---|
| | | | | 动　合 | 动　断 | | |
| LA2 | 500 | 5 | 元件 | 1 | 1 | 1 | 作为单独元件用 |
| LA10-2K | 500 | 5 | 开启式 | 2 | 2 | 2 | 用于电动机启动、停止控制 |
| LA10-2A | 500 | 5 | 开启式 | 3 | 3 | 3 | 用于电动机倒、顺、停控制 |
| LA19-11D | 500 | 5 | 带指示灯 | 1 | 1 | 1 | |
| LA18-22Y | 500 | 5 | 钥匙式 | 2 | 2 | 1 | |

表 5.14　按钮颜色的含义及典型应用

| 颜　色 | 颜色的含义 | 典 型 应 用 |
|---|---|---|
| 红 | 急停或停止 | 急停、总停、部分停止 |
| 黄 | 干预 | 循环中途的停止 |
| 绿 | 启动或接通 | 总启动、部分启动 |

表 5.15　不同结构按钮的形式及应用切合

| 形　式 | 应 用 场 合 | 型　号 |
|---|---|---|
| 紧急式 | 钮帽突出，便于紧急操作 | LA19-11J |
| 钥匙式 | 利用钥匙方能操作 | LA18-22Y |
| 保护式 | 触点被外壳封闭，防止触电 | LA10-2H |

### 5.2.4　接触器

接触器是一种自动控制电器，它可以用来频繁地远距离接通或断开交、直流电路及大容量控制电路。接触器就其用途来说，主要是用做电力拖动与控制系统中的执行电器，而控制交流笼型异步电动机应是其最主要的用途之一。

**1．外形结构与符号**

交流接触器的外形结构及符号如图 5.7 所示，其中图 5.7（a）为交流接触器的外形结构图，图 5.7（b）为其图形符号。接触器的文字符号为 KM。

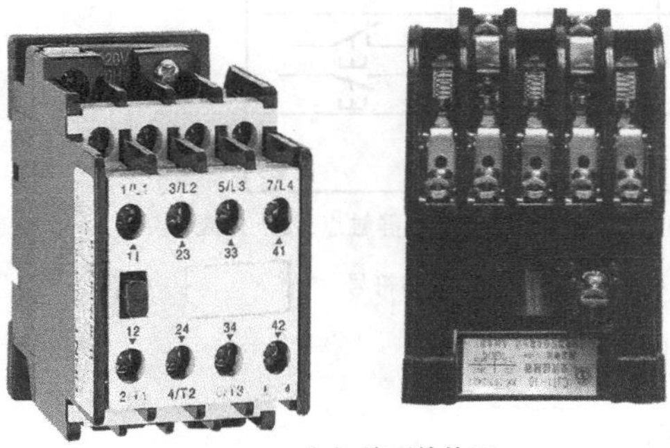

（a）外形结构图

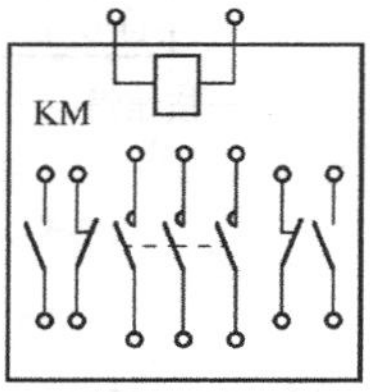


（b）图形符号

图 5.7　交流接触器

交流接触器主要由电磁系统、触点系统和灭弧装置等部分组成。

（1）电磁系统。电磁系统由线圈、动铁芯和静铁芯等组成。交流接触器的线圈是由绝缘铜导线绕制而成的，并与铁芯之间有一定的间隙，以免与铁芯直接接触而受热烧坏。交流接触器的铁芯由硅钢片叠压而成，以减少铁芯中的涡流损耗和磁滞损耗，避免铁芯过热。在铁芯上装有一个短路铜环，其作用是减少交流接触器吸合时产生的振动和噪声，故又称减振环，如图 5.8 所示，其材料为铜、康铜或镍铬合金。铁芯端头所安装的短路环一般包围的面积是铁芯截面积的 2/3。这个金属环是自封闭的，当铁芯中交变磁通（$\Phi_1$）过零时，在短路环中所产生的感应电流阻止环内磁通（$\Phi_2$）不过零，也就是说 $\Phi_2$ 滞后于 $\Phi_1$ 变化，从而保证铁芯端面下任何时刻总有磁通不过零，这样也保证线圈产生的电磁吸力不过零，使动铁芯（衔铁）一直被吸合，动铁芯不再振动而消除了噪声。

（2）触点系统。触点系统分主触点和辅助触点。主触点用以通断电流较大的主电路，体积较大，一般由三对动合触点组成；辅助触点用以通断电流较小的控制电路，体积较小，通常有动合和动断各两对触点。

（3）灭弧装置。灭弧装置用来熄灭触点在切断电路时所产生的电弧，以保护触点不受电弧灼伤。交流接触器中常采用的灭弧方法如图 5.9 所示。

① 电动力灭弧。电弧在触点回路电流磁场的作用下，受到电动力作用拉长，并迅速移开触点而熄灭，如图 5.9（a）所示。

② 栅片灭弧。电弧在电动力的作用下，进入由许多间隔着的金属片所组成的灭弧栅之中，电弧被栅片分割成若干段短弧，使每段短弧上的电压达不到燃弧电压，同时栅片具有强烈的冷却作用，致使电弧迅速熄灭，如图 5.9（b）所示。

此外，交流接触器还有其他部件，如反作用弹簧、缓冲弹簧、传动机构和接线柱等。

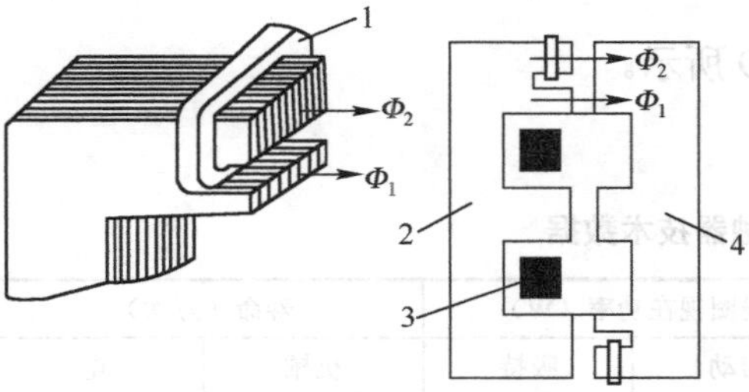


1—短路环；2—铁芯；3—线圈；4—衔铁

图 5.8 交流接触器铁芯短路环

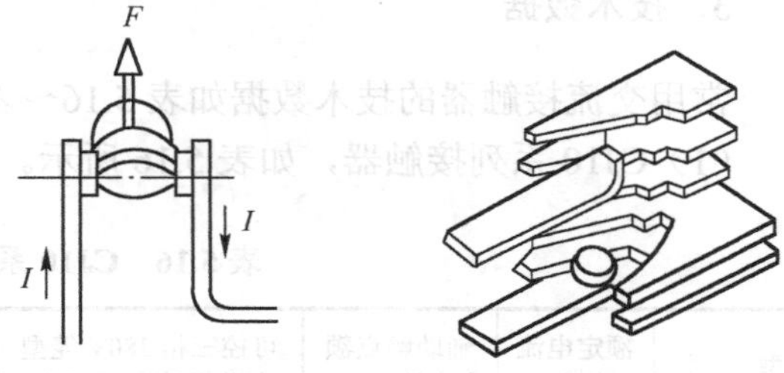


（a）电动力灭弧 （b）栅片灭弧

图 5.9 交流接触器的灭弧方法

## 2. 工作原理与型号含义

交流接触器的工作原理示意图如图 5.10 所示。其工作原理为：线圈得电以后，产生的磁场将铁芯磁化，吸引动铁芯，克服反作用弹簧的弹力，使它向着静铁芯运动，拖动触点系统运动，使得动合(常开)触点闭合、动断（常闭）触点断开。一旦电源电压消失或者显著降低，以致电磁线圈没有励磁或励磁不足，动铁芯就会因电磁吸力消失或过小而在反作用弹簧的弹力作用下释放，使得动触点与静触点脱离，触点恢复线圈未通电时的状态。

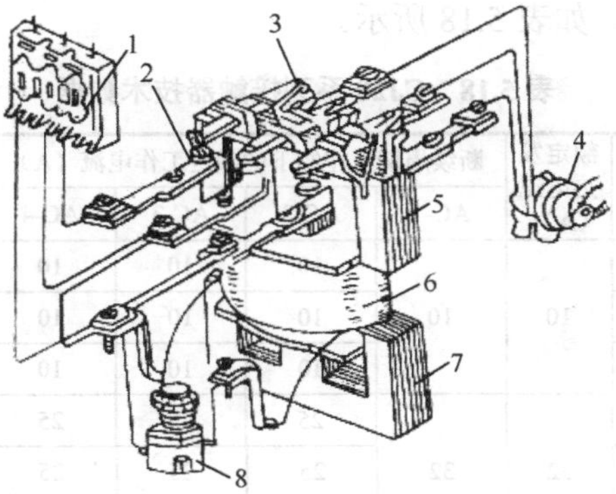


1—熔断器；2—静触点；3—动触点；4—电动机；5—动铁芯；6—线圈；7—静铁芯；8—按钮

图 5.10 交流接触器工作原理示意图

交流接触器型号表示方法及含义如下：

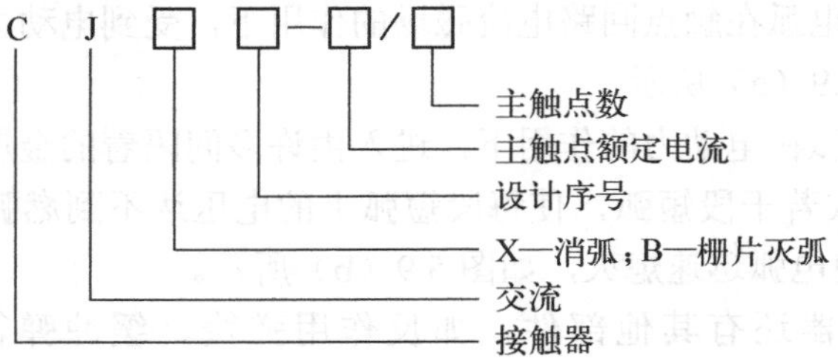


### 3. 技术数据

常用交流接触器的技术数据如表 5.16～表 5.19 所示。

（1）CJ10 系列接触器，如表 5.16 所示。

**表 5.16　CJ10 系列接触器技术数据**

| 型　号 | 额定电流（A） | 辅助触点额定电流（A） | 可控三相 380V 笼型电动机功率（kW） | 线圈视在功率（W） | | 寿命（万次） | |
|---|---|---|---|---|---|---|---|
| | | | | 启动 | 吸持 | 机械 | 电 |
| CJ10-5 | 5 | 5 | 1.5 | ～35 | ～6 | 300 | 60 |
| CJ10-10 | 10 | 5 | 4 | ～65 | ～11 | | |
| CJ-10-40 | 40 | 5 | 15 | ～230 | ～31 | | |
| CJ10-80 | 80 | 5 | 37 | ～495 | ～95 | | |

（2）CJ12 系列接触器，表 5.17 所示。

**表 5.17　CJ12 系列接触器技术数据**

| 型　号 | 额定电流（A） | 接通和分断能力（A） | | 额定操作频率（次·$h^{-1}$） | 寿命（万次） | |
|---|---|---|---|---|---|---|
| | | 接通 | 分断 | | 机械 | 电 |
| CJ12-100 | 100 | 1 200 | 1 000 | 600 | 300 | 15 |
| CJ12-250 | 250 | 2 500 | 2 000 | | | |

（3）CJ20 系列接触器，如表 5.18 所示。

**表 5.18　CJ20 系列接触器技术数据**

| 型　号 | 额定频率（Hz） | 额定绝缘电压（V） | 额定工作电压（V） | 额定发热电流（A） | 断续周期工作制下的额定工作电流（A） | | | | 380V、AC-3 类工作制下的控制功率（kW） | 不间断工作制下的额定工作电流（A） |
|---|---|---|---|---|---|---|---|---|---|---|
| | | | | | AC-1 | AC-2 | AC-3 | AC-4 | | |
| CJ20-10 | 50 | 660 | 220 | 10 | 10 | 10 | 10 | 10 | 2.2 | |
| | | | 380 | | | 10 | 10 | 10 | 4 | |
| | | | 660 | | | 10 | 10 | 10 | 7.5 | |
| CJ20-25 | | | 220 | 32 | 32 | 25 | 25 | 25 | 5.5 | 32 |
| | | | 380 | | | 25 | 25 | 25 | 11 | |
| | | | 660 | | | 16 | 16 | 16 | 13 | |
| CJ20-63 | | | 220 | 80 | 80 | 63 | 63 | 63 | 18 | 80 |
| | | | 380 | | | 63 | 63 | 63 | 30 | |
| | | | 660 | | | 40 | 40 | 40 | 35 | |

续表

| 型号 | 额定频率（Hz） | 额定绝缘电压（V） | 额定工作电压（V） | 额定发热电流（A） | 断续周期工作制下的额定工作电流（A） AC-1 | AC-2 | AC-3 | AC-4 | 380V、AC-3类工作制下的控制功率（kW） | 不间断工作制下的额定工作电流（A） |
|---|---|---|---|---|---|---|---|---|---|---|
| CJ20-100 | | | 220 | 125 | 125 | 100 | 100 | 100 | 28 | |
| | | | 380 | | | 100 | 100 | 100 | 50 | |
| | | | 660 | | | 63 | 63 | 63 | 50 | |
| CJ20-160 | | | 220 | 200 | 200 | 160 | 160 | 160 | 48 | |
| | | | 380 | | | 160 | 160 | 160 | 85 | 200 |
| | | | 660 | | | 100 | 100 | 16 | 85 | |

（4）B系列交流接触器，如表5.19所示，该系列为国外引进产品。

**表5.19 B系列交流接触器主要技术数据**

| 型号 | 额定绝缘电压（V） | 额定工作电压（V） | 额定发热电流（A） | 额定工作电流（A） AC-3 AC-4 | 控制电动机功率（kW） |
|---|---|---|---|---|---|
| B9 | | 380 | 16 | 8.5 | 4 |
| | | 660 | | 3.5 | 3 |
| B12 | | 380 | 20 | 11.5 | 5.5 |
| | | 660 | | 4.9 | 4 |
| B16 | | 380 | 25 | 15.5 | 7.5 |
| | | 660 | | 6.7 | 5.5 |
| B25 | | 380 | 40 | 22 | 11 |
| | | 660 | | 13 | 11 |
| B30 | | 380 | 45 | 30 | 15 |
| | | 660 | | 17.5 | 15 |
| B37 | | 380 | 45 | 37 | 18.5 |
| | | 660 | | 21 | 18.5 |
| B45 | | 380 | 60 | 45 | 22 |
| | 750 | 660 | | 25 | 22 |
| B65 | | 380 | 80 | 65 | 33 |
| | | 660 | | 44 | 40 |
| B85 | | 380 | 100 | 85 | 45 |
| | | 660 | | 53 | 50 |
| B105 | | 380 | 140 | 105 | 55 |
| | | 660 | | 82 | 75 |
| B170 | | 380 | 230 | 170 | 90 |
| | | 660 | | 118 | 110 |
| B250 | | 380 | 300 | 250 | 132 |
| | | 660 | | 170 | 160 |
| B370 | | 380 | 410 | 370 | 200 |
| | | 660 | | 268 | 250 |
| B460 | | 380 | 600 | 475 | 250 |
| | | 660 | | 337 | 315 |

**4. 使用与安装**

在安装接触器前，应先检查线圈电压是否符合使用要求；然后将铁芯极面上的防锈油擦净，以免造成线圈断电后铁芯不释放；最后检查其活动部分是否正常，如触点是否接触良好，有否卡阻现象等。

交流接触器在安装时要注意底面与安装处平面的倾角应小于 5°；若有散热孔，则应将有孔的一面放在垂直方向上，以利散热，并按规定留有适当的飞弧空间，以免飞弧烧坏相邻器件。安装孔的螺钉应装有弹簧垫圈和平垫圈，并拧紧螺钉以防松脱。

交流接触器灭弧罩应该完整无缺且固定牢靠，检查接线正确无误后，先在主触点不带电的情况下操作几次，然后再将主触点接入负载工作。

**5. 其他接触器简介**

（1）真空接触器。真空接触器是一种以真空作为灭弧介质的接触器，与一般接触器的主要区别在于真空灭弧室和主触点。真空接触器灭弧室的外形如图 5.11 所示。结构如图 5.12 所示。

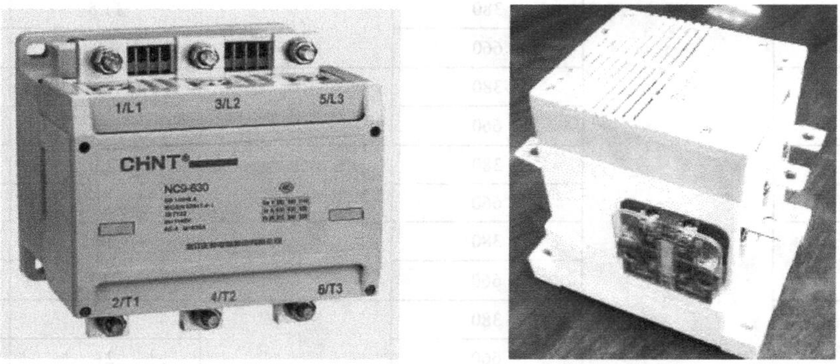


图 5.11　真空接触器外形

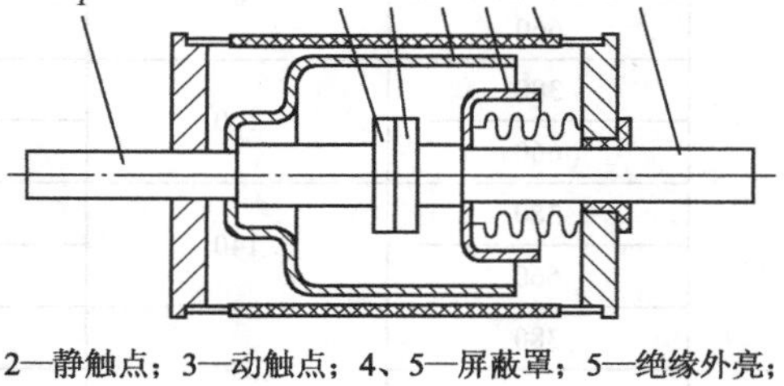


1—静导电杆；2—静触点；3—动触点；4、5—屏蔽罩；5—绝缘外亮；7—动导电杆

图 5.12　真空接触器灭弧室结构

在图 5.12 中，绝缘外壳一般采用高纯度氧化铝等高致密的材料制成，由封接圈封接，封接圈通常用无氧铜制作，这两类材料的热膨胀系数十分接近，所以能保证封接质量，从而保证灭弧室必要的真空度。

在灭弧室内设置了屏蔽罩，一般由无氧铜和不锈钢制造，其作用在于有效地凝结分断电流时由触点间隙扩散出来的金属蒸气以确保分断成功，同时又能防止金属蒸气溅到外壳内表面上，以保证外壳的绝缘强度。

静触点与静导电杆相连，动触点通过动导电杆与静触点分断和闭合，在动导电杆上装有波纹管，它是由不锈钢制成的弹性密封件，是保证触点在真空灭弧室内正常运动的重要元件。在真空接触器中，动、静触点在真空状态下开合时，由于没有气体分子，所以几乎不产生电弧。因而可将触点行程缩小，开关动作加快，并且寿命长，安全可靠。

（2）无弧转换混合式交流接触器。交流接触器在某些工作状态下，电气寿命比机械寿命低得多，在冶金辗轧和起重运输设备上，这种情况很突出，触点在非常短的时间内即被电弧烧损，只有更换才能正常工作，给维护检修带来很大的工作量。

电力电子技术的发展改善了这一现状，特别是晶闸管和大功率晶体管可以组成无触点接触器，用它们来取代有触点接触器，具有动作快、操作频率高、电气寿命长和无噪声等一系列优点。但也存在一些不足之处：过载、过压能力低；因管压降较大造成主触点压降损耗大，必须附加散热装置及保护线路；成本较高。无弧转换混合式交流接触器是在传统接触器的基础上，引入电力电子技术，取长补短，互相组合而成的新型器件。

图 5.13 所示为三相交流混合式接触器中一相的结构原理图，它是在接触器动合触点两端并入无弧转换环节，由两个晶闸管或一个双向晶闸管及有关的触发控制电路组成。

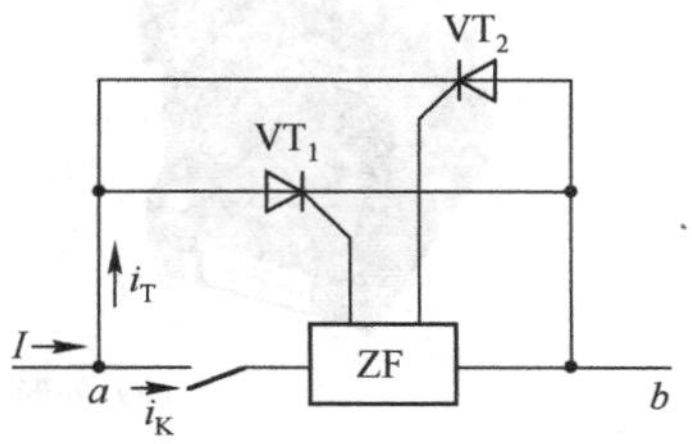

图 5.13　混合式接触器结构原理（一相）

当交流接触器线圈得电时，动合主触点闭合，主电路接通，电流 $i_K$ 流过主触点，并在 $ab$ 两端形成一电压降 $\Delta U_{ab}$，该值的大小取决于主触点电路的阻抗和流过主触点的电流大小。在额定电流下 $\Delta U_{ab}$ 的值应小于 $VT_1$ 和 $VT_2$ 晶闸管的导通电压，即使触发信号送到 $VT_1$ 和 $VT_2$ 的控制极，也不会导通。当触点从闭合状态开始断开时，主触点动、静触点之间的接触电阻剧增，导致 $\Delta U_{ab}$ 增大到大于晶闸管导通电压（一般为 1V 左右）。电流在分断前使触发电路发出的触发信号一直保持着，这样 $VT_1$ 或 $VT_2$ 导通，电流 $i_T$ 经 $VT_1$ 或 $VT_2$ 旁路转移，同时主触点完全断开，实现无电弧转移。经 $VT_1$ 或 $VT_2$ 转移的电流过零时，晶闸管自然关断，当电源电压反向时，触发电路无电流，所以无触发信号输出，$VT_1$ 和 $VT_2$ 继续处于关断状态。这种工作方式因无电弧灼伤，使接触器电气寿命大幅度提高。

### 5.2.5　继电器

继电器是一种根据某种输入信号接通或分断电路的电器，它一般通过接触器或其他电器对主电路进行控制，因此继电器触点的额定电流较小（5～10A），无灭弧装置，但它动作的准确性较高。

通常可以按使用范围把继电器分为：保护继电器，用于电力系统作为发电机、变压器及输电线路的保护；控制继电器，主要用于电力拖动系统以实现控制过程的自动化；通信继电器，主要用于通信和遥控系统。

若按输入信号的性质分，有中间继电器、热继电器、时间继电器、速度继电器、电流继电器及电压继电器等。

**1．中间继电器**

中间继电器主要是起中间转换作用，是将一个信号变成多个信号的继电器。其输入信号为线圈的通电和断电，输出信号是触点的断开和闭合。

中间继电器也分为直流和交流两种，也是由电磁机构和触点系统组成的。电磁机构与接触器中的相似；触点因为通过控制电路的电流容量较小，所以不需加装灭弧装置。

（1）外形结构与符号。中间继电器的外形如图 5.14（a）所示，图 5.14（b）为中间继电器的符号，其文字符号为 KA。

中间继电器的结构和交流接触器基本一样，其外壳一般由塑料制成，为开启式。外壳上的相间隔板将各对触点隔开，以防止因飞弧而发生短路事故。触点系统可按 8 动合、6 动合 2 动断及 4 动合 4 动断等方式组合。

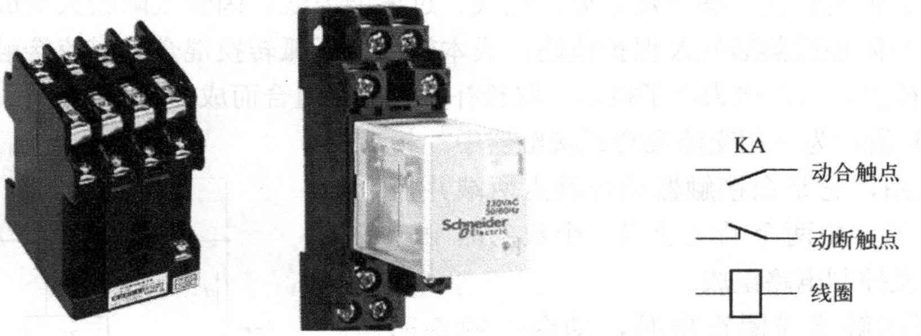


（a）外形　　（b）符号

图 5.14　中间继电器

（2）工作原理与型号含义。中间继电器的结构与交流接触器相似，工作原理也相同。当线圈得电时，铁芯被吸合，触点系统动作，动合触点闭合，动断触点断开；线圈断电后，铁芯被释放，触点系统复位。

中间继电器型号表示方法及含义如下：

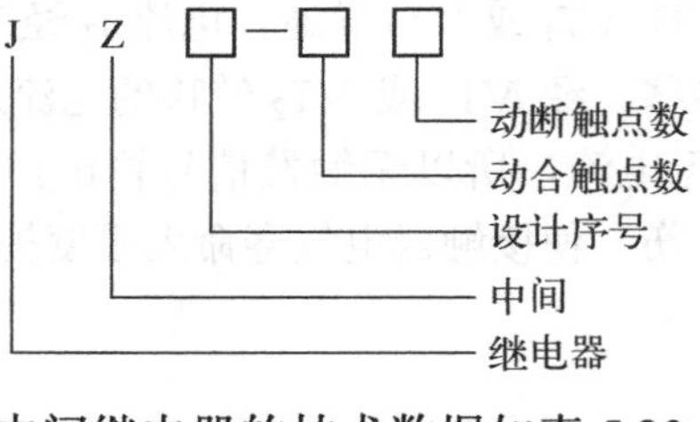


（3）技术数据。JZ7 系列中间继电器的技术数据如表 5.20 所示。

表 5.20　JZ7 系列中间继电器技术数据

| 型号 | 触点额定电压（V） | | 触点额定电流（A） | 触点数量 | | 额定操作频率（次/h） | 吸引线圈电压（V） | | 吸引线圈消耗功率（W） | |
|---|---|---|---|---|---|---|---|---|---|---|
| | 直流 | 交流 | | 动合 | 动闭 | | 50Hz | 60Hz | 启动 | 吸持 |
| JZ-44 | 440 | 500 | 5 | 4 | 4 | 1 200 | 12, 24,36,48, 110,127,220,380, 420,440,550 | 12,36,110, 127,220, 380,440 | 75 | 12 |
| J27-62 | 440 | 500 | 5 | 6 | 2 | 1 200 | | | 75 | 12 |
| J27-80 | 440 | 500 | 5 | 8 | 0 | 1 200 | | | 12 | 75 |

**2．热继电器**

为了充分发挥电动机的潜力，电动机短时过载是允许的。当然，无论过载量的大小如何，时间长了总会使绕组的温升超过允许值，从而加剧绕组绝缘的老化，缩短电动机的寿命。另外，严重过载会很快烧毁电动机。为防止电动机长期过载运行，可在线路中接入热继电器，它可以有效地监视电动机是否长期过载或短时严重过载，并在超过过载预定值时有效切断控制系统电源，确保电动机的安全。

（1）外形结构与符号。热继电器的外形如图 5.15（a）所示，图 5.15（b）为热继电器的符号，其中 FR 为文字符号。

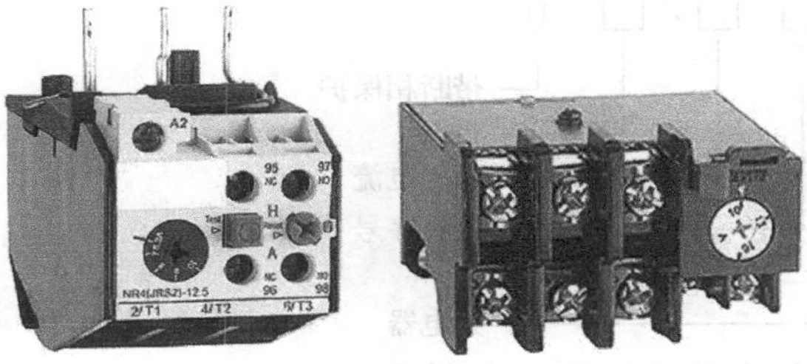

（a）外形

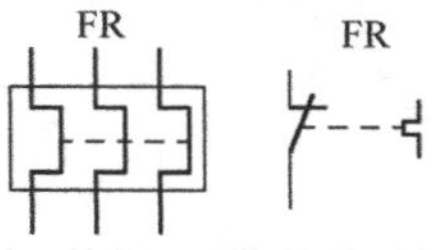


（b）符号

图 5.15　热继电器

从结构上看，热继电器的热元件由两极（或三极）双金属片及缠绕在外面的电阻丝组成，双金属片是由热膨胀系数不同的金属片压合而成的。使用时，将电阻丝直接串联在笼型异步电动机的供电电路上。复位按钮是热继电器动作后进行手动复位的按钮，可防止热继电器动作后，因故障未被排除而电动机又启动造成更大的故障。

（2）工作原理与型号含义。热继电器的工作原理如图 5.16 所示。当电动机过载时，电流增大，串入电路的电阻丝产生热量加热双金属片。因双金属片膨胀系数不同，引起双金属片向膨胀系数小的一侧弯曲，推动导板等动作机构使触点动作，即动合触点闭合，动断触点断开，达到自动切断电源和发出相应报警信号的目的。

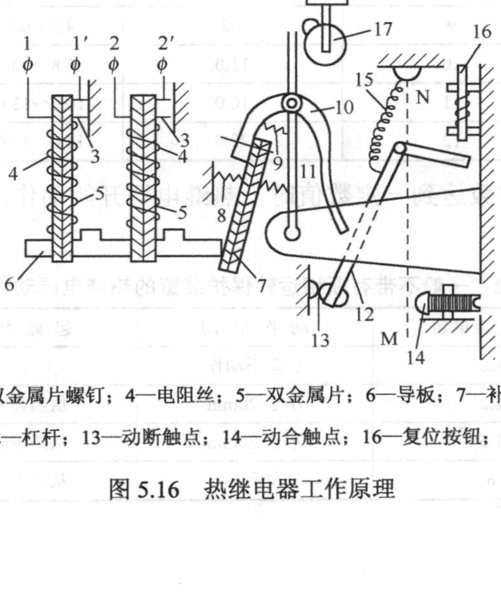


1、1′, 2、2′—接线圈；3—固定双金属片螺钉；4—电阻丝；5—双金属片；6—导板；7—补偿双金属片；8、9、15—弹簧；10—推杆；11—支撑杆；12—杠杆；13—动断触点；14—动合触点；16—复位按钮；17—偏心轮；18—整定旋钮

图 5.16　热继电器工作原理

热继电器触点动作切断电路后，电流为零，电阻丝不再发热，双金属片冷却到一定值时恢复原状，于是动合触点和动断触点复位。另外也可通过调节螺钉，使触点在动作后不自动复位，而必须按动复位按钮才能使触点复位。这很适用于某些要求故障未排除而防止电动机再启动的场合。不能自动复位对检修时确定故障范围也是十分有利的。

当电流超过整定电流值时，热继电器即可动作。流过热元件的电流越大，动作时间越短。不过由于热惯性原因，电流通过热元件时总是需要一段时间触点才能动作。这样，就无法利用热继电器对电流实现短路保护作用，也正是这个热惯性，在电动机启动或短时过载时，热继电器不会动作，避免了电动机的不必要停车。

热继电器型号的表示方法及含义如下：

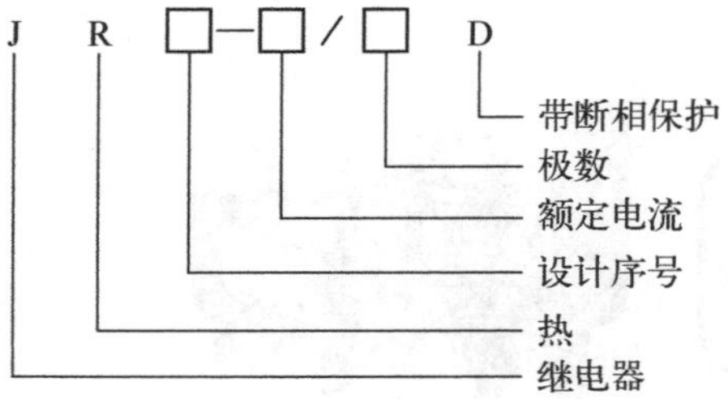


（3）技术数据。常用热继电器的技术数据如表 5.21 所示。

**表 5.21　常用热继电器技术数据**

| 型　号 | 额定电流（A） | 热元件规格 | | | 选择导线规格 |
|---|---|---|---|---|---|
| | | 编号 | 额定电流（A） | 刻度电流调节范围（A） | |
| JR16-20/3<br>JR16-20/3D | | 1 | 0.35 | 0.25～0.3～0.35 | $4mm^2$ 单股塑料铜线 |
| | | 2 | 0.5 | 0.32～0.4～0.35 | |
| | | 3 | 0.72 | 0.45～0.6～0.35 | |
| | | 4 | 1.1 | 0.68～0.9～0.35 | |
| | | 5 | 1.6 | 1.0～1.3～0.35 | |
| | | 6 | 2.4 | 1.5～2.0～0.35 | |
| | | 7 | 3.5 | 2.2～2.8～0.35 | |
| | | 8 | 5.0 | 3.2～4.0～0.35 | |
| | | 9 | 7.2 | 4.5～6.0～0.35 | |
| | | 10 | 11.0 | 6.8～9.0～0.35 | |
| | | 11 | 16.0 | 10.0～13.0～0.35 | |
| | | 12 | 22.0 | 14.0～18.0～0.35 | |

热继电器过载电流倍数达到一定数值时，热继电器开始动作，过载电流大小与动作时间的关系如表 5.22 所示。

**表 5.22　一般不带有断相运转保护装置的热继电器动作特性**

| 额定电流倍数 | 动 作 时 间 | 起 始 状 态 |
|---|---|---|
| 1.0 | 长期不动作 | |
| 1.2 | 小于 20min | 从热态开始 |
| 1.5 | 小于 20min | 从热态开始 |
| 6 | 大于 5s | 从冷态开始 |

（4）具有断相保护的热继电器。热继电器所保护的电动机，如果是星形接法的，当线路发生一相断路（如熔丝熔断），则另外两相发生过载，这两相的线电流与相电流相等，这种过载情况普通的两相或三相热继电器是能起到保护作用的。但当电动机是三角形接法时，线电流是相电流的 1.73 倍，在电源一相断路时，流过三相绕组的电流是不平衡的。其中两相做串联接法的绕组中电流是另一相中的 1/2，这时线电流仅是较大一相绕组电流的 1.5 倍左右，如果此时处于不严重过载状态（1.73 倍以下），热继电器发热元件产生的热量不足使触点动作，则时间一长，电动机可能被烧毁。可见，若电动机为三角形接法，一般的热继电器无法实现断相后电动机不严重过载的保护，而必须采用带有断相保护的热继电器。这种特殊结构的热继电器，在电源缺相时，利用它的内部差动机构可放大双金属片的弯曲程度，使其触点提早动作。

三相电动机的一根接线松开或一相熔丝熔断，是造成三相异步电动机烧坏的主要原因之一。如果热继电器所保护的电动机是 Y 接法，当线路发生一相断电时，另外两相电流便增大很多，由于线电流等于相电流，流过电动机绕组的电流和流过热继电器的电流增加比例相同，因此普通的两相或三相热继电器可以对此做出保护。如果电动机是Δ形接法，发生断相时，由于电动机的相电流与线电流不等，流过电动机绕组的电流和流过热继电器的电流增加比例不相同，而热元件又串联在电动机的电源进线中，按电动机的额定电流即线电流来整定，整定值较大。当故障线电流达到额定电流时，在电动机绕组内部，电流较大的那一相绕组的故障电流将超过额定相电流，便有过热烧毁的危险。所以Δ接法必须采用带断相保护的热继电器。

带有断相保护的热继电器是在普通热继电器的基础上增加一个差动机构，对三个电流进行比较。差动式断相保护装置结构原理如图 5.17 所示。热继电器的导板改为差动机构，由上导板 1、下导板 2 及杠杆 5 组成，它们之间都用转轴连接。

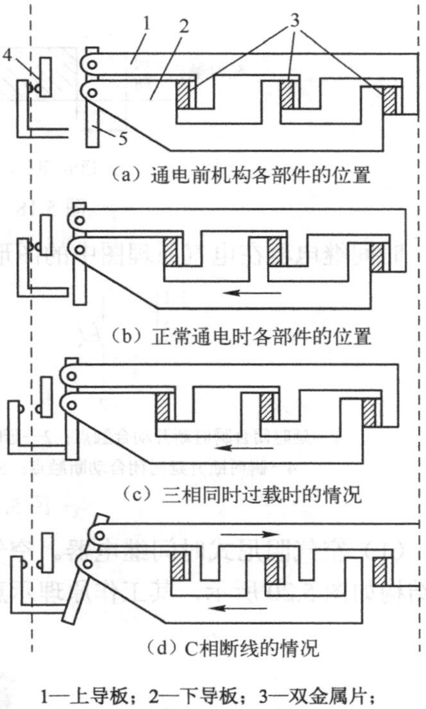


1—上导板；2—下导板；3—双金属片；
4—常闭触点；5—杠杆

图 5.17　差动式断相保护装置动作原理

图 5.17（a）所示为通电前机构各部件的位置。图 5.17（b）所示为正常通电时各部件的位置，此时三相双金属片都受热向左弯曲，但弯曲的挠度不够，所以下导板向左移动一小段距离，继电器不动作。图 5.17（c）所示是三相同时过载时的情况，三相双金属片同时向左弯曲，推动下导板 2 向左移动，通过杠杆 5 使常闭触点立即引计。图 5.17（d）所示是 C 相断线的情况，这时 C 相双金属片逐渐冷却降温，端部向右移动，推动上导板 1 向右移；而另外两相双金属片温度上升，端部向左弯曲，推动下导板 2 继续向左移动。由于上、下导板一左一右移动，产生了差动作用，通过杠杆的放大，使常闭触点打开。由于差动作用，使热继电器在断相故障时加速动作，保护电动机。

不带断相保护装置的一般继电器，在一相断线而另外两相电流过载 1.05 倍时，不可能及时动作，有时甚至不动作。而带断相保护装置的热继电器，在这种场合，几分钟内即能可靠地动作，保护电动机不被烧损。

**3．时间继电器**

时间继电器也称为延时继电器，它是电气控制系统中起时间控制作用的继电器。当它的感测部分接收输入信号以后，需经过一定的时间延时，它的执行部分才会动作，并输出信号以操纵控制电路。

时间继电器种类繁多，有些时间继电器，如钟表式、电子管式等，已逐渐为其他类型的产品取代。有些时间继电器的使用面较窄，如双金属片式和热敏电阻式，主要用于过流保护和温度控制。因此，目前用做时间控制的时间继电器主要是空气阻尼式、电动式和晶体管式等几种。

时间继电器按延时方式分类，有通电延时型和断电延时型两种。通电延时型时间继电器在其感测部分接收信号后，开始延时，一旦延时完毕，就立即通过执行部分输出信号以操纵控制电路。当输入信号消失时，继电器立即恢复到动作前的状态（复位）。这种类型时间继电器的动作情况可用图 5.18（a）来说明，图中的 $T$ 即是延时时间。断电延时型与通电延时型相反，断电延时型时间继电器在其感测部分接收输入信号后，执行部分立即动作，但当输入信号消失后，继电器必须经过一定的延时，才能恢复到原来（即动作前）的状态（复位），并且有信号输出。该类型继电器的动作情况如图 5.18（b）所示。

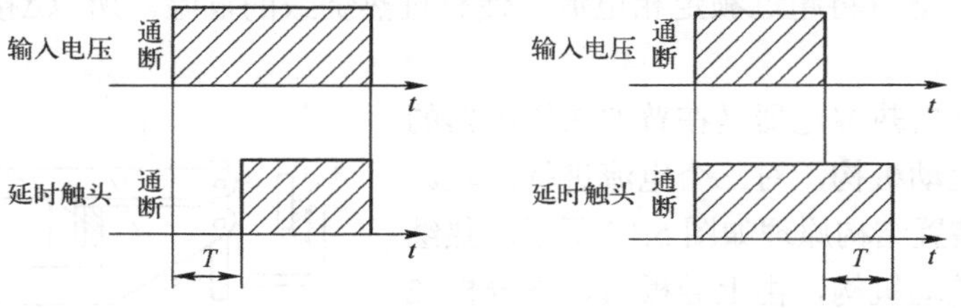


（a）通电延时型　　（b）断电延时型

图 5.18　通电、断电延时工作方式

时间继电器在电气原理图中的图形符号如图 5.19 所示，其文字符号为 KT。

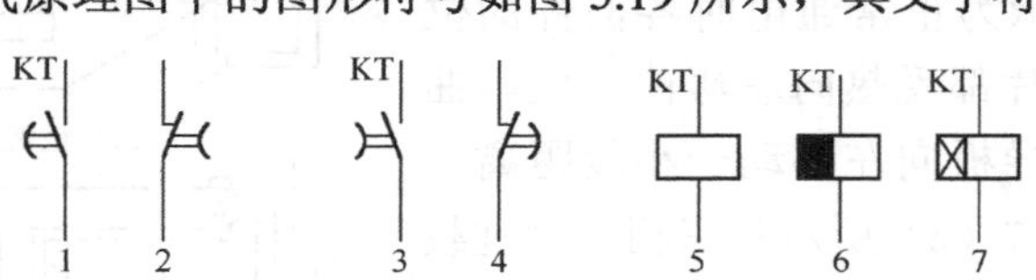


1—延时闭合瞬时断开动合触点；2—延时断开瞬时闭合动断触点；3—瞬时闭合延时断开动合触点；4—瞬时断开延时闭合动断触点；5—线圈一般符号；6—断电延时线圈；7—通电延时线圈

图 5.19　时间继电器的符号

（1）空气阻尼式时间继电器。空气阻尼式时间继电器也称为气囊式时间继电器，其外形结构如图 5.20 所示，其工作原理示意如图 5.21 所示。

图 5.20　时间继电器外形

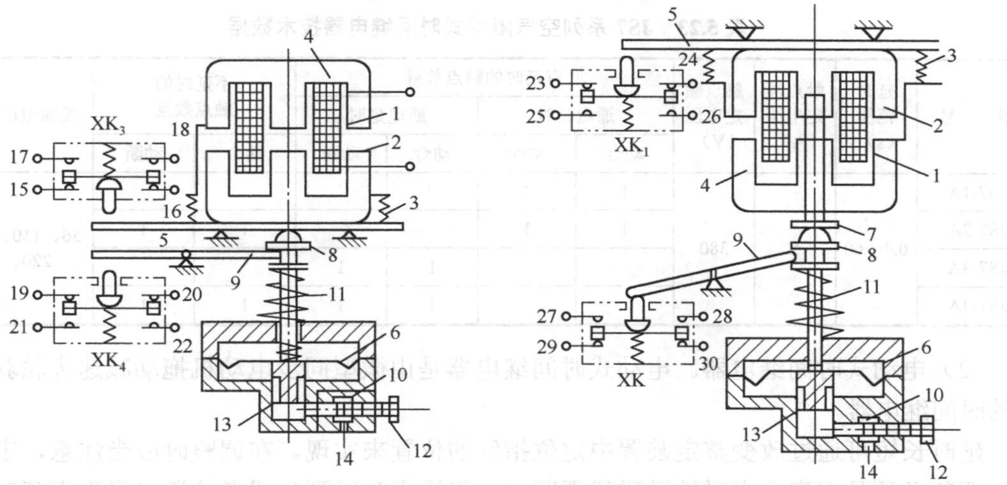


1—线圈；2—衔铁；3—反力弹簧；4—铁芯；5—推板；6—橡皮膜；7—衔铁推杆；8—活塞杆；9—杠杆；10—螺旋；
11—宝塔形弹簧；12—调节螺钉；13—活塞；14—进气口；15、16—瞬时断开动断触点；17、18—瞬时闭合动合触点；
19、20—延时断开瞬时闭合动断触点；21、22—延时闭合瞬时断开动合触点；23、24—瞬时断开动断触点；
25、26—瞬时闭合动合触点；27、28—瞬时闭合延时断开动合触点；29、30—瞬时断开延时闭合动断触点

（a）通电延时工作原理示意图　　（b）断电延时工作原理示意图

图 5.21　空气阻尼式时间继电器工作原理示意图

通电延时型时间继电器的工作原理为：当吸引线圈通电后，产生电磁吸力，衔铁克服反力弹簧阻力，将动铁芯吸上，在释放弹簧的作用下，活塞杆向上移动；此时，与气室壁紧贴的橡皮膜随着进入气室的空气量逐渐增大而开始移动，通过杠杆使微动开关的触点按整定的延时时间进行动作。调节进气孔通道的大小，即可得到不同的延时时间。

吸引线圈断电后，衔铁依靠恢复弹簧的作用而复原，空气由出气孔被迅速排出。

通电延时的空气阻尼式时间继电器有两个延时触点，即延时断开的动断触点和延时闭合的动合触点。此外还有两个瞬时动作触点，通电后微动开关瞬时动作，将动断触点断开，将动合触点闭合。

时间继电器也可以做成断电延时空气阻尼式继电器（只要将铁芯倒装即可）。断电延时空气阻尼式时间继电器的工作原理如图 5.21（b）所示。

空气阻尼式时间继电器型号的表示方法及含义为：

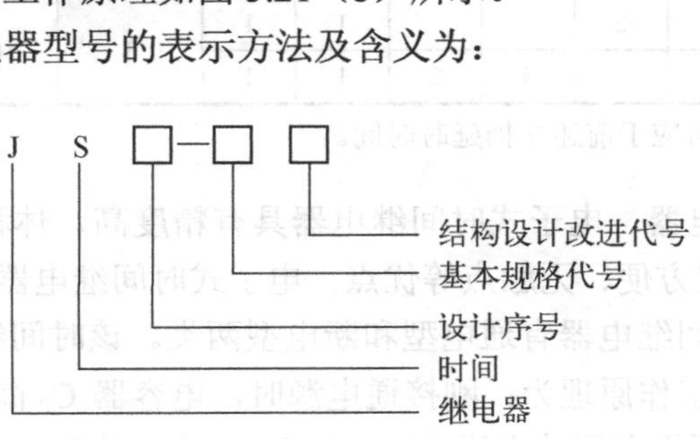


JS7 系列时间继电器的技术数据如表 5.23 所示。

**表 5.23　JS7 系列空气阻尼式时间继电器技术数据**

| 型　号 | 延时范围（s） | 触点额定电流（A） | 触点额定电压（V） | 有延时的触点数量 | | | | 不延时的触点数量 | | 线圈电压（V） |
|---|---|---|---|---|---|---|---|---|---|---|
| | | | | 通电延时 | | 断电延时 | | | | |
| | | | | 动合 | 动断 | 动合 | 动断 | 动合 | 动断 | |
| JS7-1A | 0.4～60 | 5 | 380 | 1 | 1 | | | | | 36、110、127、220、380 |
| JS7-2A | | | | 1 | 1 | | | 1 | 1 | |
| JS7-3A | | | | | | 1 | 1 | | | |
| JS7-4A | | | | | | 1 | 1 | 1 | 1 | |

（2）电动式时间继电器。电动式时间继电器是由微型同步电动机拖动减速齿轮获得延时的时间继电器。

延时长短可通过改变整定装置中定位指针的位置来实现。在调整时应当注意，定位指针的调整必须是在离合电磁铁励磁线圈断开（指通电延时型）或者接通（指断电延时型）时进行。

电动式时间继电器型号的表示方法及含义为：

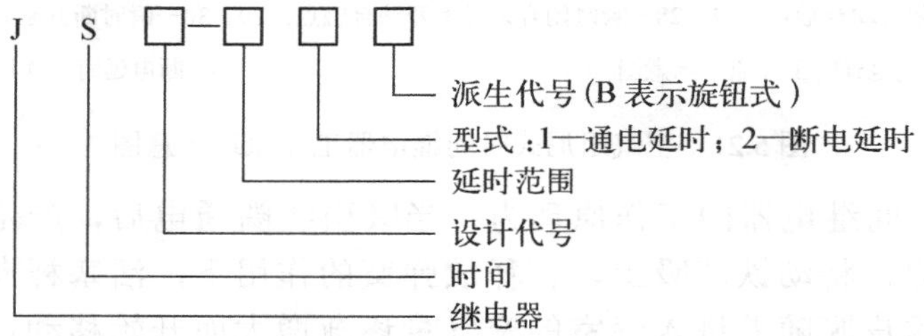


JS11 电动式时间继电器的技术数据如表 5.24 所示。JS11 7 挡延时时间分别是 0～8s、0～40s、0～4min、0～20min、0～2h、0～12h、0～72h。

**表 5.24　JS11 电动式时间继电器技术数据**

| 型　号 | 额定电压（V） | 触点参数 | | | | | | | | | 允许操作频率（次/h） |
|---|---|---|---|---|---|---|---|---|---|---|---|
| | | 数　量 | | | | | | AC380V 时的触点容量（A） | | | |
| | | 通电延时 | | 断电延时 | | 瞬动 | | 接通电流 | 分断电流 | 长期工作电流 | |
| | | 动合 | 动断 | 动合 | 动断 | 动合 | 动断 | | | | |
| JS11-□[①]1 | AC110、127、220、380 | 3 | 2 | | | 1 | 1 | 3 | 0.3 | 5 | 1 200 |
| JS11-□2 | | | | 3 | 2 | 1 | 1 | | | | |

① □的代号为 1～7，对应于前述 7 挡延时时间。

（3）电子式时间继电器。电子式时间继电器具有精度高、体积小、重量轻、寿命长、适于频繁操作、延时整定方便、无触点等优点。电子式时间继电器外形如图 5.22 所示。

JS20 系列晶体管时间继电器有通电型和断电型两类。该时间继电器通电延时的电路原理如图 5.23 所示。线路工作原理为：刚接通电源时，电容器 $C_2$ 尚未充电，其电压 $U_C=0$，所以场效应 $VT_1$ 栅极与源极之间的电压 $U_{CS}=U_C-U_S=-U_S$。此后，随着 $U_C$ 因电容 $C_2$ 被充电而逐渐升高，负栅偏压也逐渐减小。但只要 $U_{GS}$（负值）的绝对值还大于管子的夹断电压

$U_p$（负值）的绝对值，即$|U_C-U_S|>U_P$，场效应管 $VT_1$ 就不导通，晶体管 $VT_2$ 和晶闸管 $VT_3$ 也都不可能导通。当然，继电器 KA 也不会动作。直至 $U_C$ 上升到$|U_C-U_S|<U_p$，即负栅偏压的绝对值小于 $U_p$（负值）的绝对值，$VT_1$ 才开始导通。由于 $I_D$ 在电阻 $R_3$ 上产生了电压降，D 点的电位 $U_D$ 开始下降。一旦 $U_D$ 降低到 $VT_2$ 的发射极电位 $U_e$ 以下，$VT_2$ 也导通，它的发射极电流 $I_e$ 在电阻 $R_4$ 上产生压降，使 $U_S$ 降低，即使得负栅偏压越来越向正的方向变化，所以对 $VT_1$ 来说，$R_4$ 是起正反馈作用。这样，$VT_2$ 就迅速由截止变为导通，并触发晶闸管 $VT_3$，使它导通。串联在晶闸管阳极电路中的继电器 KA 就动作。由 $C_2$ 开始被充电起到 KA 动作为止的这一段时间，就是延时时间。继电器动作后，$C_2$ 经过其动合触点对 $R_9$ 放电，并使 $VT_1$ 和 $VT_2$ 都截止，为下一次工作做好准备。$VT_3$ 却始终导通着，除非切断电源，使整个电路恢复到原来的状态，继电器才释放。

图 5.22 电子式时间继电器外形图

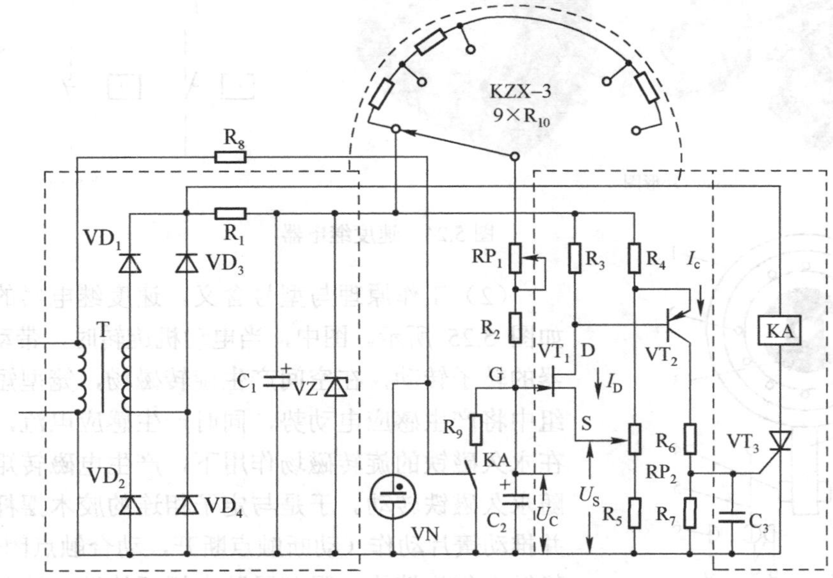


图 5.23 JS20 系列晶体管时间继电器（通电型）电路原理

JS20 系列晶体管时间继电器的技术数据如表 5.25 所示。

**表 5.25　JS20 系列晶体管时间继电器技术数据**

| 型　号 | 工作电压（V） | 延时动作的切换触点对数 | | 瞬时动作的切换触点对数 | 安装方式 | 线路形式 | 延时范围（s） |
|---|---|---|---|---|---|---|---|
| | | 通电延时 | 断电延时 | | | | |
| JS20-□/00 | AC：36、110、127、220、380<br>DC：24、48、110 | 2 | | | 装置式 | 采用单结晶体管延时线路 | 0.1～0.3 |
| JS20-□/01 | | | | | 面板式 | | |
| JS20-□/04 | | 1 | | 1 | 面板式 | | |
| JS20-□/05 | | | | | 装置式 | | |
| JS20-□/010 | AC：36、110、127、220、380<br>DC：24、48、110 | 2 | | | 装置式 | 采用场效应管延时线路 | 0.1～3600 |
| JS20-□/11 | | | | | 面板式 | | |
| JS20-□/14 | | 1 | | 1 | 面板式 | | |
| JS20-□/15 | | | | | 装置式 | | |
| JS20-□D/00 | | | 2 | | 装置式 | | |
| JS20-□D/01 | | | | | 面板式 | | |
| JS20-□D/02 | | | | | 装置式 | | |

## 4．速度继电器

速度继电器是按照预定速度的快慢而动作的继电器，因为它主要应用在电动机反接制动控制电路中，所以也称反接控制继电器。

（1）外形结构与符号。速度继电器的外形如图 5.24（a）所示，图 5.24（b）为速度继电器的符号，其文字符号为 KV。

（a）外形图　　　　（b）符号

图 5.24　速度继电器

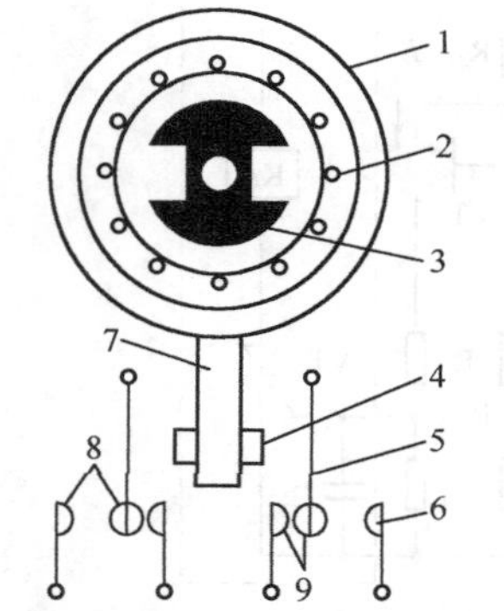


1—外环；2—笼型绕组；3—永久磁铁；4—顶铁；5—动触点；6—静触点；7—摆杆；8—动合触点；9—动断触点

图 5.25　速度继电器工作原理

（2）工作原理与型号含义。速度继电器的工作原理如图 5.25 所示。图中，当电动机旋转时，带动速度继电器的转子转动，在空间产生旋转磁场，笼型短路定子绕组中将产生感应电动势，同时产生感应电流，感应电流在永久磁铁的旋转磁场作用下，产生电磁转矩，使定子随永久磁铁转动。于是与定子相连的胶木摆杆也转动，并推动簧片动作（动断触点断开，动合触点闭合），同时静触点作为挡块，限制了胶木摆杆的继续转动，即定子不能继续转动。因此，永久磁铁转动时，定子只能转过一个不大的角度。

当转速减小到一定程度（小于 100r/min）时，胶木摆杆恢复原来状态，触点又断开。

速度继电器型号的表示方法及含义为：

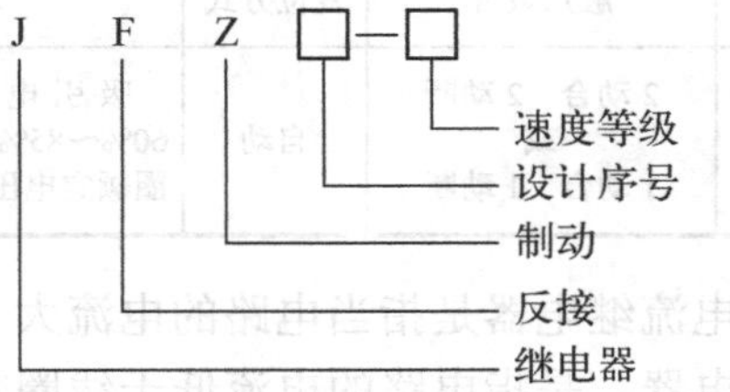


（3）技术数据。JY1 型和 JFZ0 型速度继电器的技术数据如表 5.26 所示。

**表 5.26 JY1 型和 JFZ0 型速度继电器技术数据**

| 型 号 | 触点额定电压（V） | 触点额定电流（A） | 触点数量 | | 额定工作转速（$r \cdot min^{-1}$） | 允许操作频率（$次 \cdot h^{-1}$） |
|---|---|---|---|---|---|---|
| | | | 正转时动作 | 反转时动作 | | |
| JY1 | 380 | 2 | 1 组转换触点 | 1 组转换触点 | 100～3 000 | <30 |
| JFZ0 | | | | | 300～3 600 | |

## 5．欠电压、过电流继电器

（1）欠电压继电器。欠电压继电器也称为零压继电器。它是一种在端电压不足于规定的电压低限值时而动作的继电器，常用于电动机欠电压（或零压）保护。与欠电压继电器对应的是过电压继电器，它是当端电压超过规定的电压高限值时而动作的继电器。

欠电压继电器型号的表示方法及含义为：

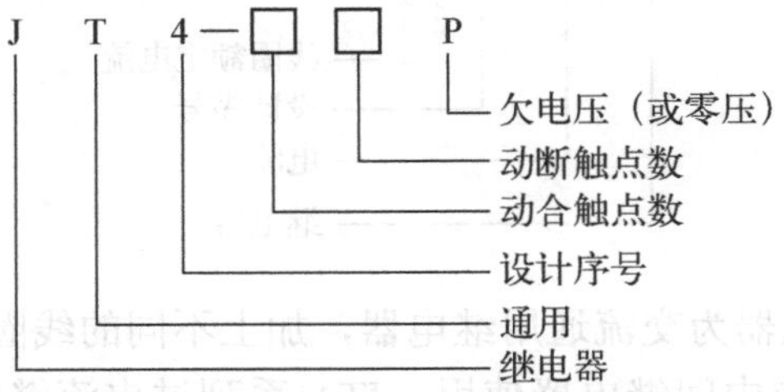


欠电压继电器的符号如图 5.26 所示，其文字符号为 KV。

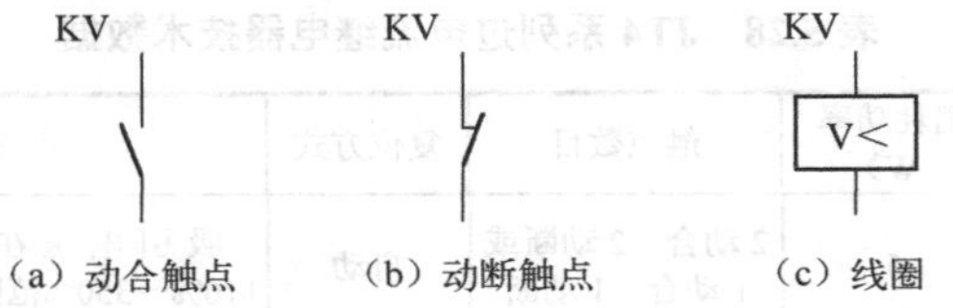


图 5.26 欠电压继电器符号

JT4 欠电压继电器的技术数据如表 5.27 所示。

**表 5.27　JT4 欠电压继电器技术数据**

| 型　号 | 吸引线圈规格（V） | 消耗功率（W） | 触点数目 | 复位方式 | 动作电压（V） | 返回系数 |
|---|---|---|---|---|---|---|
| JT4-P | 110，127，220，380 | | 2 动合　2 动断<br>或<br>1 动合　1 动断 | 自动 | 吸引电压在线圈额定电压的 60%～85%范围调节，释放电压在线圈额定电压的 10%～35%间 | 0.2～0.4 |

（2）过电流继电器。过电流继电器是指当电路的电流大于线圈额定值时而动作的继电器，与它对应的是欠电流继电器，是指电路的电流低于线圈额定值时而动作的继电器。它们的结构和动作原理相似。

过电流继电器的符号如图 5.27 所示，其文字符号为 KA。

过电流继电器的工作情况为：当线圈的电流为额定值时，所产生的电磁吸力不足以克服反作用弹簧力，动断触点仍保持闭合状态；当线圈的电流大于额定值时，电磁吸力大于反作用弹簧力，铁芯吸引衔铁使动断触点断开，切断控制回路，实现对电动机或电路的自动保护作用。调节反作用弹簧力，可整定继电器的动作电流值。

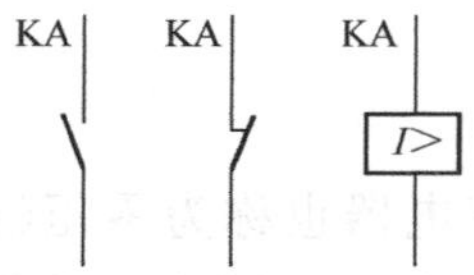


图 5.27　过电流继电器符号

过电流继电器型号的表示方法及含义为：

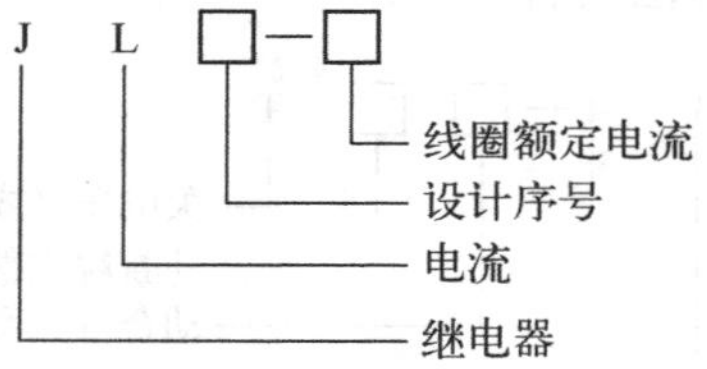


JT4 系列过电流继电器为交流通用继电器，加上不同的线圈或阻尼线圈后便可作为电流继电器、电压继电器或中间继电器使用。JT4 系列过电流继电器的技术数据如表 5.28 所示。

**表 5.28　JT4 系列过电流继电器技术数据**

| 型　号 | 吸引线圈规格（A） | 消耗功率（W） | 触点数目 | 复位方式 | 动 作 电 流 | 返回系数 |
|---|---|---|---|---|---|---|
| JT4-□□L | 110，127，220，380 | 5 | 2 动合　2 动断或<br>1 动合　1 动断 | 自动 | 吸引电压在线圈额定电流的 110%～350%范围调节 | 0.1～0.3 |
| JT4-□□S | | | | | | |

JL12 系列过电流继电器为交、直流通用继电器（用做交流时，铁芯上有槽，以减少涡流）。JL12 系列过电流继电器的技术数据如表 5.29 所示。

表 5.29　JL12 系列过电流继电器技术数据

| 型　号 | 线圈额定电流（A） | 触点额定电流（A） | 电压（V） | |
|---|---|---|---|---|
| | | | 交流 | 直流 |
| JL12-5 | 5 | 5 | | |
| JL12-20 | 20 | | 380 | 440 |
| JL12-60 | 60 | | | |

## 5.2.6　行程开关

行程开关也称位置开关、限位开关，是用来限制机械运动行程的一种电器。它可将机械位移信号转换成电信号，常用来做程序控制、改变运动方向、定位、限位及安全保护之用。行程开关与按钮相同，都是对控制电器发出接通或断开指令，不同之处在于按钮是由人的手指来完成的，而行程开关是由与机械一起运动的“撞块”完成的。

### 1. 外形结构与符号

各种行程开关的结构和工作原理都是类似的，图 5.28（a）为行程开关的外形，图 5.28（b）为行程开关的符号，其文字符号为 SQ。

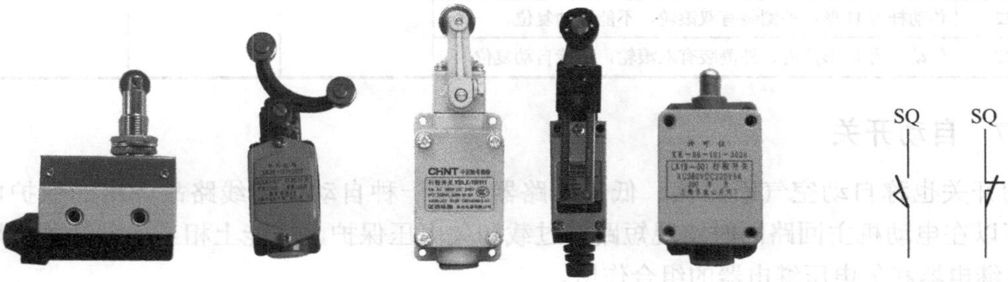


（a）外形　　（b）符号

图 5.28　行程开关

### 2. 工作原理与符号含义

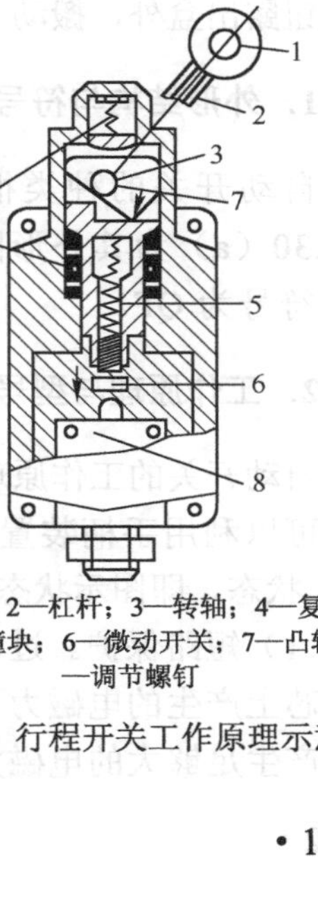


1—滚轮；2—杠杆；3—转轴；4—复位弹簧；5—撞块；6—微动开关；7—凸轮；8—调节螺钉

图 5.29　行程开关工作原理示意图

行程开关的工作原理示意图如图 5.29 所示。图中，随运动机械一起的挡铁（撞块）压到行程开关时，通过传动杠杆使下部的微动开关快速动作，其动断触点先断开、动合触点后闭合。当机械部件上的挡铁（撞块）移开时，复位弹簧的弹力使杠杆复位，微动开关也恢复到原来位置。

双轮旋转式行程开关有两个臂，挡铁压下一个臂时，触点动作，挡铁离开时，不能自动复位，而是以运动机械反方向移动，挡铁碰撞另一个臂时才能复位。

行程开关型号的表示方法及含义为：

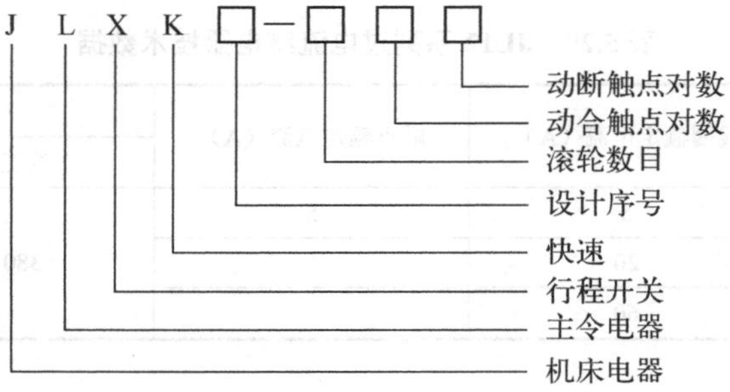


**3．技术数据**

LX19 系列行程开关的基本技术数据如表 5.30 所示。

**表 5.30　LX19 系列行程开关基本技术数据**

| 型　号 | 特　征 | 额定电压（V） | 额定电流（A） | 触点对数 |
| --- | --- | --- | --- | --- |
| LX19 | 元件，直动式 | 380 | 5 | 1 动合<br>1 动断 |
| LX19-001 | 直动式，能自动复位 | | | |
| LX19-121 | 传动杆外侧装有单滚轮，能自动复位 | | | |
| LX19-131 | 传动杆凹槽内装有滚轮，能自动复位 | | | |
| LX19-222 | 传动杆为 U 形，外侧装有双滚轮，不能自动复位 | | | |
| LX19-232 | 传动杆为 U 形，内、外侧装有双滚轮，不能自动复位 | | | |

## 5.2.7　自动开关

自动开关也称自动空气断路器、低压断路器，是一种自动切断线路故障用的保护电器。它可以在电动机主回路同时实现短路、过载和欠电压保护，功能上相当于刀开关、熔断器、热继电器和欠电压继电器的组合作用。

自动开关一般使用在非频繁接通和断开电源的场合。开关全部封装在盒内，手柄或操作按钮露出盒外，搬动手柄或按下按钮即可实现“分”与“合”操作。

**1．外形结构与符号**

自动开关的种类很多，外形各异，DZ5 系列自动开关如图 5.30 所示。其中，图 5.30（a）为其外形图，图 5.30（b）为工作原理示意图，图 5.30（c）为符号图，其文字符号为 QF。

**2．工作原理与型号含义**

自动开关的工作原理示意图如图 5.30（b）所示。

可以利用手柄装置使主触点处于“合”或“分”状态。自动开关正常工作时，处于“合”状态，即图示状态。自动开关的工作情况如下：

（1）短路保护。过电流脱扣器线圈串入主回路，在线路正常工作时，流过线圈的电流在铁芯上产生的电磁力不足以将衔铁吸合。当发生短路或产生很大的电流时，流过线圈的电流产生足够大的电磁力将衔铁吸合。此时杠杆向上撞击，搭钩被顶开，主触点断开，将电源与负载分断，实现短路保护。

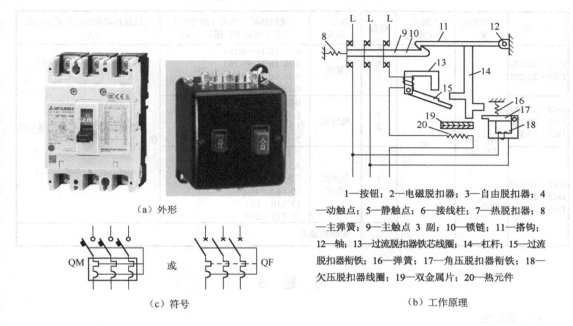

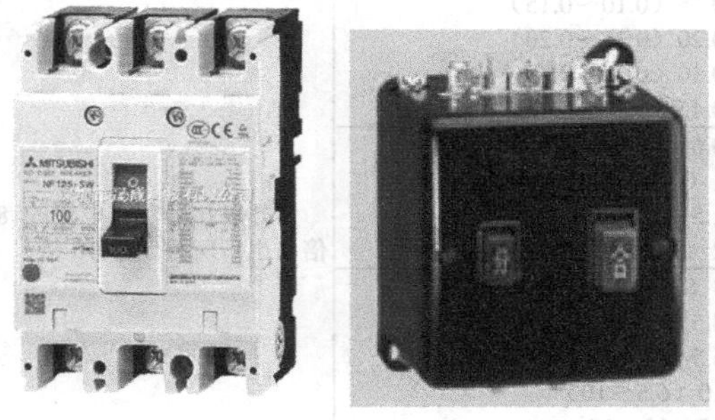

（a）外形

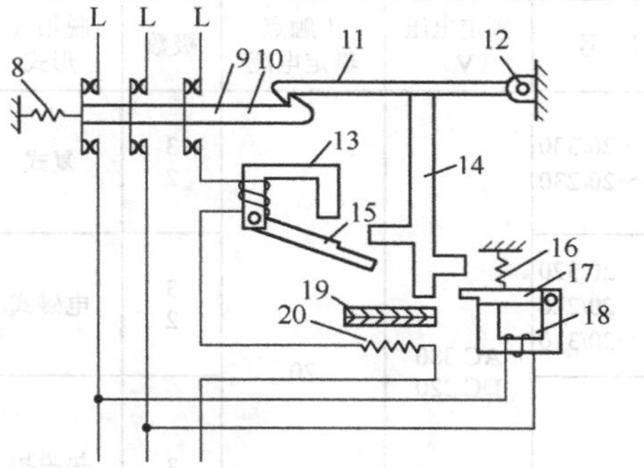


1—按钮；2—电磁脱扣器；3—自由脱扣器；4—动触点；5—静触点；6—接线柱；7—热脱扣器；8—主弹簧；9—主触点 3 副；10—锁链；11—搭钩；12—轴；13—过流脱扣器铁芯线圈；14—杠杆；15—过流脱扣器衔铁；16—弹簧；17—角压脱扣器衔铁；18—欠压脱扣器线圈；19—双金属片；20—热元件

（b）工作原理

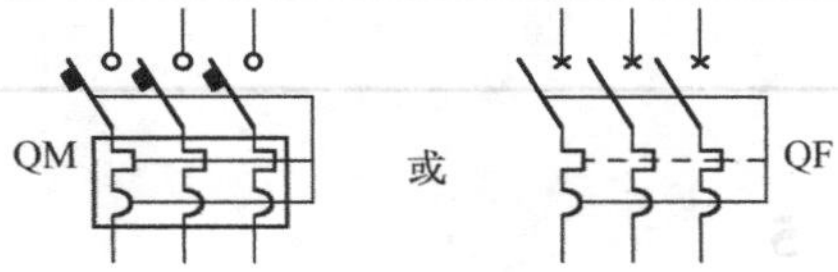


（c）符号

图 5.30　自动开关

（2）过载保护。加热双金属片的电阻丝串入主回路，当线路过载时通过发热元件的电流增大，产生热量使双金属片受热弯曲，推动杠杆顶开搭钩，使主触点断开，达到过载保护的目的。

（3）欠电压保护。欠电压脱扣器线圈并联在主回路上，在线路电压正常时，欠电压脱扣器产生足够大的电磁吸力以克服弹簧拉力而使衔铁吸合。当线路电压下降到一定程度时，由于电磁吸力下降到小于弹簧反力，衔铁被弹簧拉开，推动杠杆顶开搭钩，主触点断开，达到过载保护的目的。

自动开关的操作大多是手动式的。扳动手柄分别置于“分”、“合”位置；按钮式一般有“合”、“分”两个按钮，并且在机械上实现互锁。

自动开关型号的表示方法及含义为：

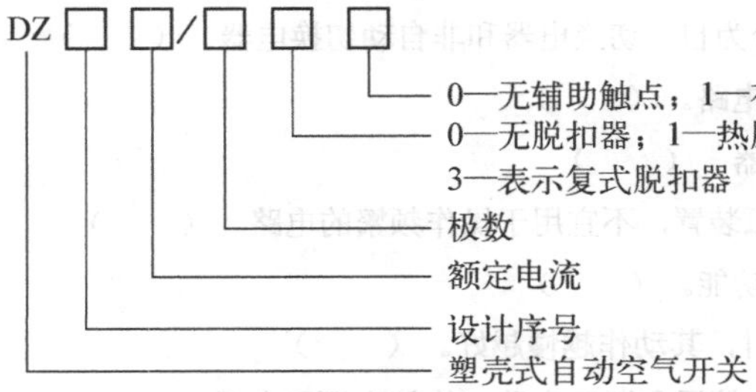


**3．技术数据**

DZ5-20 自动开关的技术数据如表 5.31 所示。

**表 5.31　DZ5-20 自动开关技术数据**

| 型　号 | 额定电压（V） | 主触点额定电流 | 极数 | 脱扣式形式 | 热脱扣器额定电流（括号内为整定电流调节范围）（A） | 电磁脱扣器瞬时动作整定电流（A） |
|---|---|---|---|---|---|---|
| DZ5～20/330<br>DZ5～20/230 | AC 380<br>DC 220 | 20 | 3<br>2 | 复式 | 0.15（0.10～0.15）<br>0.20（0.15～0.20）<br>0.30（0.20～0.30）<br>0.45（0.30～0.45） | 为热脱扣器额定电流的 8～12 倍（出厂时整定于 10 倍） |
| DZ5～20/320<br>DZ5～20/220<br>DZ5～20/310 | | | 3<br>2 | 电磁式 | 0.65（0.45～0.65）<br>1（0.65～1）<br>1.5（1～1.5）<br>2（1.5～2） | |
| DZ5～20/210<br>DZ5～20/300<br>DZ5～20/200 | | | 3<br>2 | 热脱扣器式 | 3（2～3）<br>4.5（3～4.5）<br>6.5（4.5～6.5）<br>10（6.5～10）<br>15（10～15）<br>20（15～20） | |
| | | | 3<br>2 | 无脱扣器式 | | |

# 习　题　5

## 一、填空题

5.1　为了保证安全，铁壳开关上设有________，保证开关在________状态下开关盖不能开启，而当开关盖开启时又不能________。

5.2　螺旋式熔断器在安装使用时，电源线应接在________上，负载应接在________上。

5.3　接触器的电磁机构由________、________和________3 部分组成。

5.4　交流接触器的铁芯及衔铁一般用硅钢片叠压而成，是为了减小________在铁芯中产生的________、________，防止铁芯________。

5.5　直流接触器铁芯不会产生________和________，也不会________，因此铁芯采用整块铸钢或软铁制成。

5.6　继电器与接触器比较，继电器触点的________很小，一般不设________。

5.7　根据实际应用的要求，电流继电器可分为________和________。

## 二、判断题（正确的打√，错误的打×）

5.8　刀开关、铁壳开关、组合开关的额定电流要大于实际电路电流。（　　）

5.9　按动作方式不同，低压电器可分为自动切换电器和非自动切换电器。（　　）

5.10　低压开关主要用做接通和分断电路。（　　）

5.11　低压开关一般为非自动切换电器。（　　）

5.12　HK 系列刀开关没有专门的灭弧装置，不宜用于操作频繁的电路。（　　）

5.13　开启式负荷开关没有短路保护功能。（　　）

5.14　HK 系列刀开关若带负载操作时，其动作越慢越好。（　　）

5.15　HZ 系列转换开关可用于频繁地接通和断开电路，换接电源和负载。（　　）

5.16　熔断器熔管的作用只是作为保护熔体用。（　　）

5.17　接触器除通断电路外，还具备短路和过载的保护作用。（　　）

5.18　为了消除衔铁振动，交流接触器和直流接触器都装有短路环。（　　）

5.19 中间继电器的输入信号为触点的通电和断电。（ ）

5.20 热继电器在电路中的接线原则是热元件串联在主电路中，动合触点串联在控制电路中。（ ）

5.21 触点发热程度与流过触点的电流有关，与触点的接触电阻无关。（ ）

5.22 低压断路器又称自动空气开关。（ ）

5.23 低压断路器中电磁脱扣器的作用是实现失压保护。（ ）

5.24 低压断路器中热脱扣器的整定电流应大于控制负载的额定电流。（ ）

5.25 熔断器是短路保护电器，使用时应串联在被保护的电路中。（ ）

5.26 熔断器的额定电流应大于或等于所装熔体的额定电流。（ ）

5.27 双轮旋转式行程开关在挡铁离开滚轮后能自动复位。（ ）

5.28 接触器按线圈通过的电流种类，分为交流接触器和直流接触器两种。（ ）

5.29 交流接触器电磁线圈通电时，动断触点先断开，动合触点再闭合。（ ）

5.30 触点间的接触面越光滑，其接触电阻越小。（ ）

5.31 运行中的交流接触器，其铁芯端面不允许涂油防锈。（ ）

5.32 热继电器的触点系统一般包括一个动合触点和一个动断触点。（ ）

5.33 热继电器的温度补偿元件也是双金属片，受热弯曲的方向与主双金属片的弯曲方向相反。（ ）

5.34 热继电器动作不准确时，可轻轻弯折热元件以调节动作值。（ ）

三、选择题

5.35 熔断器的额定电流应（ ）所装熔体的额定电流。

A. 大于　B. 大于或等于　C. 小于　D. 小于或等于

5.36 熔管是熔体的保护外壳，用耐热绝缘材料制成，在熔体熔断时兼有（ ）作用。

A. 绝缘　B. 隔热　C. 灭弧　D. 防潮

5.37 低压断路器具有（ ）保护。

A. 短路、过载、欠压　B. 短路、过流、欠压

C. 短路、过流、失压　D. 短路、过载、失压

5.38 HH 系列封闭式负荷开关属于（ ）。

A. 非自动切换电器　B. 半自动切换电器

C. 自动切换电器　D. 无法判断

5.39 HZ 系列组合开关的触点合闸速度与手柄操作速度（ ）。

A. 成反比　B. 成正比　C. 无关　D. 无法判断

5.40 低压电器按执行机构分为（ ）。

A. 手动电器和自动电器　B. 有触点电器和无触点电器

C. 配电电器和保护电器　D. 控制电器和开关电器

5.41 常用的主令电器是（ ）。

A. 按钮、位置开关、刀开关、主令控制器

B. 按钮、位置开关、万能转换开关、主令控制器

C. 按钮、位置开关、组合开关、主令控制器

D. 按钮、位置开关、低压断路器、主令控制器

5.42 单轮旋转式行程开关为（ ）。

A. 自动复位式　B. 非自动复位式

C. 半自动复位式　　　　D. 自动式或非自动复位式

5.43 （　）是交流接触器发热的主要部件。

A. 触点　　B. 线圈　　C. 铁芯　　D. 衔铁

5.44 交流接触器铁芯端面上的短路环有（　）的作用。

A. 增大铁芯磁通　　　　B. 减缓铁芯冲击

C. 减小铁芯振动　　　　D. 减小剩磁影响

5.45 交流接触器操作频率过高会导致（　）过热。

A. 线圈　　B. 铁芯　　C. 触点　　D. 衔铁

5.46 热继电器的复位方式有（　）两种。

A. 自动、半自动　　　　B. 自动、手动

C. 手动、半自动　　　　D. 瞬动、直动

5.47 热继电器主要用于电动机的（　）。

A. 短路保护　　B. 失压保护　　C. 过载保护　　D. 欠压保护

5.48 热继电器中主双金属片的弯曲主要是由于两种金属材料的（　）。

A. 绝缘强度　　B. 机械强度　　C. 导电能力　　D. 热膨胀系数

5.49 按复合按钮时，（　）。

A. 动合触点先闭合　　　　B. 动断触点先断开

C. 动合、动断触点同时动作　　　　D. 动断触点动作，动合触点不动作

5.50 瞬动型位置开关的触点动作速度与操作速度（　）。

A. 成正比　　B. 成反比　　C. 无关　　D. 有关

5.51 交流接触器线圈电压过低将导致（　）。

A. 线圈电流显著增大　　　　B. 线圈电流显著减小

C. 铁芯电流显著增大　　　　D. 铁芯电流显著减小

# 第 6 章 继电器-接触器基本控制环节

利用前面所学的常用低压电器，可以构成各种不同的控制线路，完成生产机械对电气控制系统所提出的要求。无论多么复杂的控制线路，都应该是由一些基本控制线路组成的，因此掌握本章内容对后续课程的学习是十分有益的。在学习本章过程中，应注重理解基本控制线路的工作原理，学会分析控制线路的方法，为后续内容的学习打下良好的基础。

## 6.1 电气图形符号和文字符号

电气图是一种工程图，是用来描述电气控制设备结构、工作原理和技术要求的图纸，需要用统一的工程语言的形式来表达，这个统一的工程语言应根据国家电气制图标准，用标准的图形符号、文字符号及规定的画法绘制。

### 6.1.1 电气图中的图形符号

所谓的图形符号是一种统称，通常是指用于图样或其他文件表示一个设备或概念的图形、标记或字符。图形符号由符号要素、限定符号、一般符号以及常用的非电气操作控制的动作（如机械控制符号等），根据不同的具体器件情况构成。

**1．符号要素**

符号要素是一种具有确定意义的简单图形，必须同其他图形组合才能构成一个设备或概念的完整符号。例如，三相异步电动机是由定子、转子及各自的引线等几个符号要素构成的，这些符号要求有确切的含义，但一般不能单独使用，其布置也不一定与符号所表示的设备实际结构相一致。

**2．一般符号**

一般符号是用于表示同一类产品和此类产品特性的一种很简单的符号，它们是各类元件的基本符号，如一般电阻、电容和具有一般单向导电性的半导体二极管的符号。一般符号不但广义上代表各类元件，而且还可以表示没有附加信息或功能的具体元件。

**3．限定符号**

限定符号是用以提供附加信息的一种加在其他符号上的符号。例如，在电阻一般符号的基础上，加上不同的限定符号就可组成可变电阻器、光敏电阻器、热敏电阻器等具有不同功能的电阻。也就是说，使用限定符号以后，可以使图形符号具有多样性。

限定符号一般不能单独使用。一般符号有时也可以作为限定符号使用，例如，电容的一般符号加到二极管的一般符号上就构成变容二极管的符号。

#### 4. 使用图形符号的几点注意事项

（1）所有符号均应按无电压、无外力作用的正常状态示出，如按钮未按下，闸刀未合闸等。

（2）在图形符号中，某些设备元件有多个图形符号，选用时，应该尽可能选用优选形。在能够表达其含义的情况下，应尽可能采用最简单形式；在同一图号的图中使用时，应采用同一形式；图形符号的大小和线条的粗细应基本一致。

（3）为适应不同需求，可将图形符号根据需要放大和缩小，但各符号相互间的比例应该保持不变。图形符号绘制时方位不是强制的，在不改变符号本身含义的前提下，可以将图形符号根据需要旋转或成镜像放置。

（4）图形符号中导线符号可以用不同宽度的线条表示，以突出和区分某些电路或连接线。一般常将电源线或主信号导线用加粗的实线表示。

### 6.1.2 电气图中的文字符号

电气图中的文字符号是用于标明电气设备、装置和元件的名称、功能、状态和特征的，可在电器设备、装置和元件上或其近旁使用，是用以表明电器设备、装置和元件种类的字母代码和功能字母代码。电气技术中的文字符号分为基本文字符号和辅助文字符号。

#### 1. 基本文字符号

基本文字符号分为单字母符号和双字母符号。

（1）单字母符号。单字母符号是用拉丁字母将各种电器设备、装置和元件划分为 23 大类，每一个大类用一个字母表示。例如，“R”代表电阻，“M”代表电动机，“C”代表电容。

（2）双字母符号。双字母符号是由一个表示种类的单字母与另一字母组成的，并且单字母在前，另一字母在后。双字母中在后的字母通常选用该类设备、装置和元件英文名称的首位字母。这样，双字母符号可以较详细和更具体地表述电气设备、装置和元件的名称。例如，“RP”代表电位器，“RT”代表热敏电阻，“MD”代表直流电动机，“MC”代表笼型异步电动机。

#### 2. 辅助文字符号

辅助文字符号是用以表示电气设备、装置和元件以及线路的功能、状态和特征的，通常也是由英文单词的前一两个字母构成。例如，“DC”代表直流（Direct Current），“IN”代表输入（Input），“S”代表信号（Signal）。

辅助文字符号一般放在单字母文字符号后面，构成组合双字母符号。例如，“Y”是电气操作机械装置的单字母符号，“B”是代表制动的辅助文字符号，“YB”代表制动电磁铁的组合符号。辅助文字符号也可单独使用，如“ON”代表闭合，“N”代表中性线（Neutral）。

## 6.2 电气图的分类与作用

用电气图形符号绘制的图称为电气图，它是电工技术领域中提供信息的主要方式。电气图的种类很多，其作用也各不相同，各种图的命名主要是根据其所表达信息的类型和表达方式而确定的。

### 1. 电气原理图

电气原理图是说明电气设备工作原理的线路图。在电气原理图中，并不考虑电气元件的实际安装位置和实际连线情况，只是把各元件按接线顺序用符号展开在平面图上，用直线将各元件连接起来。图 6.1 为笼型异步电动机控制电气原理图。

在阅读和绘制电气原理图时应注意以下几点：

（1）电气原理图应按功能来组合，同一功能的电气相关元件应画在一起，不应受电器结构的约束。电路应按动作顺序和信号流程自上而下或自左向右排列。

（2）电气控制原理图分为主电路和控制电路。一般主电路在左侧，控制电路在右侧。

（3）图 6.1 中各元件的电气符号和文字符号必须按标准绘制和标注，同一电器的所有元件必须用同一文字符号标注。但可以分别画在各自所属的电路中。

（4）同一原理图中，作用相同的电气元件有若干个时，可在文字符号后加注数字序号来区分。

（5）图 6.1 中所示各电器应该是未通电或未动作的状态，二进制逻辑元件应是置零的状态，机械开关应是循环开始的状态，即按电路“常态”画出。

### 2. 电气设备安装图

电气设备安装图表示各种电气设备在机械设备和电气控制柜中的实际安装位置，它提供电气设备各个单元的布局和安装工作所需数据的图样。例如，电动机要和被拖动的机械装置在一起，行程开关应画在获取信息的地方，操作手柄应画在便于操作的地方，一般电气元件应放在电气控制柜中。图 6.2 为笼型异步电动机控制线路安装图。在阅读和绘制电气设备安装图时应注意以下几点：

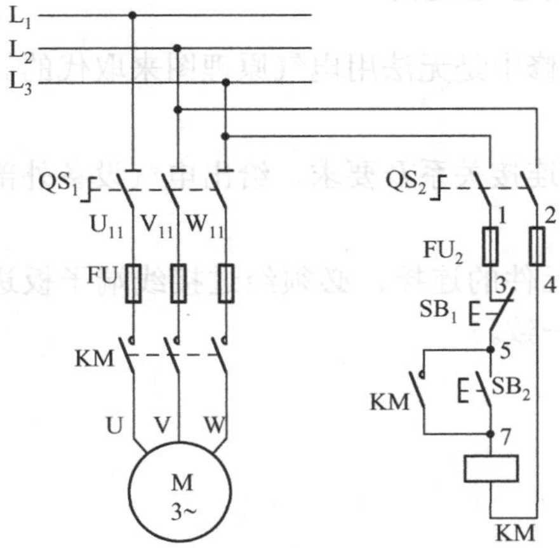


图 6.1　笼型异步电动机控制电气原理图

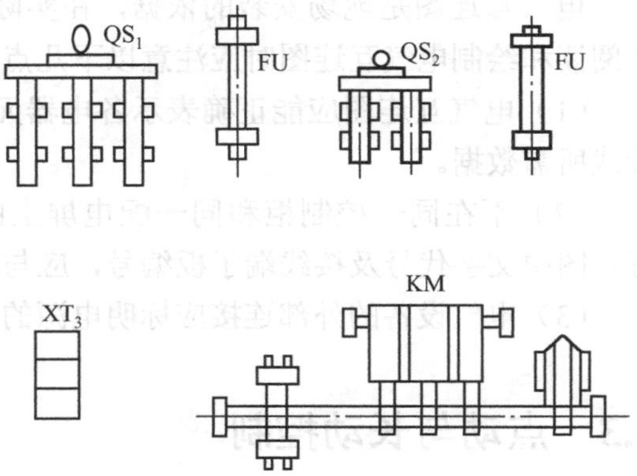


图 6.2　笼型异步电动机控制线路安装图

（1）按电气原理图要求，应将动力、控制和信号电路分开布置，并各自安装在相应的位置，以便于操作、维护。

（2）电气控制柜中各元件之间、上下左右之间的连线应保持一定间距，并且应考虑器件的发热和散热因素，以及便于布线、接线和检修。

（3）给出部分元件型号和参数。

（4）图中的文字代号应与电气原理图、电气互连图和电气设备清单一致。

**3．电气互连图**

电气互连图是用来表明电气设备各单元之间的接线关系的，一般不包括单元内部的连接，着重表明电气设备外部元件的相对位置及它们之间的电气连接。图 6.3 为笼型异步电动机控制线路电气互连图。

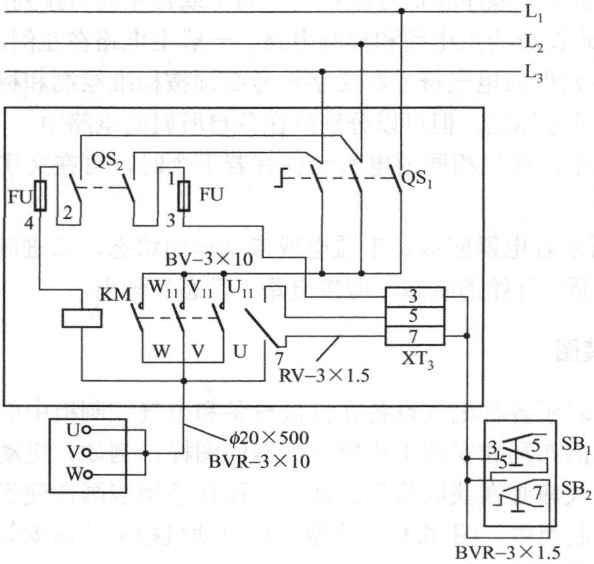


图 6.3　笼型异步电动机控制线路电气互连图

电气互连图是现场安装的依据，在实际施工和维修中是无法用电气原理图来取代的。在阅读和绘制电气互连图时应注意以下几点：

（1）电气互连图应能正确表示各电器元件的互相连接关系及要求，给出电气设备外部接线所需数据。

（2）不在同一控制柜和同一配电屏上的各电气元件的连接，必须经过接线端子板进行。图中文字代号及接线端子板编号，应与原理图相一致。

（3）电气设备的外部连接应标明电源的引入点。

## 6.3　点动与长动控制

点动与长动控制是异步电动机两种不同的控制，点动与长动控制的主要区别在于松开启动按钮后，电动机能否继续保持得电运转的状态。如果所设计的控制线路能满足松开启动按钮后，电动机仍然保持运转，即完成了长动控制，否则就是点动控制。

### 6.3.1 点动控制线路

点动控制线路如图 6.4 所示，图中左侧部分为主电路，三相电源经刀开关 QS、熔断器 $FU_1$ 和接触器 KM 的 3 对主触点，接到电动机 M 的定子绕组上。主电路中流过的电流是电动机的工作电流，电流值较大。右侧部分为控制电路，由熔断器 $FU_2$、按钮 SB 和接触器线圈 KM 串联而成，控制电路电流较小。

点动控制线路的工作原理为：合上刀开关 QS 后，因没有按下点动按钮 SB，接触器 KM 线圈没有得电，KM 的主触点断开，电动机 M 不得电所以没有启动。按下点动按钮 SB 后，控制电路中接触器 KM 线圈得电，其主回路中的动合触点闭合，电动机得电运行。松开按钮 SB，按钮在复位弹簧的作用下自动复位，断开控制电路 KM 线圈，主电路中 KM 触点恢复原来的断开状态，电动机停止转动。

控制过程也可以用符号来表示，其方法规定为：各种电器在没有外力作用时或未通电的状态记为“−”，电器在受到外力作用时或通电的状态记为“+”，并将它们的相互关系用线段“——”表示，线段左边的符号表示原因，线段右边的符号表示结果，自锁状态用在接触器符号右下角写“自”表示。那么，三相异步电动机直接启动控制电路的控制过程就可表示如下：

启动过程：$SB^+$ ——$KM^+$—— $M^+$（启动）

停止过程：$SB^-$ ——$KM^-$—— $M^-$（停止）

其中，$SB^+$ 表示按下；$SB^-$ 松开。

该控制电路中，QS 也称为隔离开关，它不能直接给电动机 M 供电，只起到隔离电源的作用。主回路熔断器 $FU_1$ 起短路保护作用，如发生三相电路的任两相电路短路，或是任一相电路发生对地短路，短路电流将使熔断器迅速熔断，从而切断主电路电源，实现对电动机的过流保护。控制电路中的 $FU_2$ 起对该电路实现短路保护的作用。

### 6.3.2 长动控制线路

长动控制是相对于点动控制而言的，它是指在按下启动按钮启动电动机后，若松开按钮，电动机仍然能够得电连续运转。实现长动控制的方法很多，所以对应的控制线路也就很多。

利用接触器本身的动合触点来保证长动控制的线路如图 6.5 所示。

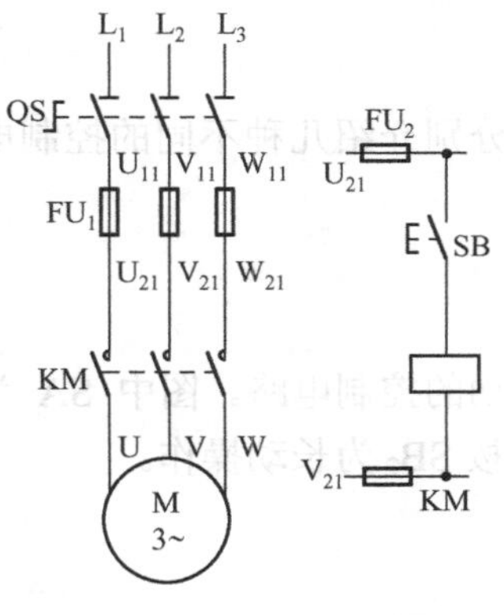


图 6.4　点动控制线路

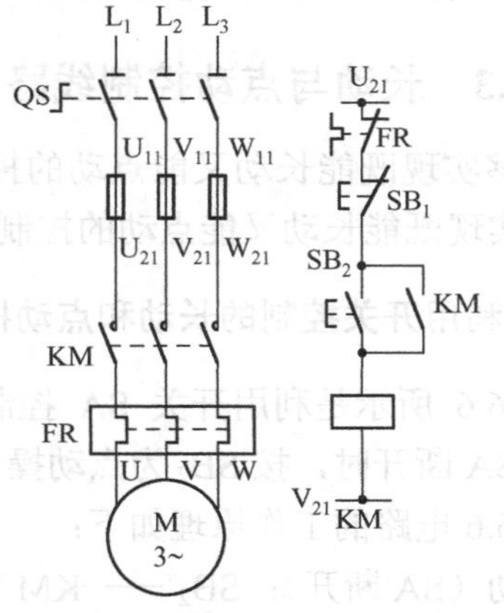


图 6.5　接触器自锁长动控制线路

比较图 6.4 点动控制线路和图 6.5 长动控制线路可见，长动控制在启动按钮 $SB_2$ 上并联了一个接触器的辅助动合触点 KM。图 6.5 长动控制线路的工作原理如下：

合上刀开关 QS。

启动：$SB_2^{\pm}$ —— $KM_{自}^{+}$—— $M^{+}$（启动）

停止：$SB_1^{\pm}$ —— $KM^{-}$ —— $M^{-}$（停止）

其中，$SB^{\pm}$表示先按下，后松开；$KM_{自}^{+}$ 表示“自锁”。

在具有接触器自锁的控制线路中，还具有对电动机失压和欠压保护的功能。

**1. 失压保护（零压保护）**

失压保护也称为零压保护。在电动机运行时，由于外界的原因突然断电后又重新供电，如果没有失压保护功能，电动机会自动运转，造成危害。在具有自锁的控制线路中，一旦发生断电，自锁触点就会断开，接触器 KM 线圈就会断电，不重新按下启动按钮 $SB_2$，电动机将无法自动启动。只有在操作人员有准备的情况下再次按下启动按钮 $SB_2$，电动机才能重新启动，从而保证了人身和设备的安全。

**2. 欠压保护**

“欠压”是指电动机主电路和控制电路的供电电压小于电动机应加的额定电压，这样的后果是使电动机的转矩明显下降，并且转速也随之降低，影响电动机的正常工作。欠压严重时，会烧毁电动机，发生事故。在具有接触器自锁的控制电路中，控制电路接通后，若电源电压下降到一定值（一般降低到额定值的 85%以下）时，会因接触器线圈产生的磁通减弱，电磁吸力减弱，动铁芯在反作用弹簧作用下释放，自锁触点断开，而失去自锁作用，同时主触点断开，电动机停转，达到欠压保护的目的。

图 6.5 所示电路中串入的热继电器 FR，其作用是过载保护。电动机在运转过程中若遇到频繁启、停操作，负载过重或缺相运行时，会引起电动机定子绕组中的负载电流长时间超过额定工作电流，而熔断器的保护特性使得它可能不会熔断，所以必须对电动机实行过载保护。

电动机过载时，过载电流将使热继电器中的双金属片弯曲动作，使串联在控制电路的动断触点断开，从而切断接触器 KM 线圈的电路，主触点断开，电动机脱离电源停转。

### 6.3.3 长动与点动控制线路

能够实现既能长动又能点动的控制电路很多，下面分别介绍几种不同的控制电路，它们都能实现既能长动又能点动的控制功能。

**1. 利用开关控制的长动和点动控制电路**

图 6.6 所示是利用开关 SA 控制的既能长动又能点动的控制电路。图中 SA 为选择开关，当 SA 断开时，按 $SB_2$ 为点动操作；当 SA 闭合时，按 $SB_2$ 为长动操作。

图 6.6 电路的工作原理如下：

点动（SA 断开）：$SB_2^{+}$——$KM^{+}$——$M^{+}$（运转）

$SB_2^{-}$——$KM^{-}$——$M^{-}$（停车）

长动（SA 闭合）：$SB_2^{\pm}$ ——$KM_{自}^{+}$——$M^{+}$（运转）

$SB_1^{\pm}$ ——$KM^{-}$——$M^{-}$（停车）

**2．利用复合按钮控制的长动和点动控制线路**

图 6.7 所示为利用复合按钮控制的既能长动又能点动的控制线路。图中 $SB_2$ 为长动按钮，$SB_3$ 为点动按钮，注意 $SB_3$ 使用了动合、动断各一对触点。

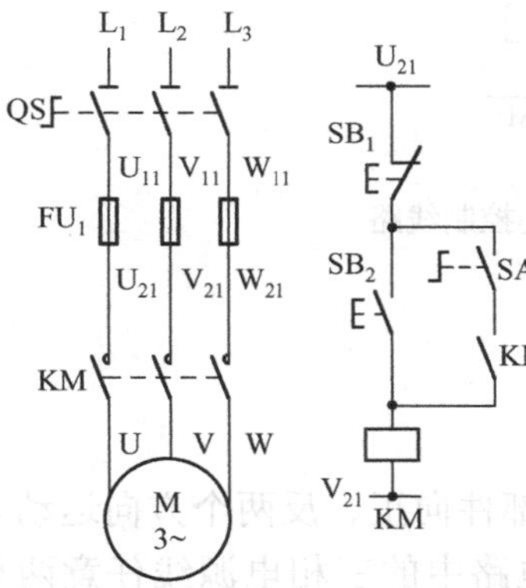


图 6.6　利用开关控制的长动和点动控制线路

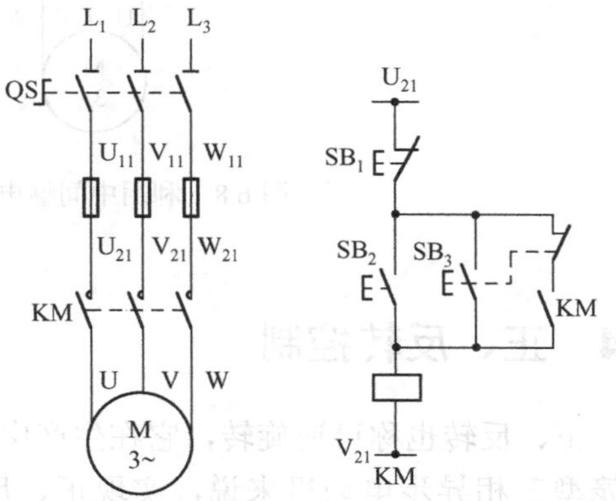


图 6.7　利用复合按钮控制的长动和点动控制线路

图 6.7 电路的工作原理如下：

长动：$SB_2^{\pm}$ ——$KM_{自}^{+}$——$M^{+}$（运转）

点动：$SB_3^{\pm}$ ——$KM^{\pm}$——$M^{\pm}$（运转、停车）

按下长动按钮 $SB_2$，接触器 KM 线圈得电，一方面 KM 主触点闭合使电动机得电运转；另一方面 KM 自锁触点闭合，通过 $SB_3$ 的动断触点接通接触器的自锁支路。所以，松开 $SB_2$ 电动机也能继续运转。

按下点动按钮 $SB_3$，它的动断触点先断开接触器的自锁电路；动合触点后闭合，接通接触器线圈，尽管此时自锁触点闭合，但因 $SB_2$ 动断触点断开而切断了 KM 线圈的自锁支路，所以无法自锁。松开 $SB_3$ 按钮时，它的动合触点先恢复断开，切断接触器线圈电路，使其断电；而 $SB_3$ 的动断触点后闭合，此时 KM 线圈已经断电，KM 的自锁触点断开，将接触器线圈供电电路全部断开，可见 $SB_3$ 只能实现点动控制，无法实现长动控制。

**3．利用中间继电器控制的长动和点动控制线路**

图 6.8 所示为利用中间继电器控制的既能长动又能点动的控制线路，图中 KA 为中间继电器。

图 6.8 电路的工作原理如下：

长动：$SB_2^{\pm}$ ——$KA_{自}^{+}$——$KM^{+}$——$M^{+}$（运转）

点动：$SB_3^{\pm}$ ——$KM^{\pm}$——$M^{\pm}$（运转、停车）

综上所述，上述线路能够实现长动和点动控制的根本原因，是看其能否保证在 KM 线圈得电后，自锁支路被接通。能够设法接通自锁支路，就可以实现长动，否则只能实现点动。

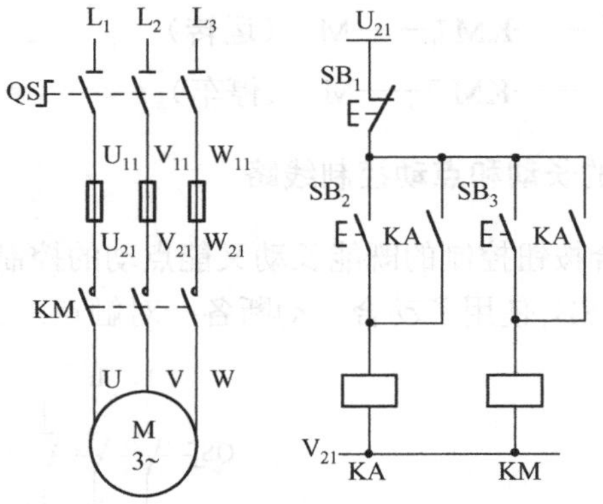


图 6.8　利用中间继电器控制的长动和点动控制线路

## 6.4　正、反转控制

正、反转也称可逆旋转，它在生产中可实现控制运动部件向正、反两个方向运动。对于笼型三相异步电动机来说，实现正、反转控制是将主电路中的三相电源线任意两相对调，电动机就会改变转向。

### 1．接触器互锁正、反转控制线路

图 6.9 所示为接触器互锁正、反转控制线路，$KM_1$ 为正转接触器，$KM_2$ 为反转接触器。显然，$KM_1$ 和 $KM_2$ 两组主触点不能同时闭合，否则会引起电源短路。

控制电路中，正、反转接触器 $KM_1$ 和 $KM_2$ 线圈支路都分别串联了对方的动断触点，任何一个接触器接通的条件是另一个接触器必须处于断电释放的状态。例如，正转接触器 $KM_1$ 线圈被接通得电，它的辅助动断触点被断开，将反转接触器 $KM_2$ 线圈支路切断，$KM_2$ 线圈在 $KM_1$ 接触器得电的情况下是无法接通得电的。两个接触器之间的这种相互关系称为“互锁”（或联锁），在图 6.10 所示电路中，互锁是依靠电气元件电气的方法来实现的，所以也称为电气互锁。实现电气互锁的触点称为互锁触点。

图 6.9 接触器互锁正、反转控制电路的工作原理如下：

正转：$SB_2^{\pm}$——$KM1^{+}_{自}$——┬—$M^{+}$（正转）
　　　　　　　　　　　　　　└—$KM_2^{-}$（互锁）

停止：$SB_1^{\pm}$——$KM1^{-}$——$M^{-}$（停车）

反转：$SB_3^{\pm}$——$KM_{2自}^{+}$——┬—$M^{+}$（反转）
　　　　　　　　　　　　　　└—$KM1^{-}$（互锁）

接触器互锁正、反转控制线路存在的主要问题是，从一个转向过渡到另一个转向时，要先按停止按钮 $SB_1$，不能直接过渡，显然这是十分不方便的。

### 2．按钮互锁正、反转控制线路

按钮互锁正、反转控制线路如图 6.10 所示。控制电路中使用了复合按钮 $SB_2$、$SB_3$。在电路中将动断触点接入对方线圈支路中，这样只要按下按钮，就自然切断了对方线圈支路，从而实现互锁。这种互锁是利用按钮这种机械的方法来实现的，为了区别与接触器触点的互锁（电气互锁），称其为机械互锁。

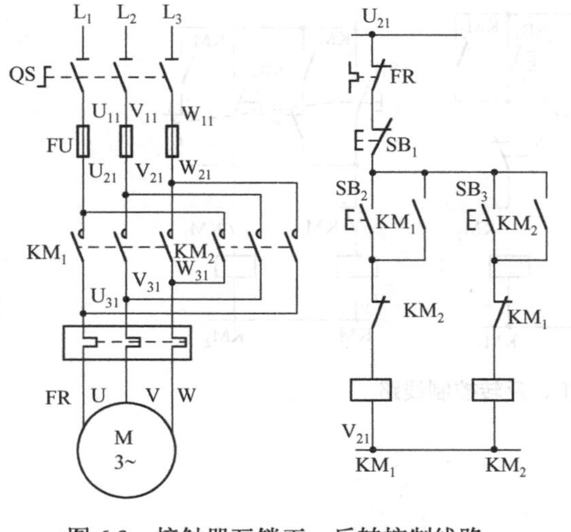


图 6.9　接触器互锁正、反转控制线路

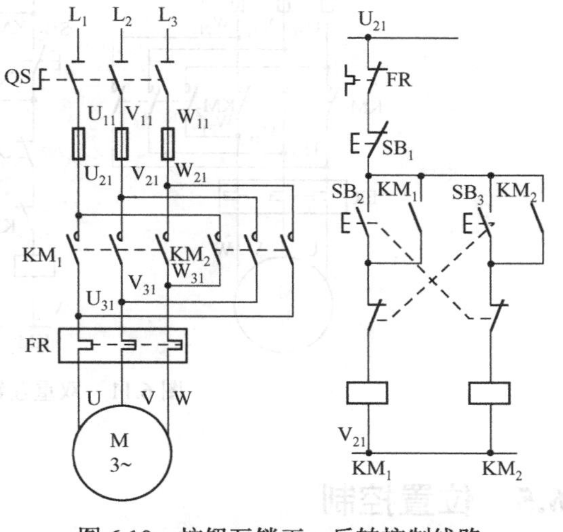


图 6.10　按钮互锁正、反转控制线路

图 6.10 所示线路的工作原理可表达如下：

正转：$SB_2^{\pm}$ ——┬—— $KM_2^{-}$（互锁）
　　　　　　　　└—— $KM_{1\,自}^{+}$ —— $M^{+}$（正锁）

反转：$SB_3^{\pm}$ ——┬—— $KM_1^{-}$（互锁）—— $M^{-}$（停车）
　　　　　　　　└—— $KM_{2\,自}^{+}$ —— $M^{+}$（反转）

图 6.10 所示电路可以从正转直接过渡到反转，因为复合按钮两组触点的动作情况是有先后次序的。按下时，动断先断开，动合后闭合；松开时，动合先恢复断开，动断后恢复闭合。利用这种时间差，可以实现正、反转的直接过渡。

按钮互锁正、反转控制线路存在的主要问题是容易产生短路事故。例如，电动机正转接触器 $KM_1$ 主触点因弹簧老化或剩磁的原因而延迟释放时，或者被卡住而不能释放时，如按下 $SB_3$ 反转按钮，则 $KM_2$ 接触器又得电使其主触点闭合，电源会在主电路短路。显然，这种控制线路的安全性较低。

### 3．双重互锁正、反转控制线路

图 6.11 为双重互锁正、反转控制线路，也称为防止相间短路的正、反转控制线路。该线路结合了接触器互锁（电气互锁）和按钮互锁（机械互锁）的优点，是一种比较完善的既能实现正、反转直接启动的要求，又具有较高安全可靠性的线路。两个控制线路的不同之处在于复合按钮中动断触点的串联位置不同，即分别串入对方的线圈支路或自锁支路，同样都达到互锁的目的。

由于这种线路结构完善，所以常将它们用金属外壳封装起来，制成成品直接供给用户使用，其名称为可逆磁力启动器，所谓可逆是指它可以控制正、反转。

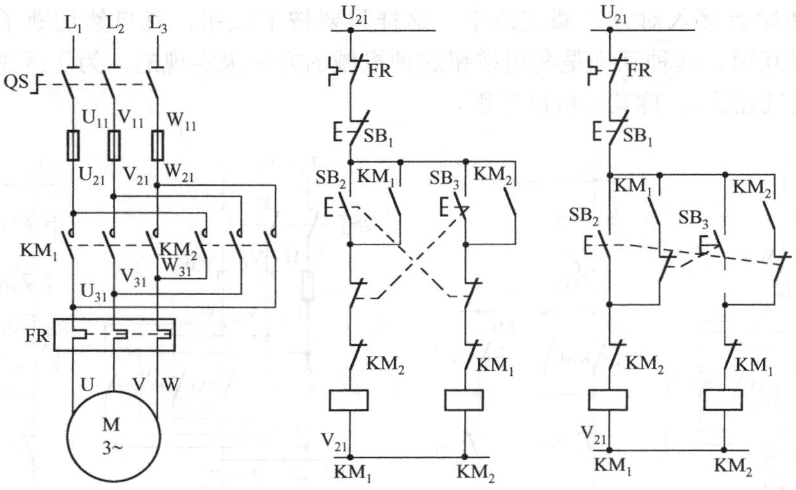


图 6.11　双重互锁正、反转控制线路

## 6.5　位置控制

位置控制也称为限位控制。生产机械运动部件运动状态的转换，是靠部件运行到一定位置时由行程开关（位置开关）发出信号进行自动控制的。例如，行车运动到终端位置的自动停车，工作台在指定区域内的自动往返移动，都是由运动部件运动的位置或行程来控制的，这种控制又称为行程控制。

位置控制是以行程开关代替按钮用以实现对电动机的启、停控制的，它可分为限位断电、限位通电和自动往复循环等控制。

**1．限位断电控制线路**

限位断电控制线路如图 6.12 所示，运动部件在电动机拖动下，到达预先指定点即自动断电停车。该电路工作原理如下：

$SB^{\pm}$——$KM^{+}_{自}$——$M^{+}$（启动）$\xrightarrow{\Delta s}$ $SQ^{+}$——$KM^{-}$——$M^{-}$（停车）

式中，Δs 是指运动一段距离，达到指定位置。

这种控制线路常使用在行车或提升设备的行程终端保护上，以防止由于故障电动机无法停车而造成事故。

**2．限位通电控制线路**

限位通电控制线路如图 6.13 所示。这种控制是运动部件在电动机拖动下，达到预先指定的地点后能够自动接通的控制电路。其中图 6.13（a）为限位通电的点动控制线路，图 6.13（b）为限位通电的长动控制线路。电路工作原理为：电动机拖动生产机械运动到指定位置时，撞块压下行程开关 SQ，使接触器 KM 线圈得电，而产生新的控制操作，如加速、返回、延时后停车等。

这种控制线路使用在各种运动方向或运动形式中，起到转换作用。

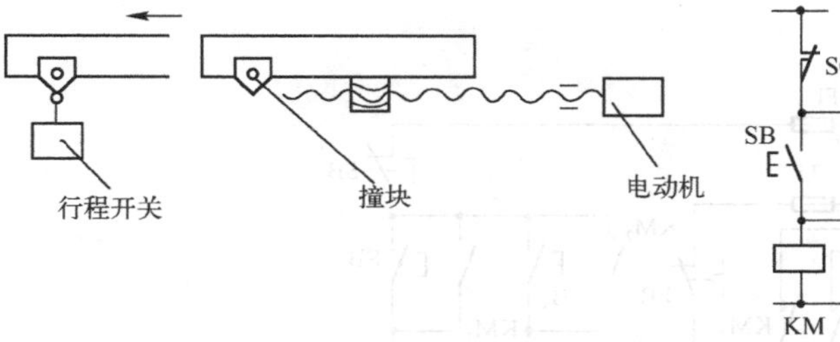


图 6.12 限位断电控制线路

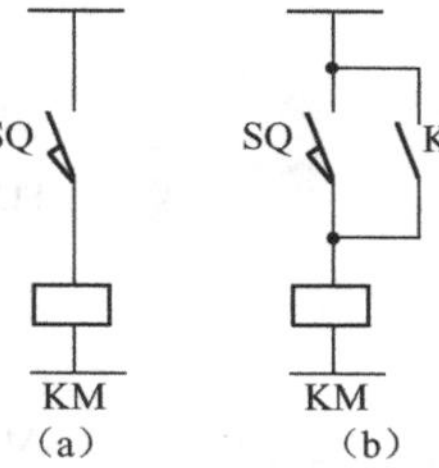


图 6.13 限位通电控制线路

### 3．自动往复循环控制线路

图 6.14 所示为自动往复循环控制线路及工作示意图，图中工作台在行程开关 $SQ_1$ 和 $SQ_2$ 之间自动往复运动，调节撞块 1 和撞块 2 的位置，就可以调节工作行程往复区域的大小。在控制线路中，设 $KM_1$ 为电动机向左运动接触器，$KM_2$ 为电动机向右运动接触器，自动往复循环控制线路的工作原理如下：

$SB_2^{\pm}$ —— $KM_{1自}^{+}$ —┬— $M^{+}$（正转）$\xrightarrow{\Delta S}$ $SQ_1^{+}$ —┬— $KM_1^{-}$ —— $M^{-}$（停车）
　　　　　　　　　　└— $KM_2^{-}$（互锁）　　　　　└— $KM_{2自}^{+}$ —┬— $M^{+}$（反转）$\xrightarrow{\Delta S}$ $SQ_2^{+}$ —┬— $KM_2^{-}$ …
　　　　　　　　　　　　　　　　　　　　　　　　　　　└— $KM_1^{-}$（互锁）　　　　└— $KM_{1自}^{+}$ …

工作台在 $SQ_1$ 和 $SQ_2$ 之间周而复始往复运动，直到按下停止按钮 $SB_1$ 为止。

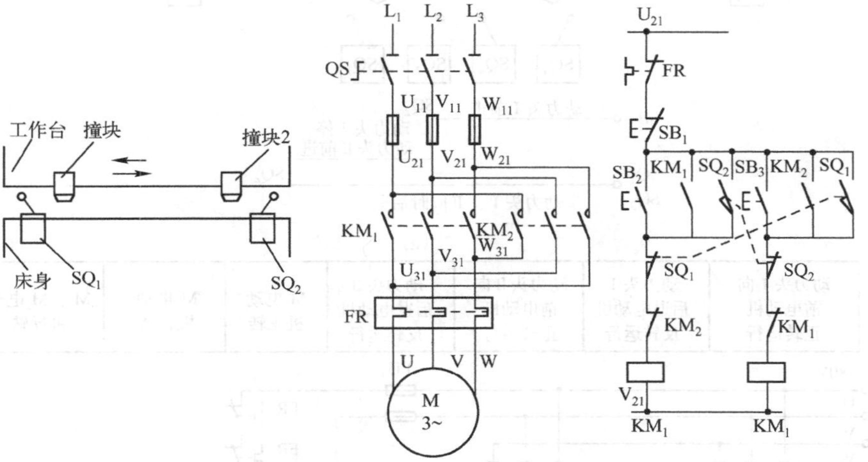


图 6.14 自动往复循环控制线路

### 4．正、反转限位控制线路

图 6.15 所示为正、反转限位控制线路。将行程开关或接近开关安装在预定位置上，按下正转按钮 $SB_2$，接触器 $KM_1$ 线圈得电，电动机正转，运动部件向前或向上运动。当运动部件运动到预定位置时，装在运动部件上的挡块碰压行程开关或接近开关接收到信号，使其动断触点 $SQ_1$ 断开，接触器 $KM_1$ 线圈失电，电动机断电、停转。这时再按正转按钮已没有作用。若按下反转按钮 $SB_3$，则 $KM_2$ 得电，电动机反转，运动部件向后或向下运动到挡块碰压行程开关或接近开关，接收到信号，使其动断触点 $SQ_2$ 断开，电动机停转。若要在运动途中停车，应按下停车按钮 $SB_1$。

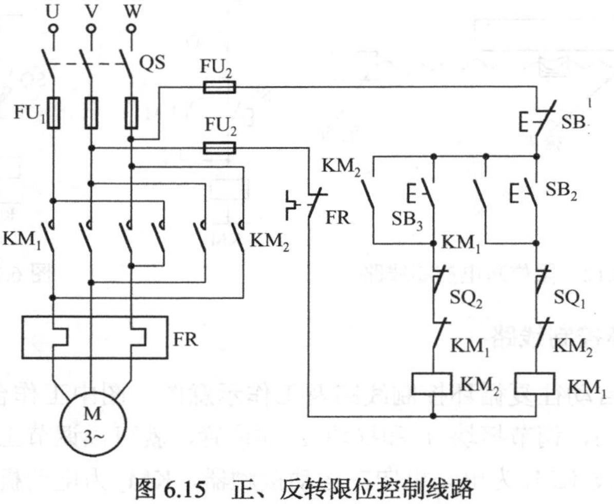


图 6.15　正、反转限位控制线路

## 5. 多台电动机自动循环控制电路

图 6.16 是由两台动力部件构成的机床及其工作自动循环的控制电路图，其中图 6.16（a）是机床运行简图及工作循环图，$SB_2$、$SQ_2$、$SQ_4$、$SQ_1$ 和 $SQ_3$ 是状态变换的条件。

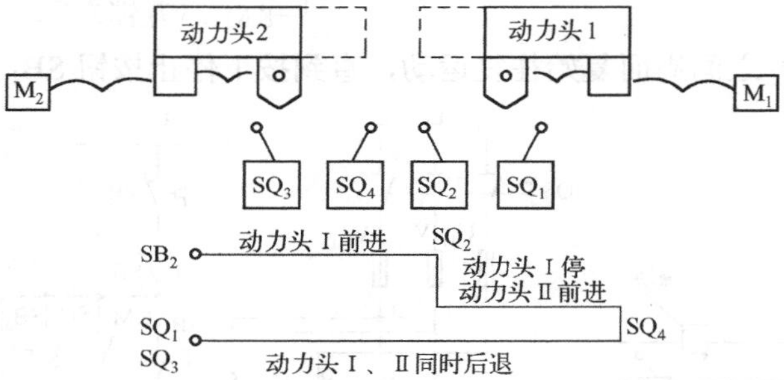


（a）

| 动力头 I 向前电动机正转运行 | 动力头 I 后退电动机反转运行 | 动力头 II 向前电动机正转运行 | 动力头 II 后退电动机反转运行 | $M_1$电动机正转 | $M_2$电动机正转 | $M_2$、$M_2$电动机反转 |
|---|---|---|---|---|---|---|

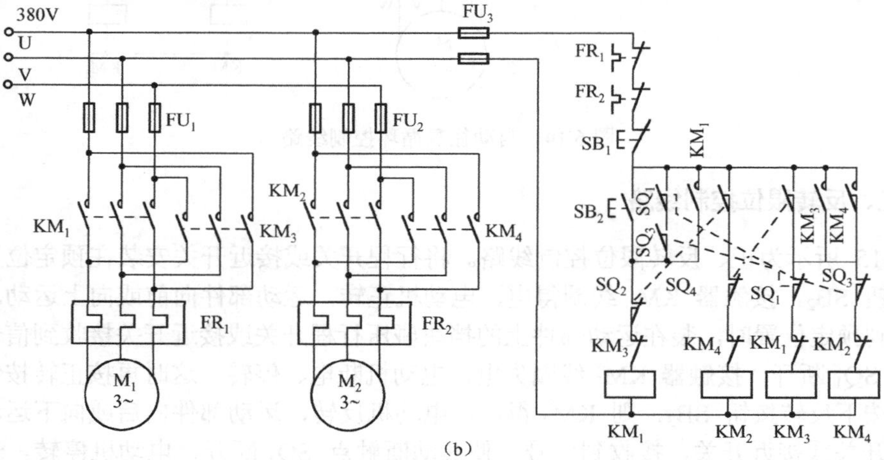


（b）

图 6.16　由两台动力部件构成的机床及其自动循环控制电路

按下 $SB_2$ 按钮，由于动力头 1 没有压下 $SQ_2$，所以动断触点仍处于闭合位置，使 $KM_1$ 线圈得电，动力头 1 拖动电动机 $M_1$ 正转，动力头 1 向前运行。当动力头 1 运行到终点压下限位开关 $SQ_2$ 时，其动断触点断开，使 $KM_1$ 失电，而动合触点闭合，使 $KM_2$ 得电，动力头 2 拖动电动机 $M_2$ 正转运行，动力头 2 向前运行。当动力头 2 运行到终点时，压迫 $SQ_4$，其动断触点断开，使 $KM_2$ 失电，动力头 2 停止向前运行。而 $SQ_4$ 的动合触点闭合，使得 $KM_3$、$KM_4$ 得电，动力头 1 和 2 的电动机同时反转，动力头均向后退。当动力头 1 和 2 均到达原始位置时，$SQ_1$ 和 $SQ_3$ 的动断触点断开，使 $KM_3$、$KM_4$ 失电，停止后退；同时它们的动合触点闭合，使得 $KM_1$ 又得电，新的循环开始。

图 6.16 中，正转接触器 $KM_1$ 与反转接触器 $KM_3$ 进行电气互锁，$KM_2$ 与 $KM_4$ 也进行电气互锁，可防止因误动作而造成的电源直接短接。

## 6.6 顺序和多点控制

许多生产机械对多台电动机的启动和停止有一定的要求，必须按预先设计好的次序先后启、停。这就要求几台电动机按一定的顺序工作，能够实现这种控制，即为顺序控制。多点控制是为了操作方便，常要求能在多个地点对同一台设备进行控制。

### 1. 顺序控制线路

图 6.17 所示为顺序控制线路，其中图 6.17（a）为主电路。图 6.17（b）所示控制线路中，接触器 $KM_1$ 和 $KM_2$ 分别控制两台电动机 $M_1$ 和 $M_2$，并且只有在 $M_1$ 电动机启动后，$M_2$ 电动机才能启动。$M_1$ 和 $M_2$ 同时停止。图 6.17（c）所示控制线路中，除了具有图 6.17（b）的功能外，电动机 $M_1$ 和 $M_2$ 可以单独停止。图 6.17（d）所示控制线路中，电动机 $M_2$ 停止后 $M_1$ 才能停止。

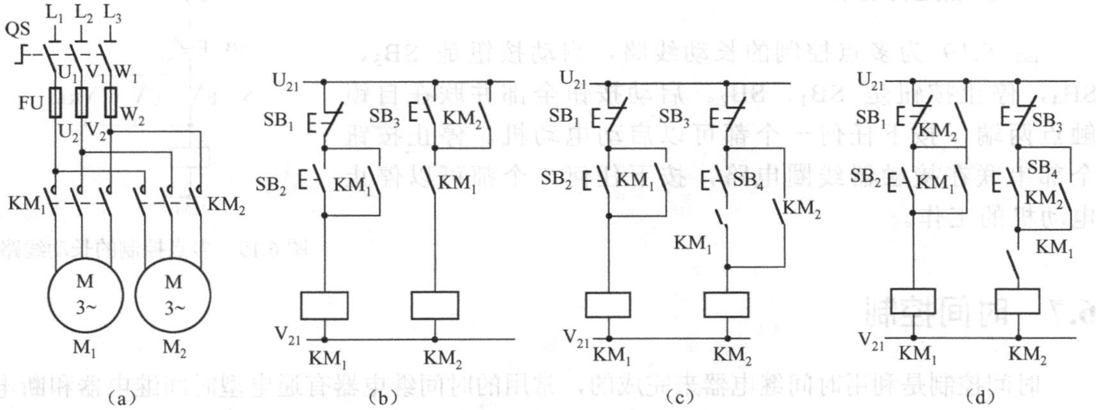


图 6.17　顺序控制线路

在生产机械设备或生产工艺过程中，通常装有多台电动机，并且要求各台电动机按生产工艺要求一定的顺序启动和停车。

图 6.18（a）所示的两台电动机，必须 $M_1$ 先启动运行后，$M_2$ 才允许启动。按下 $SB_2$，$KM_1$ 得电，$M_1$ 启动运行，同时 $KM_1$ 串在 $KM_2$ 线圈回路中的动合触点闭合，为 $KM_2$ 线圈得电作准

备。当 $M_1$ 运行后，按下 $SB_4$，$KM_2$ 得电，其主触点闭合，$M_2$ 启动运行。当按下 $SB_3$ 时，$KM_2$ 断电，$M_2$ 停车。而按下 $SB_1$ 时，两个接触器 $KM_1$、$KM_2$ 同时断电，$M_1$ 和 $M_2$ 同时停车。

图 6.18（b）是两台电动机自动延时启动电路。当按下 $SB_2$ 时，$KM_1$ 得电，$M_1$ 启动运行，同时 KT 时间继电器得电，延时闭合，使 $KM_2$ 线圈回路接通，其主触点闭合，$M_2$ 启动运行。若按下停车按钮 $SB_1$，则两台电动机同时停车。

图 6.18（c）是一台电动机先启动运行然后才允许另一台电动机启动运行，并且具有点动功能的电路。当按下 $SB_2$ 时，$KM_1$ 得电，$M_1$ 启动运行。这时按下 $SB_4$，使 $KM_2$ 得电，$M_2$ 启动，连续运行。若此时按下 $SB_5$，$M_2$ 就变为点动运行，因为 $SB_5$ 的动断触点断开了 $KM_2$ 的自锁回路。

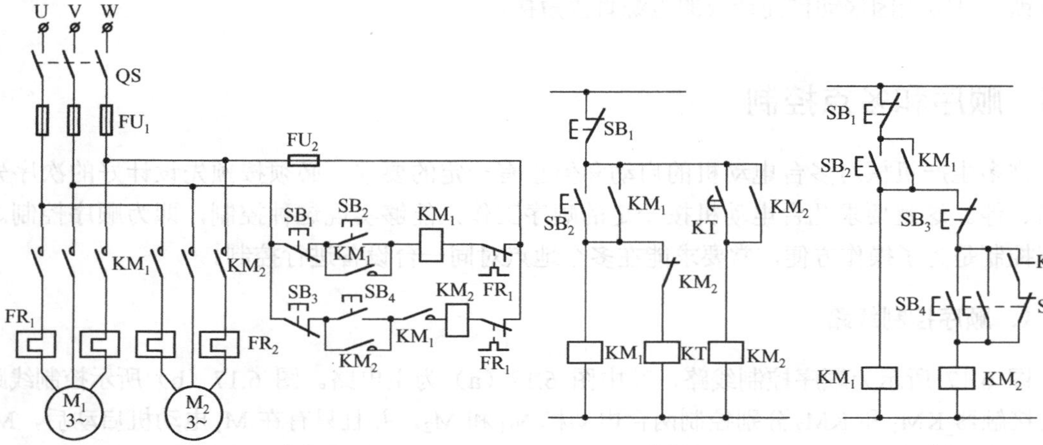


（a）　　（b）　　（c）

图 6.18　多台电动机顺序控制线路

**2．多点控制线路**

图 6.19 为多点控制的长动线路，启动按钮是 $SB_3$、$SB_4$，停止按钮是 $SB_1$、$SB_2$。启动按钮全部并联在自锁触点两端，按下任何一个都可以启动电动机。停止按钮全部串联在接触器线圈电路，按下任何一个都可以停止电动机的工作。

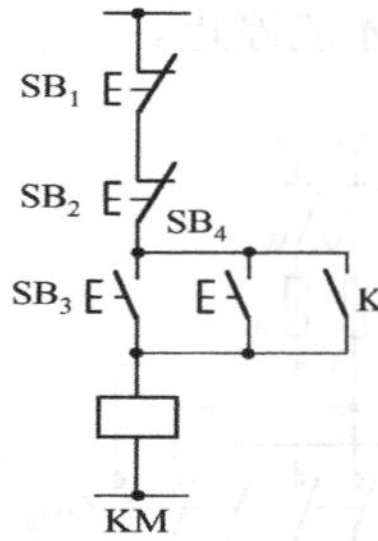


图 6.19　多点控制的长动线路

## 6.7　时间控制

时间控制是利用时间继电器来完成的，常用的时间继电器有通电型时间继电器和断电型时间继电器两大类。前者是线圈得电后开始延时，延时到触点动作；后者是线圈得电触点瞬时动作，线圈断电后开始延时，延时到触点复位。

**1．通电型时间继电器控制线路**

图 6.20 所示为通电型时间继电器控制线路。线路工作原理为：

$SB_2^{\pm}$——$KA_{自}^{+}$——$KT^{+}\xrightarrow{\Delta s}KM^{+}$

可见，从按下启动按钮 $SB_2$ 到主电路被接通，是有一段时间的，其延时量的大小由时间继电器决定。

**2．断电型时间继电器控制线路**

图 6.21 所示为断电型时间继电器控制线路。图中，时间继电器 KT 为断电型时间继电器，其动合延时断开触点在 KT 线圈得电时立即闭合，KT 线圈断电时，经延时后该触点断开。线路工作原理为：

$SB_2^{\pm}$——$KA_{自}^{+}$——$KT^{+}$——$KM^{+}$

$SB_1^{\pm}$——$KA^{-}$——$KT^{-}\xrightarrow{\Delta t}KM^{-}$

可见，按下启动按钮 $SB_2$，主电路得电；按下停止按钮 $SB_1$，主电路延时后断电。

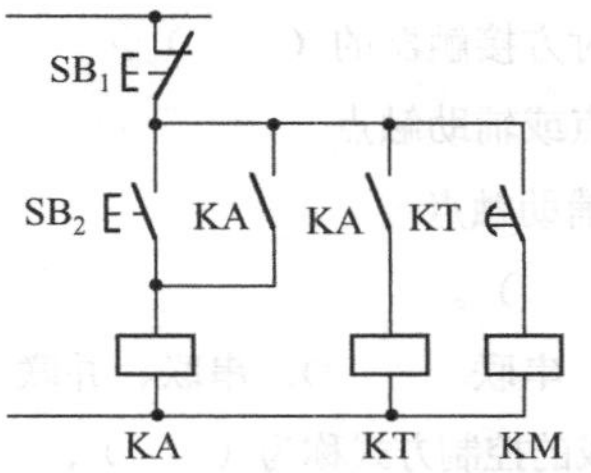


图 6.20　通电型时间继电器控制线路

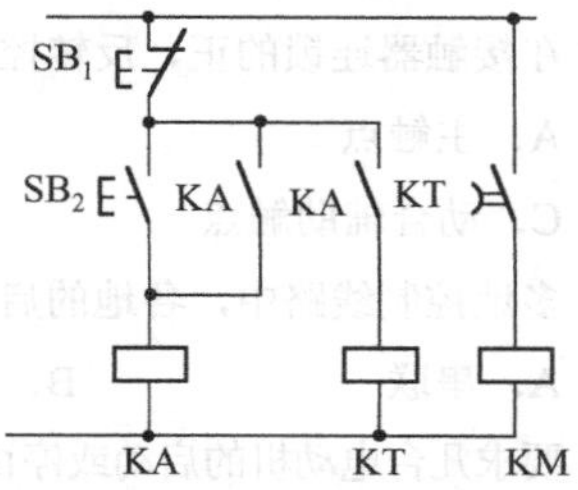


图 6.21　断电型时间继电器控制线路

图 6.22 是按时间控制的自动循环控制线路，这里只画出了控制电路，其主电路与直接启动电路的一样。该电路常用于间歇运行设备，如机床润滑油供给系统的油泵电动机。当控制开关 SA 置于间歇运行位置时，开始时刻 KM 得电，使电动机启动运行，同时时间继电器 $KT_1$ 有电。当 $KT_1$ 延时时间到时，其动合触点闭合，使中间继电器 KA、时间继电器 $KT_2$ 得电，KA 的动断触点断开，使 KM 失电，电动机停止运行。当 $KT_2$ 的延时时间（间歇时间）到时，其动断触点断开，使 KA 失电。KA 的动合触点断开，使 $KT_2$ 失电；KA 的动断触点闭合，使 KM 又得电，电动机启动运行，系统进入循环过程。

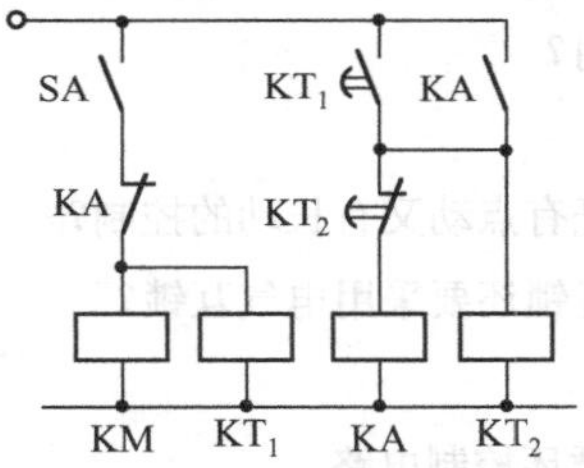


图 6.22　按时间控制的自动循环控制线路

## 习　题　6

**一、判断题（正确的打√，错误的打×）**

6.1　接触器连锁正、反转控制线路中，正、反转接触器有时可以同时闭合。（　　）

6.2　为保证三相异步电动机实现反转，正、反转接触器的主触点必须按相同的相序并接后串接在主电路中。（　　）

6.3　按钮连锁的正、反转线路的缺点是易产生电源两相短路故障。（　　）

6.4　自动往返控制线路需要对电动机实现自动转换的正、反转控制才能达到要求。（　　）

6.5　能在两地或多地控制同一台电动机的控制方式称为电动机的多地控制。（　　）

6.6　对多地控制线路来说，只要把各地的启动按钮、停止按钮串接就可以实现多地控制。（　　）

## 二、选择题

6.7　具有过载保护的接触器自锁控制线路中，实现短路保护的电器是（　　）。

A．熔断器　　B．热继电器　　C．接触器　　D．电源开关

6.8　具有过载保护的接触器自锁控制线路中，实现欠压和失压保护的电器是（　　）。

A．熔断器　　B．热继电器　　C．接触器　　D．电源开关

6.9　为避免正、反转接触器同时得电动作，线路采取（　　）。

A．位置控制　　B．顺序控制　　C．自锁控制　　D．互锁控制

6.10　操作接触器连锁正、反转控制线路时，要使电动机从正转变为反转，正确的操作方法是（　　）。

A．直接按下反转启动按钮　　B．必须先按下停止按钮，再按下反转启动按钮

C．直接按下正转启动按钮　　D．必须先按下反转启动按钮，再按下停止按钮

6.11　在接触器连锁的正、反转控制线路中，其连锁触点应是对方接触器的（　　）。

A．主触点　　B．主触点或辅助触点

C．动合辅助触点　　D．动断辅助触点

6.12　多地控制线路中，各地的启动按钮和停止按钮分别是（　　）。

A．串联　　B．并联　　C．并联、串联　　D．串联、并联

6.13　要求几台电动机的启动或停止必须按一定的先后次序来完成的控制方式称为（　　）。

A．位置控制　　B．多地控制　　C．顺序控制　　D．连续控制

## 三、简答题

6.14　什么是电气图中的图形符号和文字符号？它们各由什么要素或符号组成？

6.15　什么是电气原理图、电气安装图和电气互连图？它们各起什么作用？

6.16　什么是欠压、失压保护？哪些电器可以实现欠压和失压保护？

6.17　点动和长动有什么不同？各应用在什么场合？同一电路如何实现既有点动又有长动的控制？

6.18　在可逆运转（正、反转）控制线路中，为什么采用了按钮的机械互锁还要采用电气互锁？

## 四、绘图题

6.19　试设计一控制装置在两个行程开关 $SQ_1$ 和 $SQ_2$ 区域内的自动往返循环控制电路。

6.20　某机床有两台电动机，要求主电动机 $M_1$ 启动后，辅助电动机 $M_2$ 延迟 10s 自动启动，试设计控制电路。

6.21　有两台电动机 $M_1$ 和 $M_2$，要求：（1）$M_1$ 先启动，经过 10s 后，才能用按钮启动 $M_2$；（2）$M_2$ 启动后，$M_1$ 立即停转。试设计控制电路图。

# 第 7 章　三相交流异步电动机的启动、制动和调速控制

三相交流异步电动机目前作为生产机械的主要动力，广泛应用在各行各业的生产设备中，其主要控制体现在启动、制动和调速等方面。本章将分别讨论三相交流异步电动机各种不同情况下的启动控制、制动控制和调速控制。

## 7.1　三相笼型交流异步电动机的启动控制

三相笼型交流异步电动机的启动问题是异步电动机运行中的一个特殊问题。由于生产机械对启动过程的要求不同，使得异步电动机的启动要适应各种不同情况。另一方面，异步电动机的启动电流很大，如果电源容量不能比电动机容量大许多倍，在这种情况下，启动电流可能会明显地影响同一电网中其他电气设备的正常运行，所以应考虑采取措施将启动电压降下来，待启动完毕后再恢复全压运行。如果电源容量足够大，而且在该电动机所拖动机械装置也允许的情况下，可以考虑全电压直接启动。

### 7.1.1　全压启动控制线路

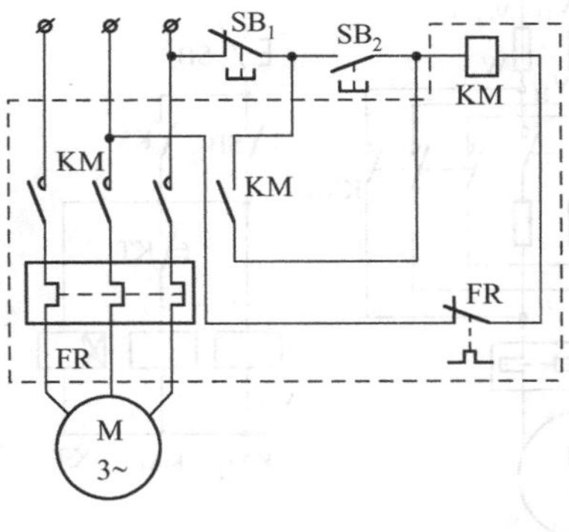


图 7.1　全压启动控制线路

在电网和负载两方面都允许全压直接启动的情况下，笼型异步电动机应该优先考虑直接启动。这种方法操纵控制方便，而且比较经济。

全压启动控制线路如图 7.1 所示。该线路的工作原理为：

启动：$SB_2^{\pm}$——$KM_{自}^{+}$——$M^{+}$（启动）

停止：$SB_1^{\pm}$——$KM^{-}$——$M^{-}$（停止）

当电动机过载时，若定子绕组中的电流达到热继电器 FR 的动作值，它就会在规定的时间内动作，其动断触点分断，切断接触器 KM 线圈电路，使 KM 释放、电动机停转，从而实现过载保护。失压保护是在电源突然断电时，接触器 KM 线圈断电而将其触点释放，由于自锁触点断开，在电源恢复正常后，电动机不能自行启动。

对于一般直接启动的笼型异步电动机，工业上用电磁启动器（也称磁力启动器）来完成，电磁启动器是将接触器、热继电器等器件按被启动电动机的容量大小选择、安装在一个控制箱中，用户可以直接使用。

### 7.1.2　定子绕组串电阻启动控制

定子绕组串电阻降压启动是在启动时，在电动机定子绕组上串联电阻，启动电流在电阻上产生电压降，使实际加到电动机定子绕组中的电压低于额定电压，待电动机启动后，再将串联的电阻短接，使电动机在额定电压下运行。

### 1．接触器控制定子串电阻降压启动控制线路

利用接触器控制电动机定子绕组串电阻降压启动线路如图 7.2 所示。线路工作原理为：

$$SB_2^{\pm}\text{——}KM_{1自}^{+}\text{——}M^{+}\text{（串 R 降压启动）——}M^{+}\text{（串 R 降压启动）}\xrightarrow{n\uparrow}$$
$$SB_3^{\pm}\text{——}SB_3^{\pm}\text{——}KM_{2自}^{+}\text{——}M^{+}\text{（全压运行）}$$

该控制线路的优点是结构简单，存在的问题是不能实现启动全过程自动化。

### 2．时间继电器控制定子串电阻降压启动控制线路

图 7.2 接触器控制定子串电阻降压启动线路中，若过早按下 $SB_3$ 运行按钮，电动机还没有到达额定转速附近，会引起较大的启动电流，并且分两次按下 $SB_2$ 和 $SB_3$ 也显得很不方便。利用时间继电器触点延时闭合的特点，可以组成能够自动切除降压电阻的自动控制电路。图 7.3 所示为时间继电器控制定子串电阻降压启动控制线路。线路工作原理为：

$$SB_2^{\pm}\text{—┬—}KM_{1自}^{+}\text{——}M^{+}\text{（串R降压启动）}$$
$$\text{└—}KT^{+}\xrightarrow{\Delta t}KM_2^{+}\text{——}M^{+}\text{（全压运行）}$$

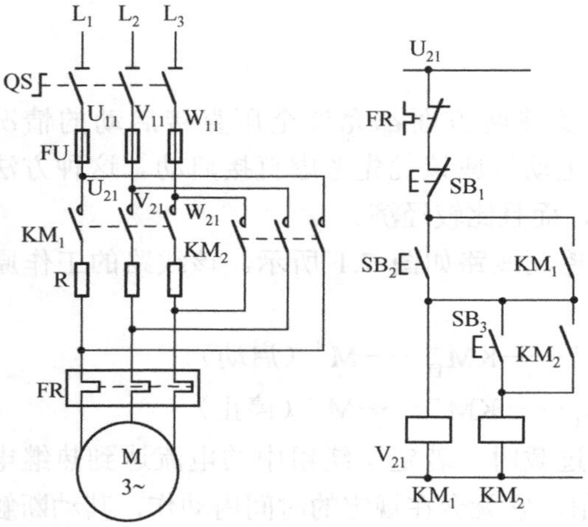


图 7.2　接触器控制定子串电阻启动线路

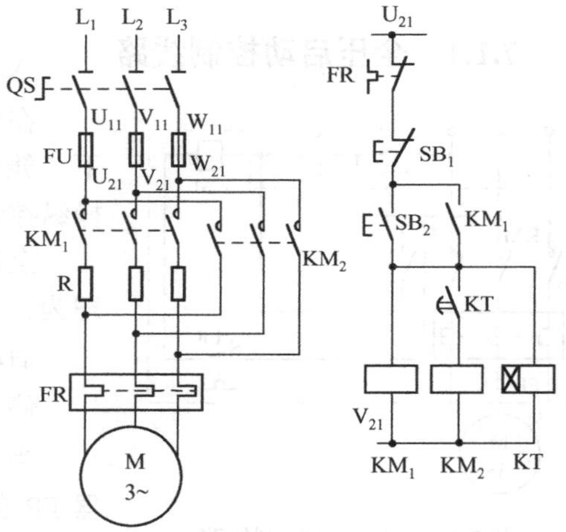


图 7.3　时间继电器控制定子串电阻降压启动线路

上述线路利用时间继电器延时量可调，在配合不同电动机启动时，一旦调整好时间，从降压启动到全压运行的过程便能够自动、准确地完成。

图 7.4 为另一种定子串电阻降压启动控制线路，工作原理为：

$$SB_2^{\pm}\text{——}KM_1^{+}\text{—┬—}M^{+}\text{（串R降压启动）}$$
$$\text{└—}KT_{自}^{+}\xrightarrow{\Delta t}KM_{2自}^{+}\text{—┬—}M^{+}\text{（全压运行）}$$
$$\text{└—}KM_1^{-}\text{——}KT^{-}$$

该线路在电动机全压运行时，KT 和 $KM_1$ 线圈都断电，只有 $KM_2$ 线圈得电，保证电动机全压运行。

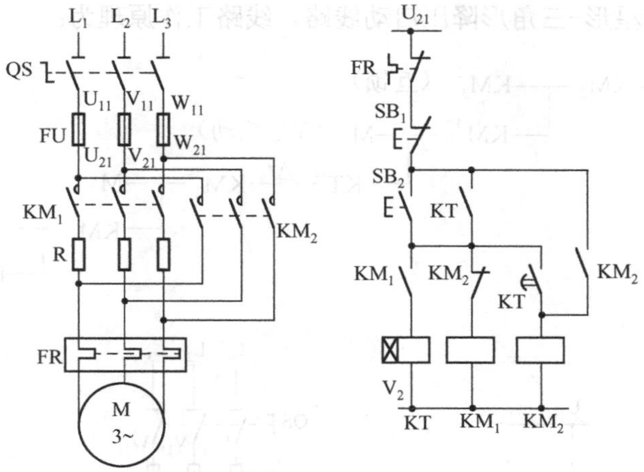


图 7.4　定子串电阻降压启动线路

### 7.1.3　星形-三角形启动控制

对于正常运行时电动机额定电压等于电源线电压，定子绕组为三角形连接方式的三相交流异步电动机，可以在启动时将定子绕组接成星形，待启动完毕后再换接成三角形。这样，异步电动机启动时电压降为正常工作时的 $1/\sqrt{3}$ 倍，达到降压启动的目的。

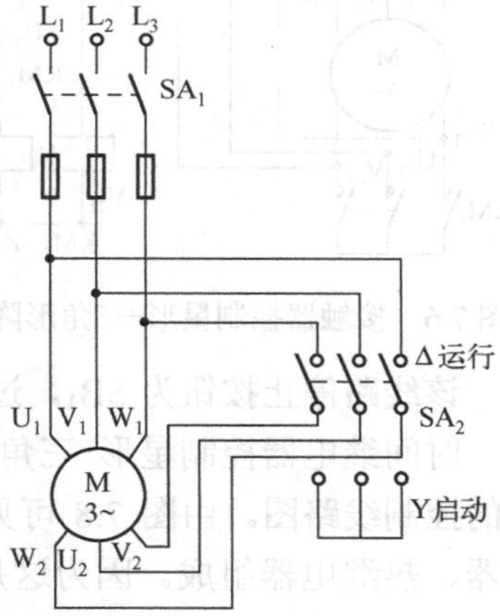


图 7.5　手动控制星形-三角形启动线路

**1．手动控制线路**

手动控制电动机星形-三角形降压启动控制线路如图 7.5 所示。图中手动控制开关 $SA_2$ 有两个位置，分别是电动机定子绕组星形和三角形连接。线路工作原理为：启动时，将开关 $SA_2$ 置于“启动”位置，电动机定子绕组被接成星形降压启动。当电动机转速上升到一定值后，再将开关 $SA_2$ 置于“运行”位置，使电动机定子绕组接成三角形，电动机全压运行。

**2．自动控制线路**

星形-三角形降压启动线路如图 7.6 所示，该线路使用按钮控制。$SB_2$ 为星形启动按钮，$SB_3$ 为三角形运行按钮。线路工作原理为：

Y形启动：　$SB_2^{\pm}$ —— $KM^{+}_{2自}$ —— $M^{+}$（Y形启动）
　　　　　　　　　└— $KM_1^{+}$ —┘

Δ形运行：　$SB_3^{\pm}$ —— $KM_1^{-}$ —— $M^{-}$（Y形连接解除）
　　　　　　　　　└— $KM^{+}_{3自}$ —— $M^{+}$（Δ形运行）

利用时间继电器，可以自动实现从星形降压启动到三角形全压运行的过程。图 7.7 所示为时间继电器控制星形-三角形降压启动线路。线路工作原理为：

$SB_2^{\pm}$ —— $KT^+$ —— $KM_2^+$ —┬— $KM_3^-$（互锁）
　　　　　　　　　　　　　└— $KM_{1自}^+$ —┬— $M^+$（Y形启动）
　　　　　　　　　　　　　　　　　　└— $KT^-$ $\xrightarrow{\Delta t}$ $KM_2^-$ —┬— $M^-$
　　　　　　　　　　　　　　　　　　　　　　　　　　　└— $KM_3^+$ —┬— $M^+$（△形运行）
　　　　　　　　　　　　　　　　　　　　　　　　　　　　　　　　└— $KT^-$，$KM_2^-$

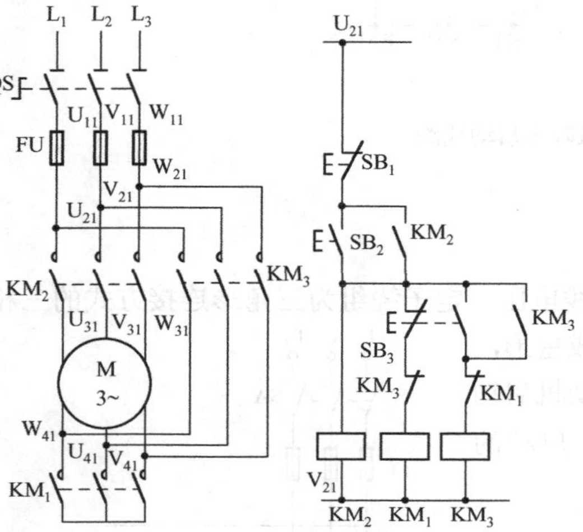


图 7.6　接触器控制星形-三角形降压启动线路

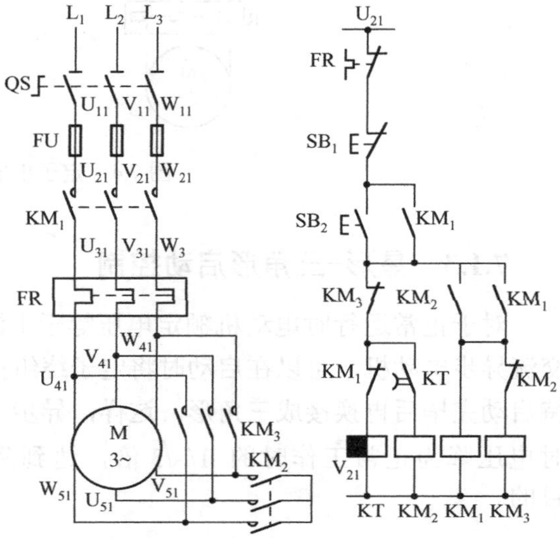


图 7.7　时间继电器控制星形-三角形降压启动线路

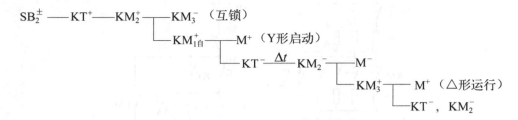

该线路停止按钮为 $SB_1$，过载保护采用热继电器，短路保护由熔断器实现。

时间继电器控制星形-三角形降压启动控制线路已经形成定形产品，图 7.8 所示为该产品的控制线路图。由图 7.8 可见，这种星形-三角形降压启动器由 3 个交流接触器及时间继电器、热继电器组成。因为这是一种定形的产品，所以使用时只要选配电源开关 SQ 及相应的按钮、熔断器，便可以直接使用。

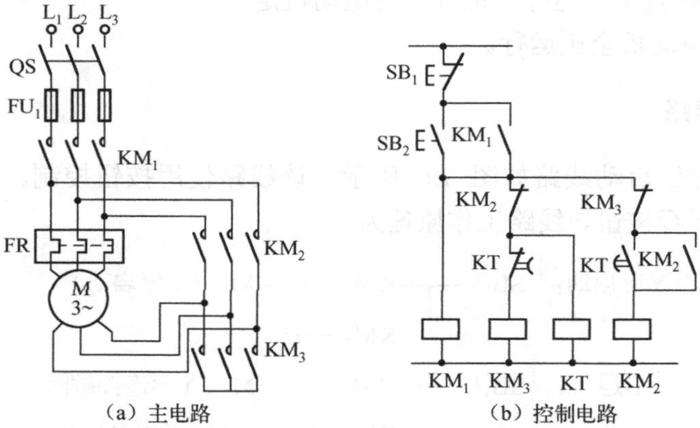


（a）主电路　　　　　　（b）控制电路

1—接触器；2—时间继电器；3—热继电器

图 7.8　星形-三角形启动器

该线路的工作情况是：星形启动时，$KM_1$、$KM_3$和 KT 线圈得电，$KM_1$主触点和 $KM_3$主触点实现定子绕组星形连接，KT 实现启动延时控制。三角形运行时，$KM_1$和 $KM_2$线圈得电，$KM_3$和 KT 线圈断电，实现全压运行控制。工作原理读者可自行分析。

### 7.1.4　自耦变压器启动控制

利用自耦变压器的降压启动方法常用来启动较大容量的三相交流笼型异步电动机。尽管这是一种比较传统的启动方法，但由于它是利用自耦变压器的多抽头减压，既能适应不同负载启动的需要，又能得到比星形-三角形启动时更大的启动转矩，所以，至今仍被广泛应用。

#### 1．自耦变压器降压启动手动控制线路

利用自耦变压器降压启动方式制成的工业产品称为补偿器，因为是手动操作，所以称为手动补偿器。它主要由箱式金属外壳、操作机构、触点系统、自耦变压器及保护装置等部分组成。操作机构与触点系统相连，可通过手柄控制触点的闭合或断开。

手动补偿器的控制线路如图 7.9 所示。图中操作手柄有 3 个位置："停止"、"启动"和"运行"。操作机构中设有机械连锁机构，它使得操作手柄未经"启动"位置就不可能到达"运行"位置，保证了电动机必须先经过启动阶段以后才能投入运行。自耦变压器备有 65%和 85%两挡电压抽头，出厂时接在 65%抽头上，可根据电动机的负载情况选择不同的启动电压。在图 7.9 中，自耦变压器只在启动过程中短时工作，启动完毕后应从电源中切除。

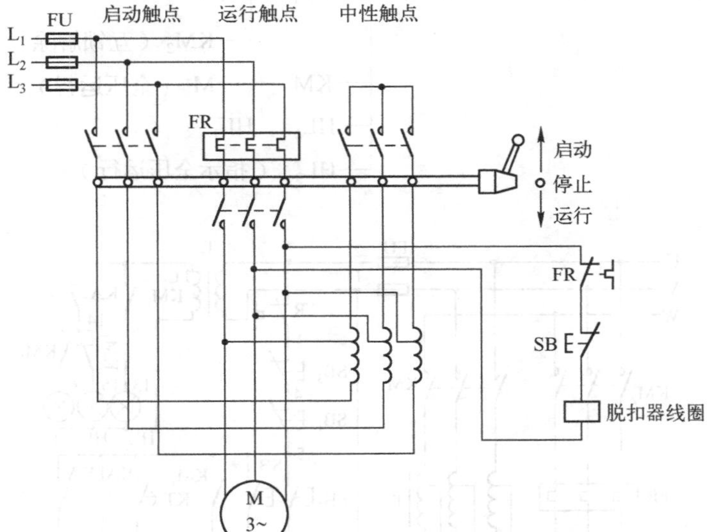


图 7.9　手动补偿器控制线路

线路工作原理为：当操作手柄置于"停止"位置时，所有的动、静触点都断开，电动机定子绕组断电，停止转动。

把操作手柄向上推至"启动"位置时，启动触点和中性触点同时闭合，电流经启动触点流入自耦变压器，再由自耦变压器的 65%（或 85%）抽头处输出到电动机的定子绕组，

使定子绕组降压启动。随着启动的进行，当转子转速升高到接近额定转速时，可将操作手柄扳到“运行”位置，此时启动工作结束。

当操作手柄置于“运行”时，先将启动时接通的启动触点和中性触点同时断开，将自耦变压器从线路中切除。继而运行触点闭合，电动机定子绕组得到电网额定电压，电动机全压运行。

停止时，须按下 SB 按钮，使失压脱扣器的线圈断电而造成衔铁释放，通过机械脱扣装置将运行触点断开，切断电源。同时也使手柄自动跳回到“停止”位置，为下一次启动做准备。

**2．自耦变压器降压启动自动控制线路**

利用自耦变压器降压启动控制除了有手动控制（手动补偿器）外，还有自动式自耦降压启动器（自动补偿器），图 7.10 所示为该系列产品的控制线路，它是依靠接触器和时间继电器实现自动控制的。图 7.10 中，信号指示电路由变压器及其他 3 个指示灯等组成，它们根据控制线路的工作状态分别显示“启动”、“运行”和“停止”。线路工作原理为：

供电电源正常，$HL_1$亮（指示电源正常）。

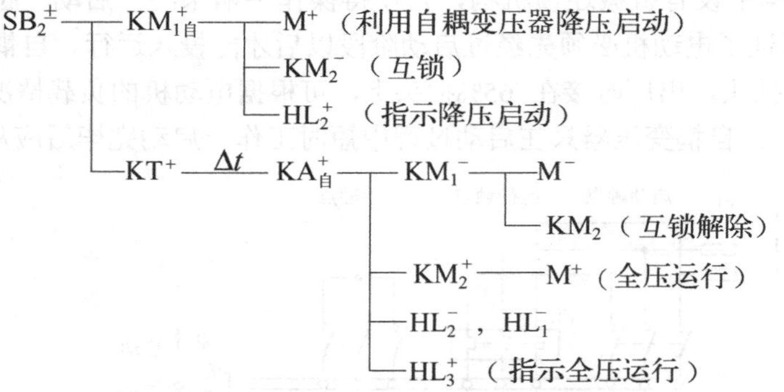


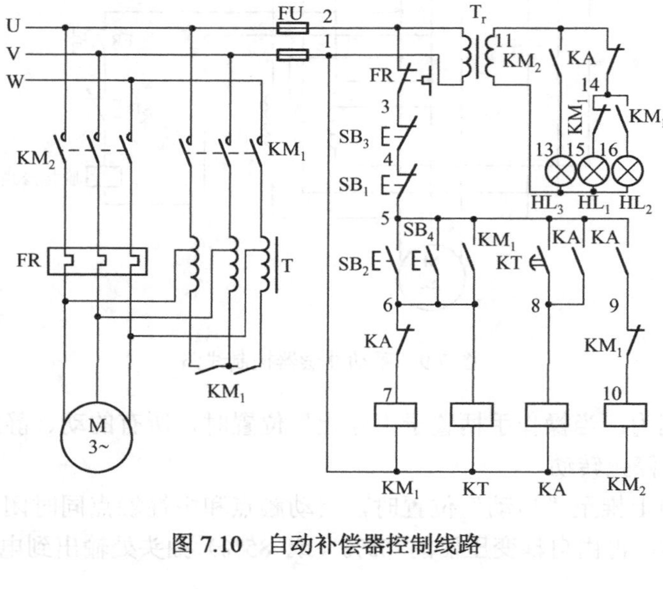


图 7.10　自动补偿器控制线路

图 7.10 所示线路中还另外设置了 $SB_3$、$SB_4$ 两个按钮，它们不安装在自动补偿器箱中，可以安装在外部，以便实现远程控制。在自动补偿器箱中一般只留下 4 个接线端，$SB_3$ 和 $SB_4$ 用引线接入箱内。

图 7.11 所示为另一种自耦变压器降压启动控制线路，图中主电路增加了电流互感器 TA，它一般在容量为 100kW 以上的电动机降压启动控制线路中使用，热继电器 FR 的发热元件上并联的 $KM_2$ 动断触点是在启动时短接发热元件的，以防止因启动电流过大而造成误动作；运行时，$KM_2$ 触点断开，主电路经电流互感器串入发热元件，达到过载保护的目的。

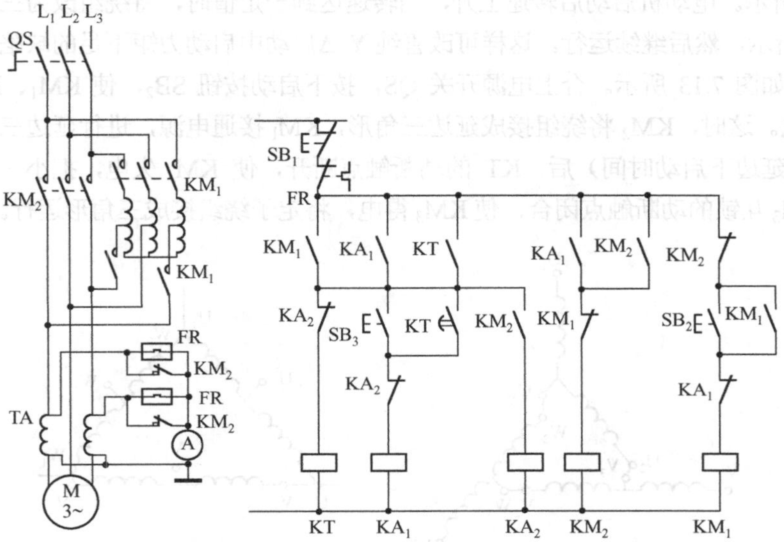


图 7.11　自耦变压器降压启动控制线路

图 7.11 所示线路的工作原理为：

$SB_2^{\pm}$——$KM_{1自}^{+}$——$M^+$（利用自耦变压器降压启动）
　　　　　　　　　└$KM_2^-$（互锁）
　　　　　　　　　└$KT_{自}^{+}$ $\xrightarrow{\Delta t}$ $KA_{1自}^{+}$——$KM_1^-$　　$M^-$
　　　　　　　　　　　　　　　　　　　└$KM_{2自}^{+}$——$M^+$（全压运行）
　　　　　　　　　　　　　　　　　　　　　　　└$KA_2^+$——$KA_1^-$——$KT^-$——$KA_2^-$
　　　　　　　　　　　　　　　　　　　　　　　└$FR^+$（热继电器投入工作）

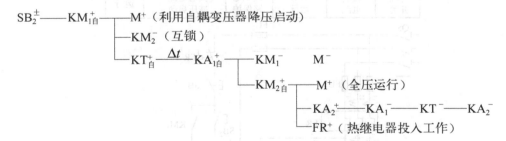

按钮 $SB_3$ 的作用是在时间继电器延时量达到前，即时间继电器还未动作时，提前使电动机退出启动，进入运行状态。另外，若时间继电器损坏或失灵，按下按钮 $SB_3$ 即可使电动机转入正常运行状态。

### 7.1.5　延边三角形启动控制

星形-三角形启动方式存在的一个问题是启动转矩过低。因为星形连接绕组的相电压为三角形连接绕组相电压的 $1/\sqrt{3}$ 倍，虽然在星形连接时启动电流减小了（只有三角形连接时的 1/3），但它的启动转矩是与加在绕组上电压的平方成正比的。这样，采用星形连接启动时启动转矩也降低为原来三角形连接启动的 1/3。所以，这种启动方法仅适用于轻载或空载启动。

延边三角形启动方式，一方面可以减小启动电流，另一方面和星形-三角形启动方式比较又能适当增加启动转矩。这种启动方式的实质是：在启动时，使电动机定子绕组中的一部分接成星形，另一部分接成三角形；启动完毕后，再转换为三角形连接方式。

延边三角形降压启动方式适用于定子绕组有中心抽头的特殊设计的电动机，一般电动机有 6 个接线头，而这类电动机有 9 个接线头。

延边三角形降压启动电路是把三角形接法的绕组接成局部为三角形的形式进行启动的，如图 7.12（a）所示。电动机启动后转速上升，当转速达到一定值时，将绕组改为三角形接法，如图 7.12（b）所示，然后继续运行。这样可改善纯 Y-Δ启动中启动力矩不足的缺陷。该启动方式的控制线路图如图 7.13 所示。合上电源开关 QS，按下启动按钮 $SB_2$，使 $KM_1$、$KM_2$ 和时间继电器 KT 得电。这时，$KM_2$ 将绕组接成延边三角形，$KM_1$ 接通电源，进行延边三角形下启动。经延时（即在延边下启动时间）后，KT 的动断触点断开，使 $KM_2$ 失电，把小三角形拆开，同时 $KM_2$ 与 $KM_3$ 互锁的动断触点闭合，使 $KM_3$ 得电，将定子绕组接成三角形运行。

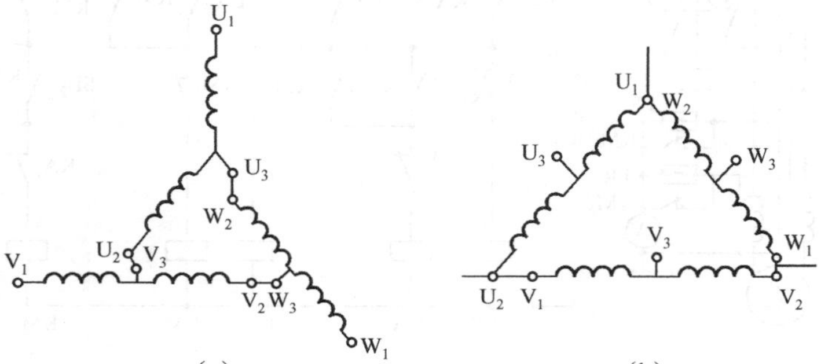


（a） （b）

图 7.12 延边三角形接法

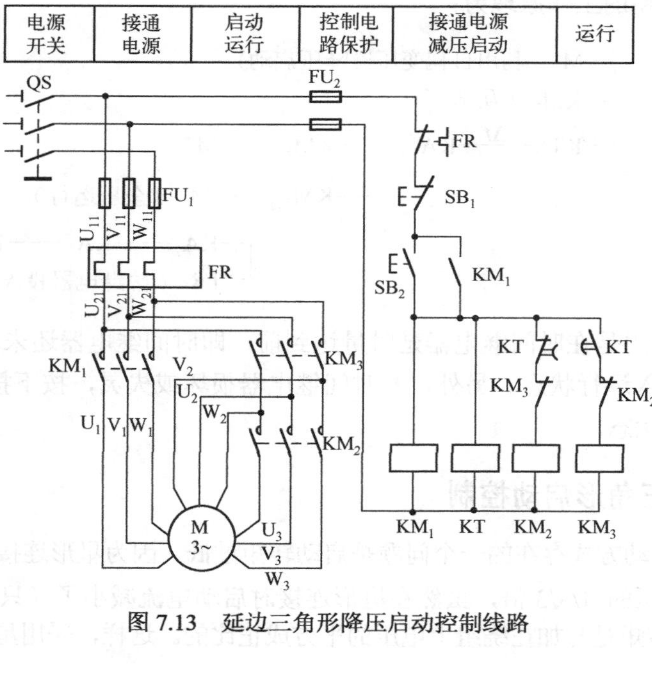


图 7.13 延边三角形降压启动控制线路

延边三角形降压启动控制线路如图 7.14 所示。图中主电路部分有 3 组接触器主触点，当 $KM_1$ 和 $KM_2$ 主触点闭合时，电动机定子绕组接成延边三角形启动；当 $KM_1$ 和 $KM_3$ 主触点闭合时，电动机定子绕组接成三角形运行。线路工作原理为：

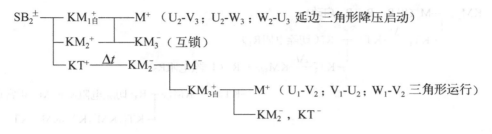

$SB_2^{\pm}$ — $KM_{1自}^{+}$ — $M^{+}$ （$U_2$-$V_3$；$U_2$-$W_3$；$W_2$-$U_3$ 延边三角形降压启动）

　— $KM_2^{+}$ — $KM_3^{-}$（互锁）

　— $KT^{+}$ —$\Delta t$— $KM_2^{-}$ — $M^{-}$

　　　— $KM_{3自}^{+}$ — $M^{+}$ （$U_1$-$V_2$；$V_1$-$U_2$；$W_1$-$V_2$ 三角形运行）

　　　　— $KM_2^{-}$，$KT^{-}$

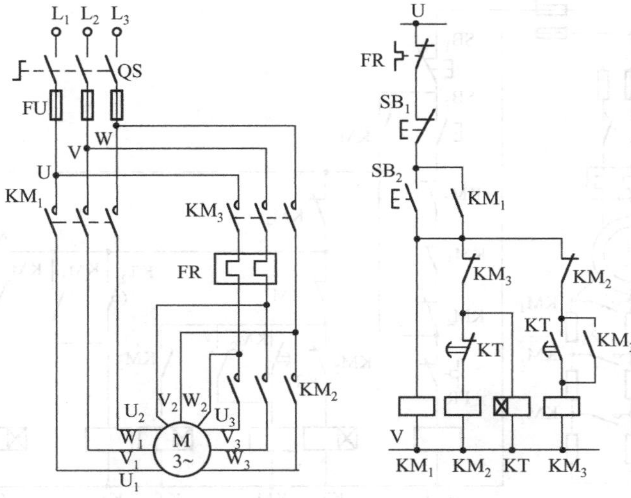


图 7.14　延边三角形降压启动控制线路

# 7.2　绕线式异步电动机的启动控制

与笼型感应电动机不同，绕线转子感应电动机的转子回路可以通过滑环与外部电路连接，在其转子串入电阻（或电抗），就可以限制启动电流，同时也能增加转子的功率因数和启动转矩。

## 7.2.1　转子串电阻启动控制

绕线式异步电动机转子电路串入电阻启动，一般是在转子回路串入多级电阻，利用接触器的主触点分段切除，使绕线式电动机的转速逐级提高，最后达到额定转速而稳定运行。

### 1. 时间继电器控制绕线式异步电动机转子串电阻启动控制线路

利用时间继电器控制绕线式异步电动机转子串电阻三级启动线路如图 7.15 所示。图中转子回路所串的电阻分成 3 级，并按星形方式连接。启动前，启动电阻全部接入电路限流。在启动过程中，随转子转速的不断上升，逐级短路（切除）启动电阻，直至启动完毕，启动电阻全部被短接，电动机正常运行。线路工作原理为：

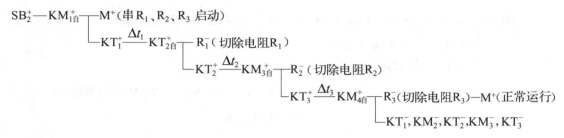

$SB_2^+$—$KM_{1自}^+$—$M^+$（串 $R_1$、$R_2$、$R_3$ 启动）

　└$KT_1^+ \xrightarrow{\Delta t_1} KT_{2自}^+$—$R_1^-$（切除电阻$R_1$）

　　└$KT_2^+ \xrightarrow{\Delta t_2} KM_{3自}^+$—$R_2^-$（切除电阻$R_2$）

　　　└$KT_3^+ \xrightarrow{\Delta t_3} KM_{4自}^+$—$R_3^-$（切除电阻$R_3$）—$M^+$（正常运行）

　　　　└$KT_1^-$，$KM_2^-$，$KT_2^-$，$KM_3^-$，$KT_3^-$

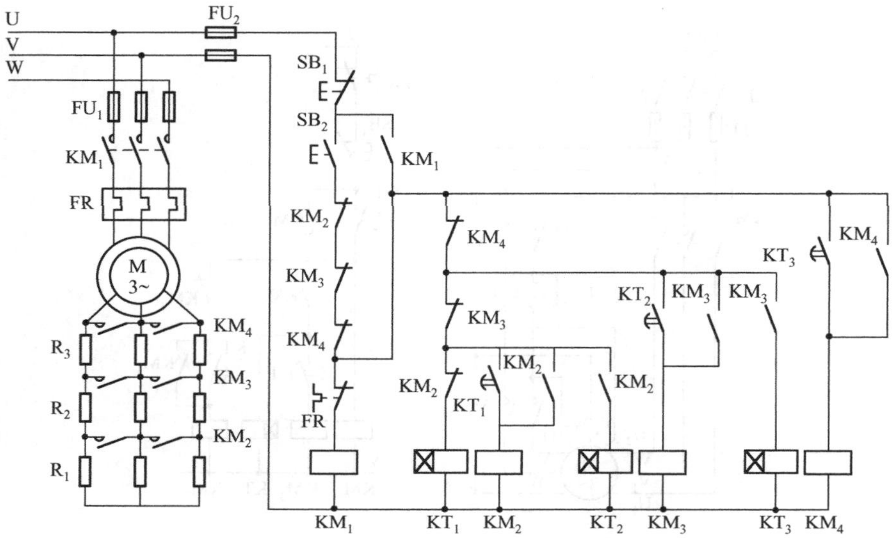


图 7.15　时间继电器控制绕线式异步电动机转子串电阻启动控制线路

时间继电器控制自动切除转子电阻的启动方法目前已得到较广泛的应用。在图 7.15 所示电路中，接触器 $KM_2$、$KM_3$、$KM_4$ 分别在时间继电器 $KT_1$、$KT_2$、$KT_3$ 的控制下顺序短接启动电阻 $R_1$、$R_2$、$R_3$，正常全压运行时，只有 $KM_1$ 和 $KM_4$ 两个接触器的主触点闭合。这种工作方式称为按时间原则控制的转子串电阻降压启动控制线路。

**2．电流继电器控制绕线式异步电动机转子串电阻启动线路**

图 7.16 所示为利用电流继电器控制的绕线式异步电动机转子串电阻启动控制线路。该线路中，主电路的转子回路中串入电流继电器线圈，根据转子回路电流的变化（转子电流越小，转子转速越高）来分段短接启动电阻，实现自动控制的降压启动过程。

图 7.16 中，$KA_1$、$KA_2$、$KA_3$ 为电流继电器，它们的线圈串联在转子回路中，由线圈中通过电流的大小决定触点动作顺序。$KA_1$、$KA_2$、$KA_3$ 3 个电流继电器的吸合电流一致，但释放电流不一致，$KA_1$ 最大、$KA_2$ 次之、$KA_3$ 最小。在启动瞬时，转子转速为零，转子电流最大，3 个电流继电器同时全部吸合，随着转子转速的逐渐提高，转子电流逐渐减

小，由于 $KA_1$ 整定值最大，所以最早动作。然后随转子电流进一步减小，$KA_2$、$KA_3$ 依次动作，完成逐级切除电阻的工作。线路工作原理为：

$SB_2^{\pm}$——$KM_{4自}^{+}$——$M^{+}$（串 $R_1$、$R_2$、$R_3$ 启动并 $KA_1^{+}$、$KA_2^{+}$、$KA_3^{+}$）$\underline{n_2\uparrow，I_2\downarrow}$ $KA_1^{-}$——$KM_1^{+}$（切除电阻 $R_1$）$\underline{n_2\uparrow\uparrow，I_2\downarrow\downarrow}$ $KA_2^{-}$ ——$KM_2^{+}$（切除电阻 $R_2$）$\underline{n_2\uparrow\uparrow，I_2\downarrow\downarrow\downarrow}$ $KA_3^{-}$——$KM_3^{+}$（切除电阻 $R_3$）—— M（正常运行）

式中，$n_2\uparrow$、$n_2\uparrow\uparrow$、$n_2\uparrow\uparrow\uparrow$分别表示转子转速逐渐升高，同理，向下箭头表示逐渐下降。

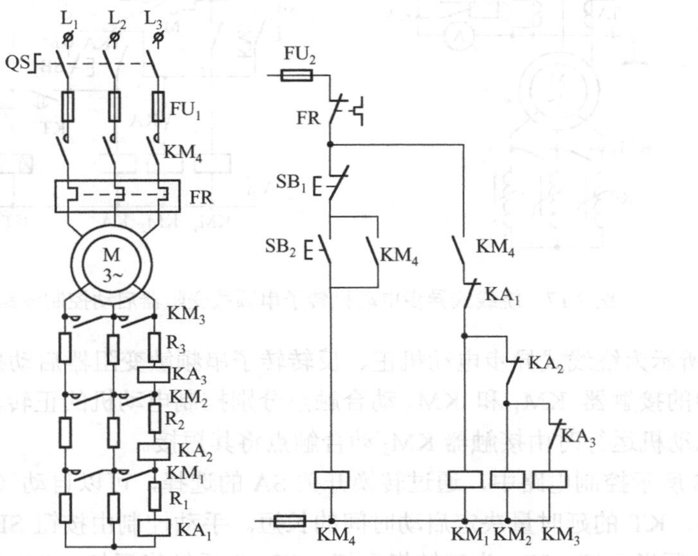


图 7.16　电流继电器控制绕线式异步电动机转子串电阻启动控制线路

## 7.2.2　转子串频敏变阻器启动控制

绕线式异步电动机若串入转子电路内的电阻或阻抗，能随启动过程的进行自动而又平滑地减小，那就不需要逐段切换电阻，启动过程也就能平滑进行。频敏变阻器能够完成上述要求，它是一种启动过程中随转速的升高（转子频率下降）阻抗值自动下降的器件。

绕线式异步电动机转子串频敏变阻器启动控制线路如图 7.17 所示。电动机转子电路接入按星形连接的频敏变阻器，由接触器 $KM_2$ 主触点在启动完毕时将其短接。线路工作原理为：控制电路中有转换开关 SA，可以选择启动方式是自动控制还是手动控制。SA 置于“A”位置，为自动控制启动；SA 置于“M”位置，为手动控制启动。

自动控制：$SB_2^{\pm}$ ——$KM_{1自}^{+}$——$M^{+}$（串频敏变阻器启动）

└—$KT^{+}$—$\overset{\Delta t}{—}$—$KA_{自}^{+}$——$KM_2^{+}$——$M^{+}$（切除频敏变阻器，正常运行）

手动控制：$SB_2^{\pm}$ ——$KM_{1自}^{+}$——$M^{+}$（串频敏变阻器启动）…… $SB_3^{\pm}$——$KA_{自}^{+}$—— $KM_2^{+}$——$M^{+}$（切除频敏变阻器，正常运行）

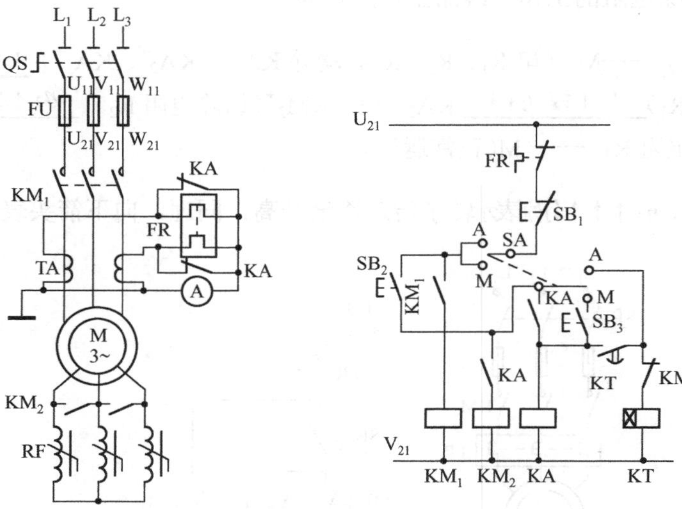


图 7.17　绕线式异步电动机转子串频敏变阻器启动控制线路

图 7.18 所示为绕线式异步电动机正、反转转子串频敏变阻器启动控制线路。在图 7.18 中，主电路中的接触器 $KM_1$ 和 $KM_2$ 动合触点分别控制电动机的正转和反转，启动用的频敏变阻器在电动机运行时由接触器 $KM_3$ 动合触点将其短接。

在图 7.18 所示控制电路中，通过转换开关 SA 的选择，可以自动（A）或手动（M）短接频敏变阻器，KT 的延时量决定启动时间的长短。手动控制由按钮 $SB_4$ 控制。信号指示电路中 $HL_1$ 为电源指示灯，$HL_2$ 为正转指示灯，$HL_3$ 为反转指示灯，$HL_4$ 为正常运转（短接频敏变阻器）指示灯，$HL_1$～$HL_3$ 在电动机启动结束转入正常运转时都熄灭。

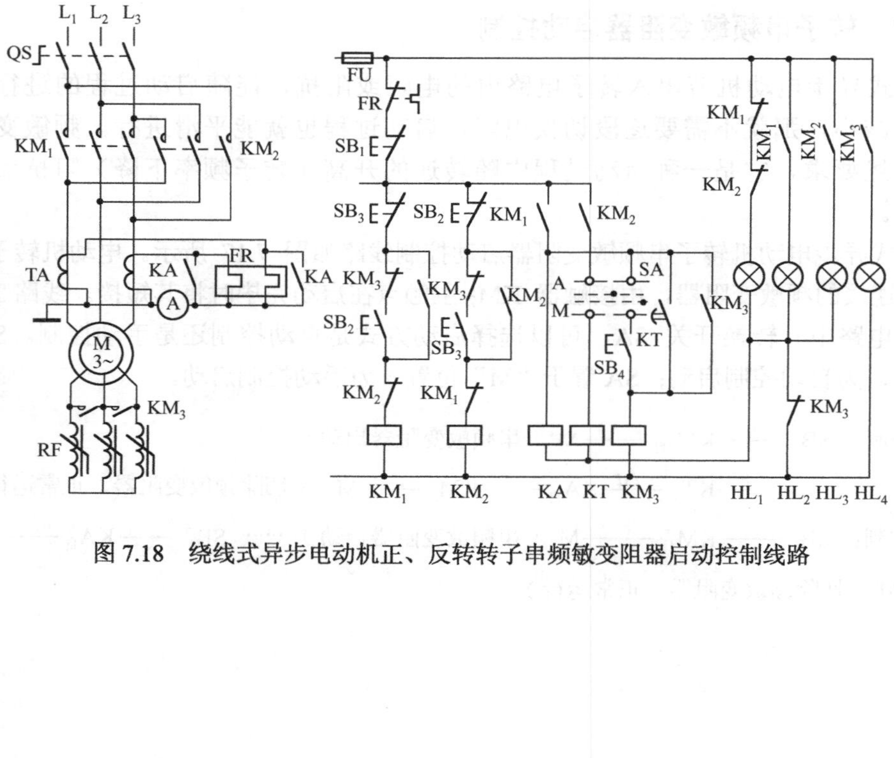


图 7.18　绕线式异步电动机正、反转转子串频敏变阻器启动控制线路

## 7.3 三相笼型交流异步电动机的软启动

电动机软启动器是采用电力电子技术、微处理器技术及现代控制理论设计生产的新型启动设备，它能有效地限制异步电动机启动时的启动电流，广泛应用于风机、水泵、输送类及压缩机等负载，是传统的星形/三角形转换、自耦降压、磁控降压等降压启动设备的理想换代产品。电机软启动器具有体积小、启动电流小、节能，对电动机多功能保护等特点，提高了用户的生产效率，是传统启动器理想的更新换代产品。

电机软启动器的技术特征是：电源无相序要求；软启动提供了平滑的、无级的启动过程，同时降低了启动电流，降低对线路的干扰；设有专门的二次保护回路，具有断相、过载、短路、过热等保护功能；降低电动机的启动电流，减少配电容量，避免增容投资；多种启动模式及宽范围的电流、电压等设定，可适应多种负载情况，改善工艺。

软启动器连接线路示意图如图 7.19 所示。

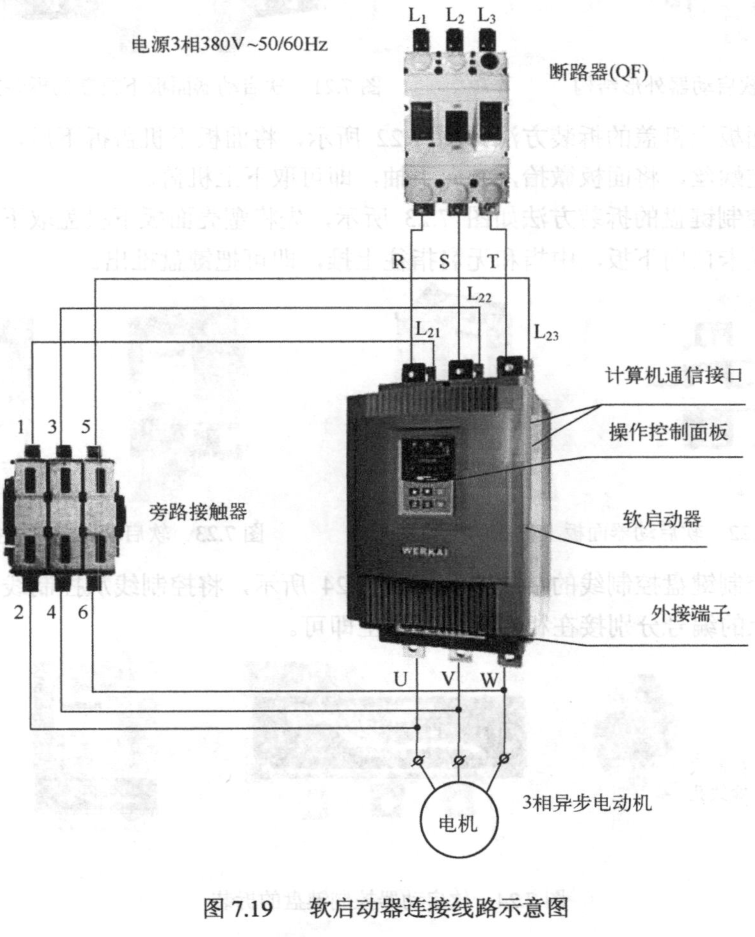


图 7.19　软启动器连接线路示意图

根据负载特点选择不同的启动模式及参数设置，合理选择启动方式可最大程度地使电动机实现最佳的启动效果。由于采用了高性能微处理器及强大的软件支持功能，使控制电路得以简化，无须对电路参数进行调整，即可获得一致、准确及快速的执行速度。软启动器采用键盘，操作便捷，显示直观，可根据不同负载，对启、停、运行、保护等参数进行设置、修改。软启动器对电动机的启动过程有缺相、过载、过流及启动时间超限等保护功能。当软启动器标称功率比实际负载功率大时，可在一定范围内修改软启动器的实际输出电流，使其与实际负载电流匹配，以保证输出功率和实际负载功率相匹配。

### 7.3.1 软启动器及拆装方法

软启动器外形结构如图 7.20 所示。软启动器面板下机盖的拆装方法如图 7.21 所示，用双手拇指按住下机盖下部齿状部位，向里压，同时向上抬，即可卸下。

图 7.20 软启动器外形结构

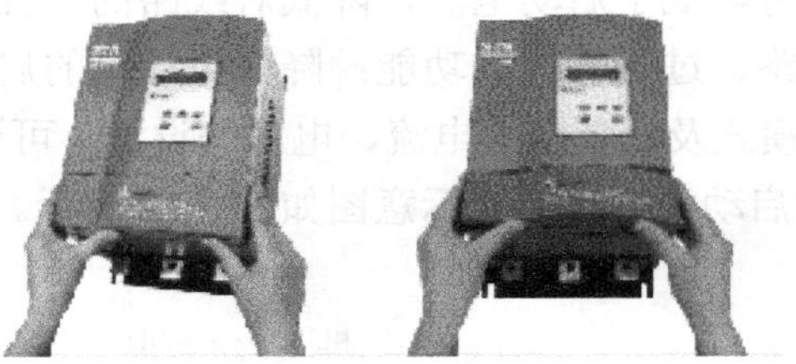

图 7.21 软启动器面板下机盖的拆装方法

软启动器面板上机盖的拆装方法如图 7.22 所示，将面板下机盖拆下后，用螺丝刀拆掉机盖下端的固定螺丝，将面板微抬，并向下抽，即可取下上机盖。

软启动器控制键盘的拆装方法如图 7.23 所示，先将塑壳面板下机盖取下，并用一只手伸进，食指按住卡口向下扳，中指和无名指往上推，即可把键盘推出。

图 7.22 软启动器面板上机盖的拆装

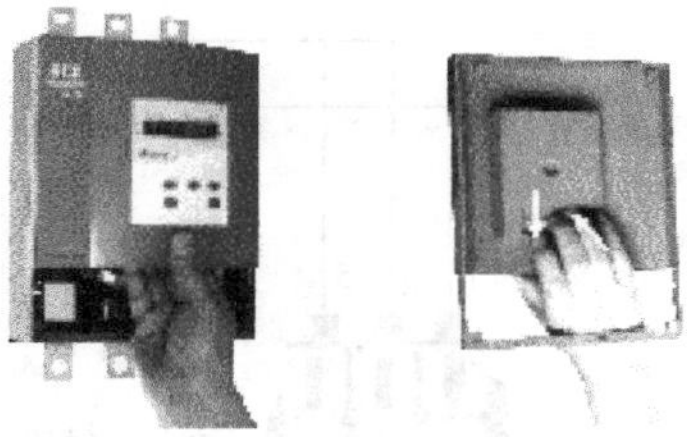

图 7.23 软启动器控制键盘的拆装

软启动器控制键盘控制线的接线方法如图 7.24 所示，将控制线从控制线穿线孔处穿进后，按控制线上的编号分别接在相对应的端子上即可。

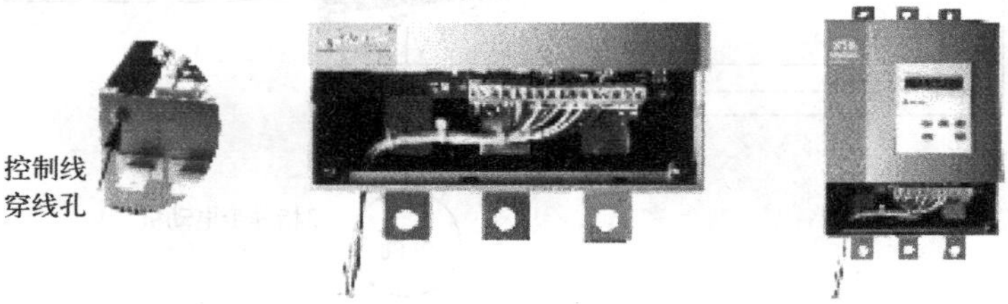


图 7.24 软启动器控制键盘的拆装

### 7.3.2 软启动器的工作原理

电动机软启动器工作原理如图 7.25 所示，采用三对反向并联的晶闸管串接于交流电机的定子回路上，利用晶闸管的开关作用，通过微处理器控制其触发角的变化来改变晶闸管的开通程度，由此来改变电动机输入电压大小，以达到控制电动机的软启动目的。当启动完成后软启动器输出达到额定电压，这时将通过旁路控制输出信号控制三相旁路接触器 KM 吸合，将电动机投入电网运行。

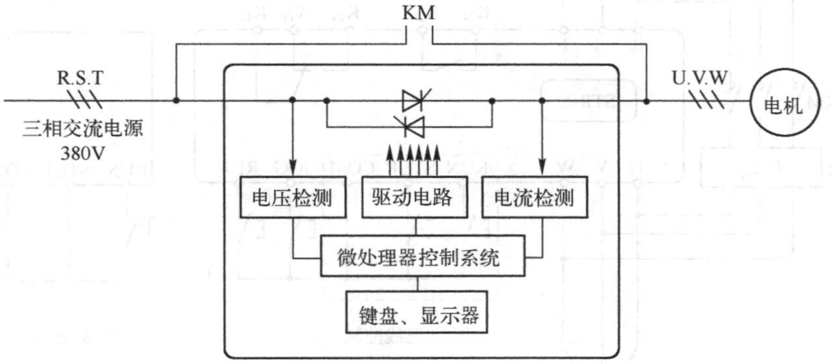


图 7.25　软启动器的工作原理

### 7.3.3　软启动器的基本接线及外接端子

**1．主电路接线**

软启动器主电路共有 6 个接线端子，均为铜排引出形式，即 R、S、T 输入（接进线电源）为上进线方式，U、V、W 输出（接电动机）为下出线方式。旁路接触器跨接在 R、S、T 和 U、V、W 之间。软启动器在启动完成后无在线运行功能，因此使用时必须配接旁路接触器 KM。软启动器在启动完成并旁路接触器投入运行后，仅具备输入电压缺相保护功能，所以在使用时，电机侧必须加装热继电器 FR 或电机保护器来实现对电机的保护。

**2．控制电路接线**

软启动器预留有专门的外控接口，共有 10 个外部接线端子，其排列详见图 7.26 所示，这可为用户实现外部信号控制及远距离控制提供方便。图中，输出端子 5 个：$K_{14}$、$K_{12}$、$K_{11}$、$K_{22}$、$K_{24}$，均为软启动器内部继电器输出（无源端子）。输入端子 5 个：启动端子（RUN）、停止端子（STOP）、点动端子（JOG）、复位端子（RET）和公共端子（COM）。启动器如需远控操作或利用故障输出端子作为报警信号，可直接从外控端子上连接相应的接线；如用户只需采用本机键盘操作，而不需采用外部信号控制电机的运行，则相应的外部端子不用接线。软启动器外部启动、停车控制有两种接线方式，即三线控制接线及两线控制接线，其接线如图 7.27 所示。

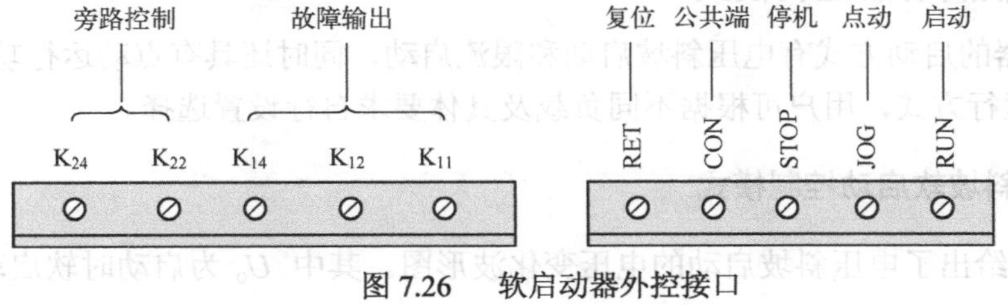


图 7.26　软启动器外控接口

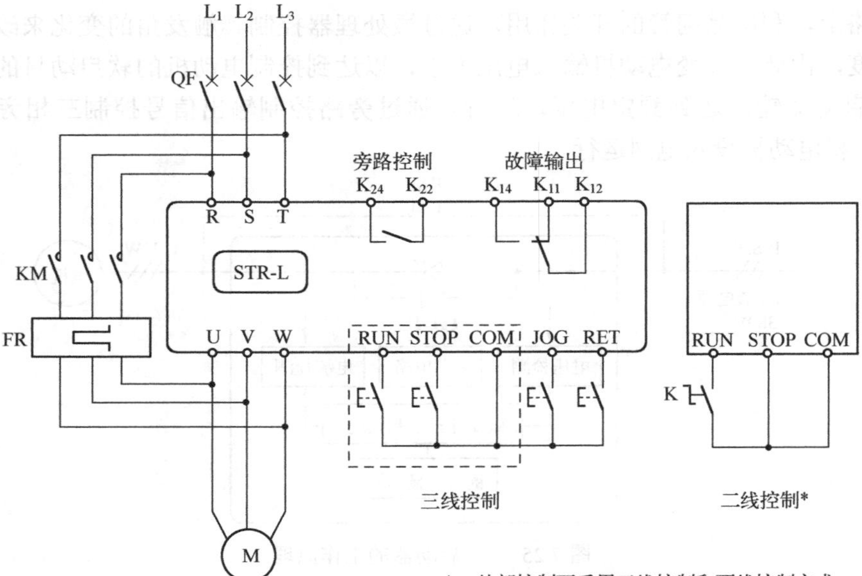


* 外部控制可采用三线控制和两线控制方式，
两线控制时K闭合为启动，K断开为停止。

图 7.27　软启动器控制接线图

软启动器外控端子对照表如表 7-1 所示。

**表 7-1　软启动器外控端子对照表**

| 端子说明 | | | 端子名称 | | 说明 |
|---|---|---|---|---|---|
| 主电路 | | R.S.T | 交流电源输入端子 | | 通过断路器（QF）接三相交流电源 |
| | | U.V.W | 软启动器输出端子 | | 接三相异步电动机 |
| 控制电路 | 数字输入 | RUN | 外部启动电机控制端子 | | RUN 和 COM 短接即可外控启动 |
| | | STOP | 外部停止电机运行控制端子 | | STOP 和 COM 短接即可外控停止 |
| | | JOG | 外部点动电机控制端子 | | JOG 和 COM 短接即可实现点动 |
| | | RET | 外控复位端子 | | RET 和 COM 短接即可实现故障复位 |
| | | COM | 外部控制信号的公用端子 | | 内部电源参考点 |
| | 继电器输出 | $K_{14}$ | 常开 | 故障输出端子 | 故障时：$K_{14}$-$K_{12}$ 闭合<br>$K_{11}$-$K_{12}$ 断开<br>触点容量：AC:5A/250V<br>DC:10A/30V |
| | | $K_{11}$ | 常闭 | | |
| | | $K_{12}$ | 公共 | | |
| | | $K_{24}$ | 常开 | 外接旁路接触器控制端子 | 启动完成后：$K_{24}$-$K_{22}$ 闭合<br>$K_{21}$-$K_{22}$ 断开<br>触点容量：AC:5A/250V<br>DC:10A/30V |
| | | $K_{22}$ | 公共 | | |

## 7.3.4　软启动器控制模式

软启动器的启动方式有电压斜坡启动和限流启动，同时还具有点动运行功能，这三种独立的启动运行方式，用户可根据不同负载及具体要求自行设置选择。

### 1．电压斜坡软启动控制模式

图 7.28 给出了电压斜坡启动的电压变化波形图。其中 $U_o$ 为启动时软启动器输出的初

始电压值。当电机启动时，软启动器的输出电压迅速上升到 $U_0$，然后按所设定的时间 $t$ 逐渐上升，电机随着电压的上升不断加速，当电压达到额定电压 $U_e$ 时，电机达到额定转速，启动过程完成。初始电压 $U_0$ 和启动时间 $t$ 均可根据负载情况进行设定，$U_0$ 的设定范围为电网电压的 0%～100%，$t$ 的设定范围为 1～120 秒。

**2．限流软启动控制模式**

在限流启动模式下，当电机启动时，其输出电压值迅速增加，直到输出电流达到设定的电流限幅值 $I_m$，如图 7.29 所示，并保持输出电流不大于该值，使电动机逐渐加速，当电动机接近额定转速时，输出电流迅速下降至额定电流 $I_e$，完成启动过程。电流限幅值可根据实际负载的情况进行设定，设定范围为电机额定电流 $I_e$ 的 100%～500%（即 1～5 倍）。

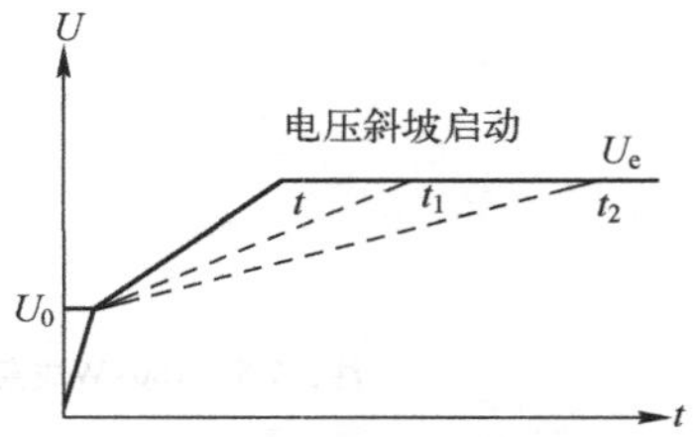

图 7.28　电压斜坡启动的电压变化波形

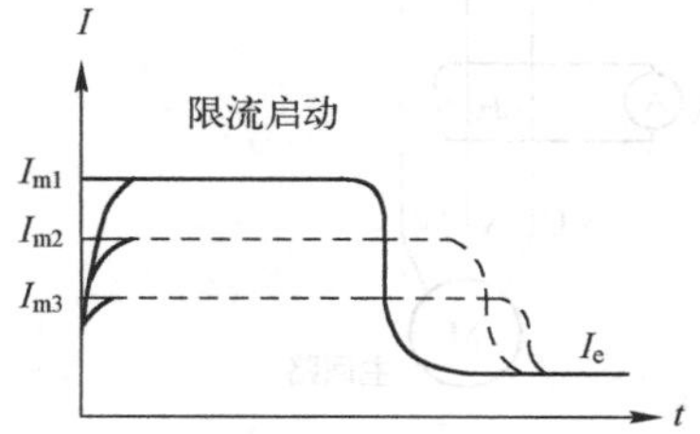

图 7.29　限流软启动控制模式

**3．点动运行控制模式**

在该方式控制下，软启动器的输出电压迅速增加至点动电压 $U_1$ 并保持不变，改变 $U_1$ 的设定值，可改变电动机点动时的输出转矩，如图 7.30 所示，该功能对试车或一些负载的定位非常方便。

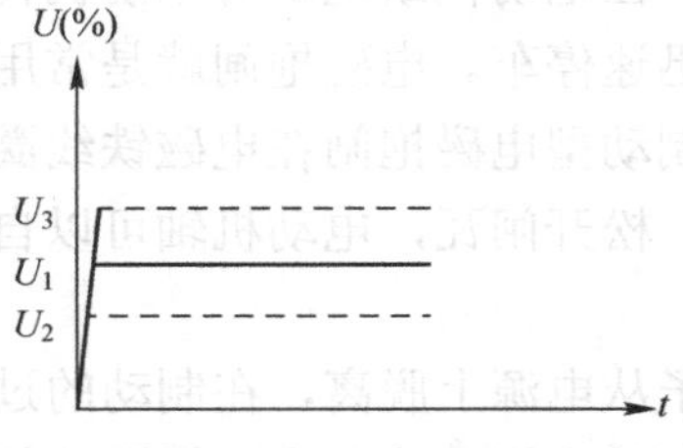

图 7.30　点动运行控制模式输出转矩

### 7.3.5　软启动器应用典型接线图

适用于 160kW 及以下功率软启动控制柜接线图如图 7.31 所示。图中，$SB_1$ 为启动按钮，$SB_2$ 为停止按钮，KM 为旁路接触器，启动完毕后主触点闭合，$HL_1$～$HL_3$ 为信号指示。控制电路中 $K_{22}$、$K_{24}$、$K_{12}$、$K_{14}$ 功能参见表 7.1。

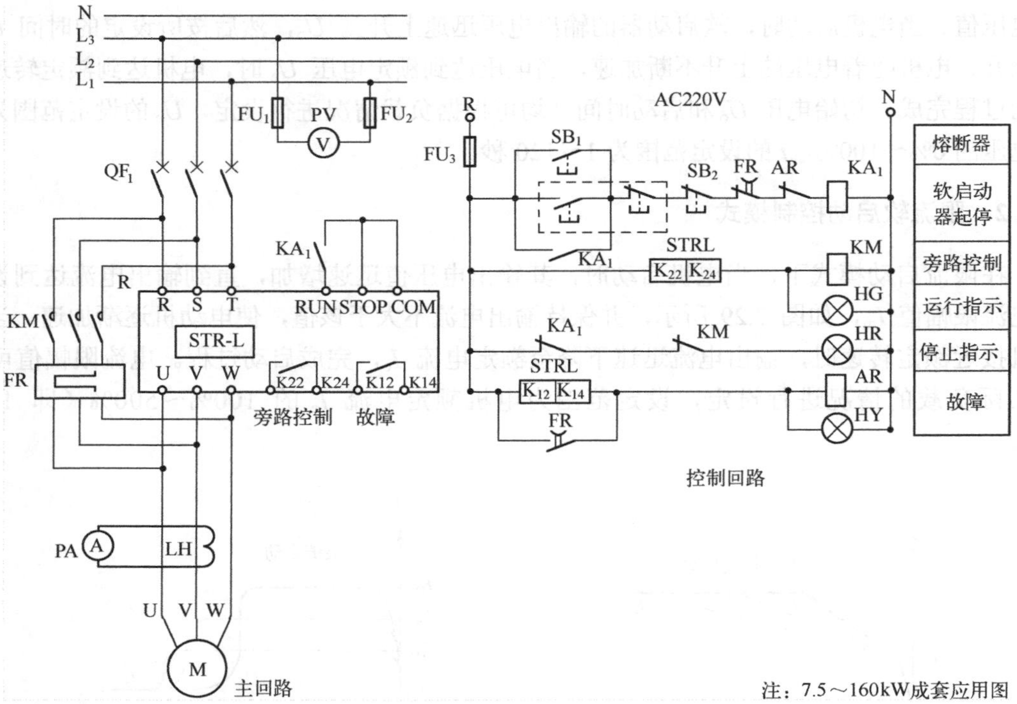


图 7.31　适用于 160kW 及以下功率软启动控制柜接线图

## 7.4　三相笼型交流异步电动机的制动控制

电动机在脱离电源后由于机械惯性的存在，使电动机完全停止需要一段时间，而实际中生产机械往往要求电动机快速、准确地停车，这就需要电动机采用有效措施进行制动。电动机的制动分两大类：机械制动和电气制动。

机械制动是利用机械装置，在电动机断电后对电动机转轴施加相反的作用力，采用机械方法迫使电动机停止转动，迅速停车。电磁抱闸就是常用方法之一，电磁抱闸由制动电磁铁和闸瓦制动器组成。断电制动型电磁抱闸在电磁铁线圈断电时，利用闸瓦对电动机轴进行制动；电磁铁线圈得电时，松开闸瓦，电动机轴可以自由转动。这种制动在起重机械上被广泛采用。

电气制动首先将电动机定子从电源上脱离，在制动的过程中产生一个和电动机实际旋转方向相反的电磁力矩，作为制动力矩，追使电动机迅速停转。常见的电气制动有反接制动、能耗制动等。

### 7.4.1　反接制动控制

反接制动是在电动机的原三相电源被切断后，立即通上与原相序相反的三相交流电源，以形成与原转向相反的电磁力矩，利用这个制动力矩使电动机迅速停止转动。这种制动方式必须在电动机转速接近零时切除电源，否则电动机会反向旋转，造成事故。

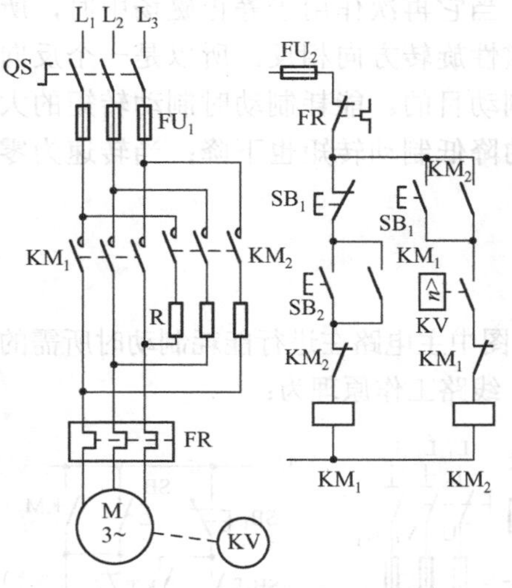


图 7.32 单向运转反接制动控制线路

反接制动时反向的旋转磁场切割转子导体，故转子感应电流很大，定子绕组中电流也很大，这就大大限制了反接制动方法的适用范围。一般来说，反接制动适用于 10kW 以下的小容量电动机，并且在 4.5kW 以上的电动机采用反接制动时，需要在定子回路中串入限流电阻。另外，切除电源稍迟则易产生反向运转，所以常用速度继电器来进行自动控制，及时切断电源。

图 7.32 所示为三相异步电动机单向运转反接制动控制线路。主电路中所串电阻 R 为制动限流电阻，防止反接制动瞬间过大的电流可能会损坏电动机。速度继电器 KV 与电动机同轴，当电动机转速上升到一定数值时，速度继电器的动合触点闭合，为制动做好准备。制动时转速迅速下降，当转速下降到接近零时，速度继电器的动合触点恢复断开，接触器 $KM_2$ 线圈断电，防止电动机反转。线路工作原理为：

启动：$SB_2^{\pm}$ —— $KM_{1自}^{+}$ —— $M^{+}$（正转）$\xrightarrow{n_2\uparrow}$ $KV^{+}$

　　　　　　　　　　　└ $KM_2^{-}$（互锁）

反接制动：$SB_1^{\pm}$ —— $KM_1^{-}$ —— $M^{-}$

　　　　　　　　　　　　└ $KM_2$（互锁解除）

　　　　　└ $KM_2^{+}$ —— $M^{+}$（串R制动）$\xrightarrow{n_2\downarrow}$ $KV^{-}$ —— $KM_2^{-}$ —— $M^{-}$（制动完毕）

　　　　　　　　└ $KM_1^{-}$（互锁）

图 7.33 所示为另一种反接制动控制线路，它使用了一个中间继电器 $KA_1$，这样可以避免图示线路中若 $SB_1$ 没有按到底，就无法实现制动控制，只能自由停车的现象发生。

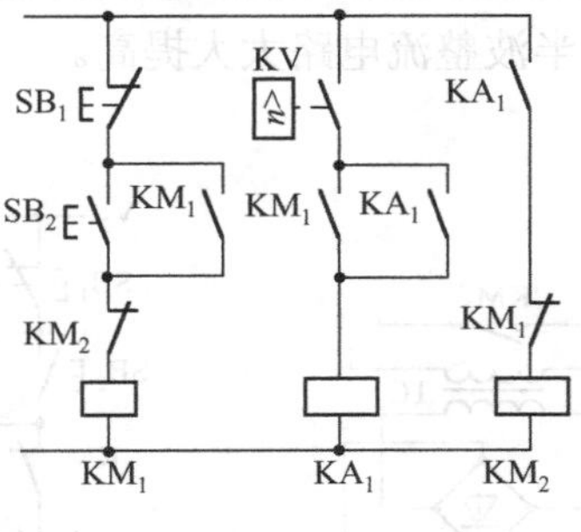


图 7.33 反接制动控制线路

### 7.4.2 能耗制动控制

能耗制动是将运转的电动机从三相交流电源上切除下来，此时电动机处于自由停车状态，然后将一直流电源接入电动机定子绕组中的任意两相，产生一个静止磁场。由于电动机转子因惯性仍然按原方向旋转，所以转子导体切割静止磁场的磁力线而在其内部产生转子感应电流，这样转子绕组就成为载流导体，当它再次作用于静止磁场中时，所产生的作用力在电动机轴上形成的转矩必然与转子惯性旋转方向相反，所以是一个反向的制动转矩，因而能够迫使电动机迅速停车，达到制动目的。能耗制动时制动转矩的大小与转速有关。转速越高，制动转矩越大，随转速的降低制动转矩也下降；当转速为零时，制动转矩消失。

### 1．单相半波整流能耗制动控制线路

单相半波整流能耗制动控制线路如图 7.34 所示，图中主电路在进行能耗制动时所需的直流电源由一个二极管组成的单相半波整流电路构成。线路工作原理为：

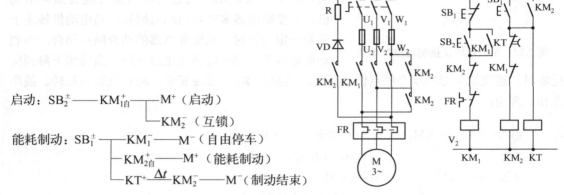

启动：$SB_2^{\pm}$ —— $KM_{1自}^{+}$ —— $M^{+}$（启动）

　　　　　　　　　└ $KM_2^{-}$（互锁）

能耗制动：$SB_1^{\pm}$ ┬ $KM_1^{-}$ —— $M^{-}$（自由停车）

　　　　　　　├ $KM_{2自}^{+}$ —— $M^{+}$（能耗制动）

　　　　　　　└ $KT^{+}$ $\xrightarrow{\Delta t}$ $KM_2^{-}$ —— $M^{-}$（制动结束）

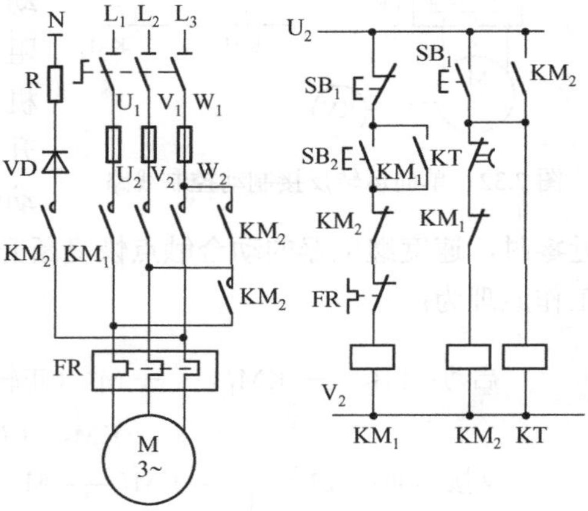


图 7.34　单相半波整流能耗制动控制线路

### 2．单相桥式整流能耗制动控制线路

单相桥式整流能耗制动控制线路如图 7.35 所示。桥式整流能耗制动控制线路与半波整流能耗制动控制线路的不同之处仅在于直流电源的获得方法不同。桥式整流电路采用 4 个二极管构成整流电路，其效率比半波整流电路大大提高。

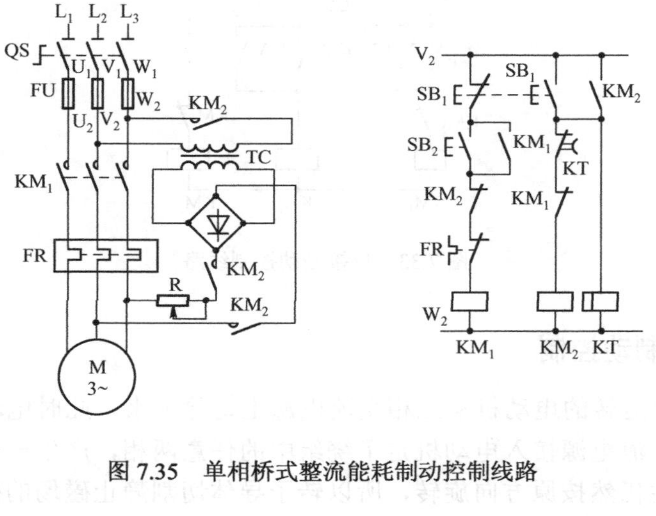


图 7.35　单相桥式整流能耗制动控制线路

## 7.5 三相交流异步电动机的调速控制

三相交流异步电动机的转速为：

$$n = \frac{60f}{p} \quad (1-s)$$

可见，改变频率、极对数或转差率都可达到调速的目的。异步电动机的调速方法主要有以下几种：变极调速，是通过改变定子绕组的磁极对数实现调速；改变转差率调速，分为改变转子电阻调速和串极调速；变频调速，目前使用专用变频器可以实现异步电动机的变频调速控制。

### 7.5.1 变极调速控制

变极调速是通过改变定子空间磁极对数的方式改变同步转速，从而达到调速的目的。在恒定频率情况下，电动机的同步转速与磁极对数成反比，磁极对数增加一倍，同步转速就下降一半，从而引起异步电动机转子转速的下降。显然，这种调速方法只能一级一级地改变转速，而不是平滑地调速。

双速电动机定子绕组的结构是特殊的，如图 7.36（a）所示。改变其接线方法可得出两种接法，图 7.36（b）所示为三角形接法，磁极对数为 2，同步转速为 1 500r/min，和图 7.36（c）相比是一种低速接法。若要求电动机运行在高速状态下（3 000 转/分），则要将定子绕组接成双星形接法，如图 7.36（c）所示。

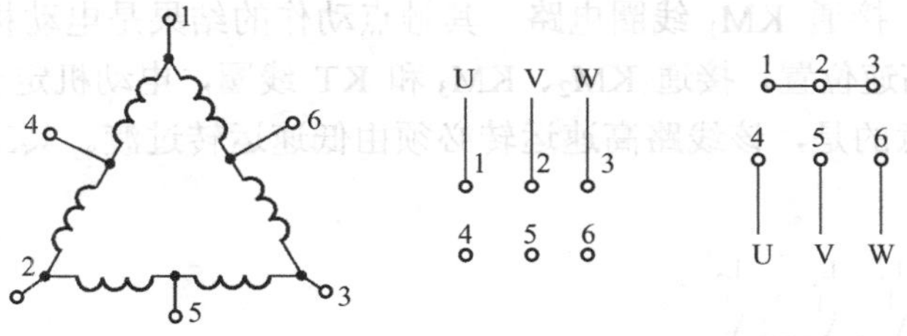


（a）（b）（c）

图 7.36 异步电动机三角形-双星形接线图

#### 1．双速电动机手动控制调速线路

双速三相异步电动机的手动控制调速线路如图 7.37 所示。图中主电路三组主触点的控制作用分别是：$KM_1$ 主触点可以把电动机定子绕组连接成三角形接法，磁极是 4 极，同步转速为 1 500r/min；$KM_2$ 和 $KM_3$ 主触点配合，可以把电动机定子绕组连接成双星形接法，磁极是 2 极，同步转速为 3 000r/min。线路工作原理为：

低速控制：$SB_3^{\pm}$ —— $KM_{1自}^{+}$ —— $M^+$（△形连接、低速）
└ $KM_2^-$，$KM_3^-$（互锁）

高速控制：$SB_2^{\pm}$ —— $KM_1^-$（互锁）—— $M^-$
└ $KM_2$（互锁解除）
—— $KM_{2自}^{+}$ —— $M^+$（双Y形连接、高速）
—— $KM_{3自}^{+}$ └ $KM_1^-$（互锁）

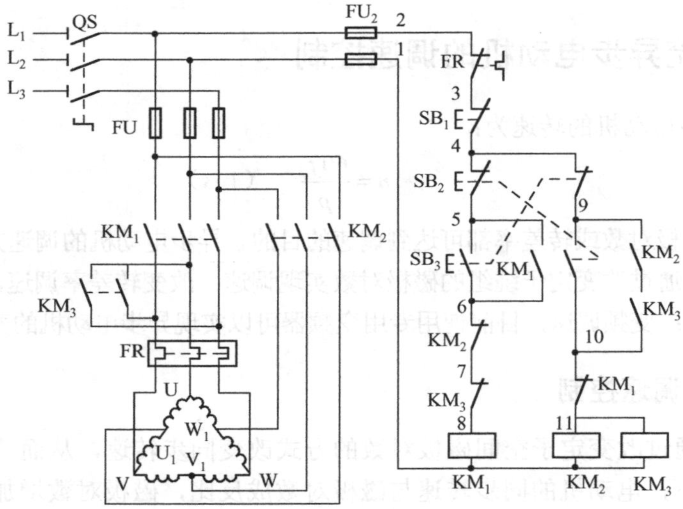


图 7.37　双速三相异步电动机手动控制调速线路

## 2. 双速电动机自动调速控制线路

利用组合开关 SA、选择高速和低速运转的控制线路如图 7.38 所示。SA 有 3 个位置：中间位置，所有接触器和时间继电器都不接通，电动机控制电路不起作用，电动机处于停止状态；低速位置，接通 $KM_1$ 线圈电路，其触点动作的结果是电动机定子绕组接成三角形，以低速运转；高速位置，接通 $KM_2$、$KM_3$ 和 KT 线圈，电动机定子绕组接成双星形，以高速运转。应注意的是，该线路高速运转必须由低速运转过渡。其工作原理读者可自行分析。

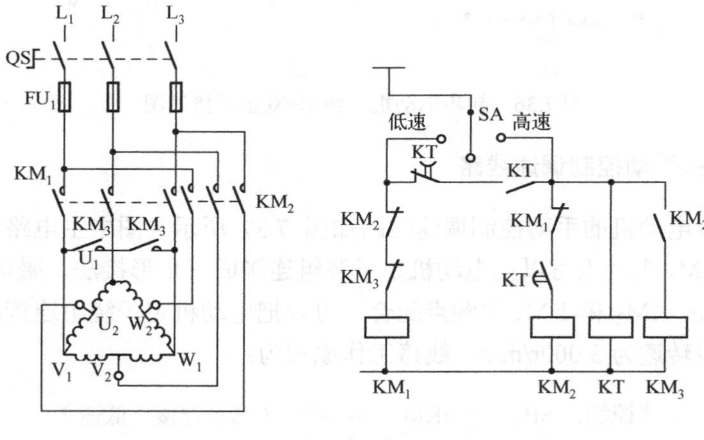


图 7.38　SA 控制双速电动机调速线路

## 3. 三速电动机调速控制线路

三速笼型异步电动机定子绕组的结构与双速笼型异步电动机定子绕组的结构不同，三速笼型异步电动机的定子槽安装有两套绕组，分别是三角形绕组和星形绕组，其结构如

图 7.39（a）所示。低速运行按图 7.39（b）所示接线，定子绕组为三角形接法；中速运行按图 7.39（c）所示接线，定子绕组为星形接法；高速运行按图 7.39（d）所示接线，定子绕组为双星形接法。

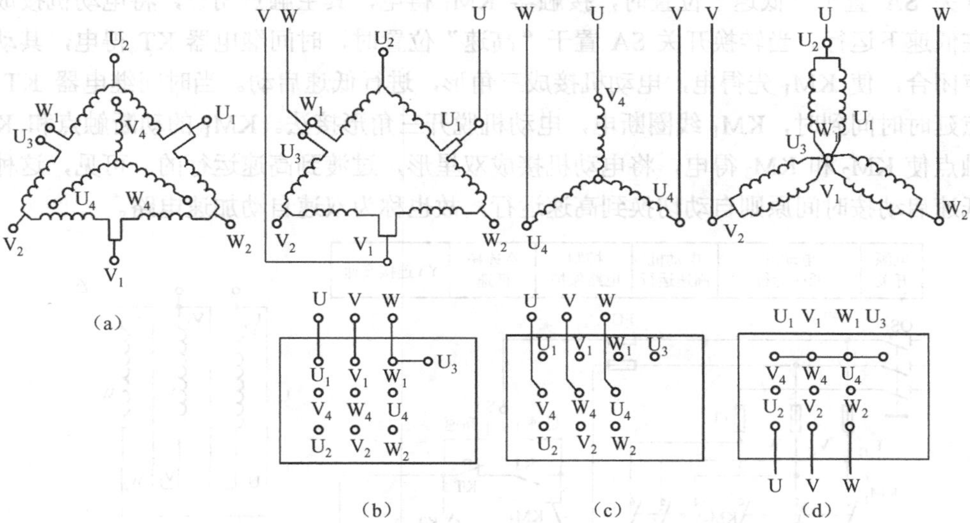


图 7.39　三速笼型异步电动机定子绕组接线图

图 7.40 所示为三速笼型电动机控制线路，图中 $SB_1$、$SB_2$、$SB_3$ 分别为低速、中速、高速按钮，$KM_1$、$KM_2$、$KM_3$ 为低速、中速、高速接触器。线路工作原理为：按下任何一个速度启动控制按钮（$SB_1$、$SB_2$、$SB_3$），对应的接触器线圈得电，其自锁和互锁触点动作，完成对本线圈的自锁和对另外接触器线圈的互锁，主电路对应的主触点闭合，实现对电动机定子绕组对应的接法，使电动机工作在选定的转速下。

显然，这套线路任何一种速度要转换到另一种速度时，必须先按下停止按钮，否则由于互锁的作用按钮将不起作用。

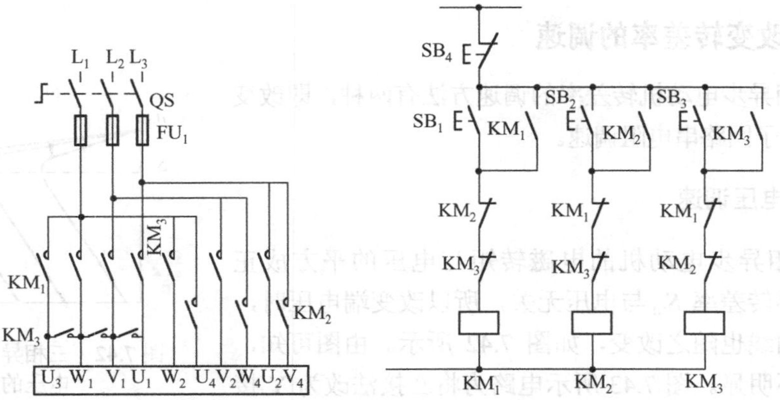


图 7.40　三速笼型电动机控制线路

## 7.5.2　改变极对数的调速

三相异步电动机的变极调速应用广泛，实现变极调速的设备简单，技术成熟、可靠，但其变速的跃变值大，一般采用“倍极比”和“非倍极比”。多速电动机的接线抽头多，接线复杂，电动机参数会发生较大变化，导致效率低，所以电动机一般做成双速或三速。图7.41所示为双速变极调速的异步电动机电路，其低速端接成三角形，高速端接成双星形。当转换开关SA置于“低速”位置时，接触器$KM_1$得电，其主触点闭合，将电动机接成三角形，在低速下运行。当转换开关SA置于“高速”位置时，时间继电器KT得电，其动合瞬时触点闭合，使$KM_1$先得电，电动机接成三角形，进行低速启动。当时间继电器KT的动断触点延时时间到时，$KM_1$线圈断电，电动机脱开三角形接法。$KM_1$的动断触点和KT的动合触点使$KM_2$和$KM_3$得电，将电动机接成双星形，过渡到高速运行的。可见，这种电路是由低速启动按时间原则自动切换到高速运行，故也称为双速自动加速电路。

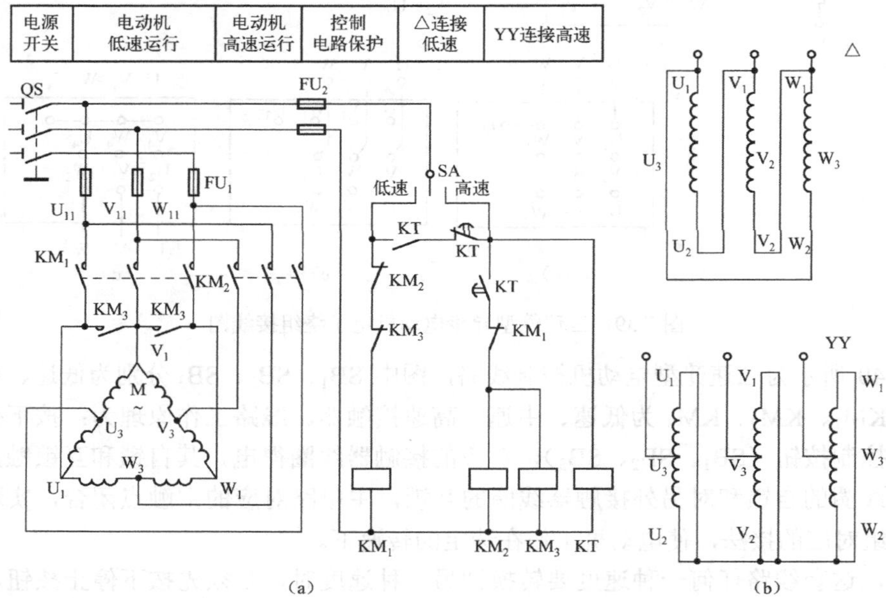


图7.41　双速变极调速的异步电动机电路

## 7.5.3　改变转差率的调速

改变三相异步电动机转差率的调速方法有两种，即改变电压调速和转子回路串电阻调速。

### 1．改变电压调速

由于三相异步电动机的电磁转矩与电压的平方成正比，而其临界转差率$S_m$与电压无关，所以改变端电压时，其机械特性曲线也随之改变，如图7.42所示。由图可知，轻载时调速不明显。图7.43所示电路为将△接法改为Y接法，使绕组电压由380V变为220V，从而进行调压调速。

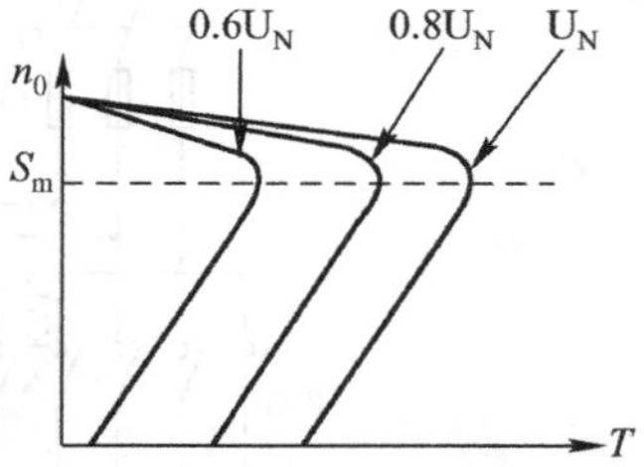


图7.42　三相异步电动机改变电压的机械特性

接成Y为低速运行，接成△为高速运行。将转换开关SA置于“低速”位置，$KM_3$得电，电动机接成Y，绕组电压为220V，运行在低速。当SA置于“高速”位置时，KT得电，其瞬时动合触点闭合，使$KM_1$得电，接成Y启动。当KT的延时时间到时，其动断触点断开，使 $KM_1$ 失电，电动机脱开 Y 接法，$KM_1$ 的动断触点和 KT 的动合触点均闭合，使 $KM_2$ 得电，接成△，绕组电压为 380V，进行加速启动运行。可见，这种电路在空载或轻载时低速运行，起到节能作用；在额定负载时，便可在额定转速下运行。

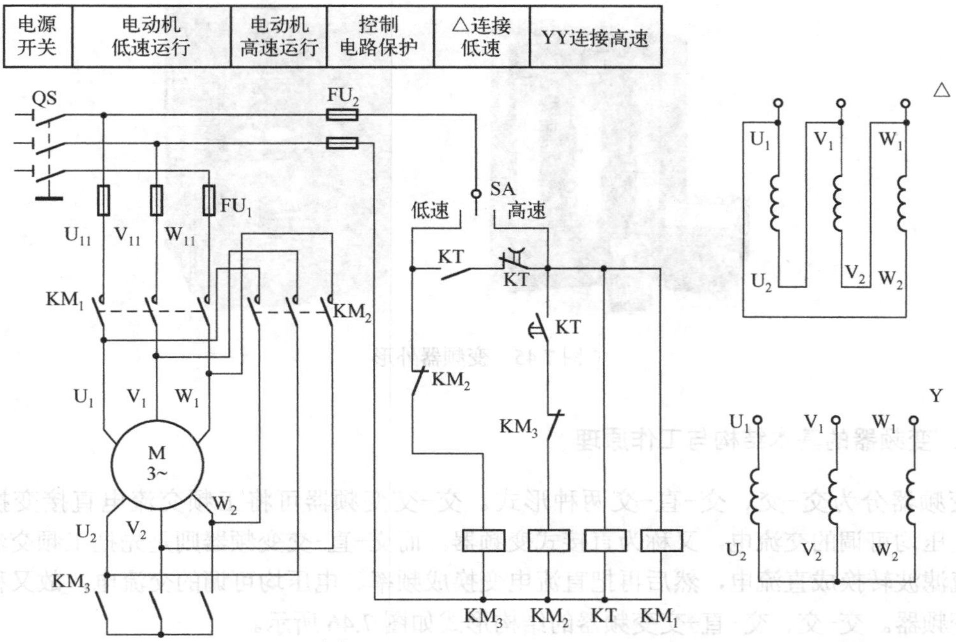


图 7.43　△改为 Y 接法的调速电路

## 2．转子回路串电阻调速

三相异步电动机的临界转差率 $S_m \propto R_2$，转子电阻 $R_2$ 增大时，$S_m$ 也增大，三相异步电动机的机械特性斜率就越大。绕线式三相异步电动机的机械特性随 $R_2$ 变化的曲线如图 7.44 所示，在同样的负载转矩 $T_L$ 下，不同转子回路的电阻有不同的转速。

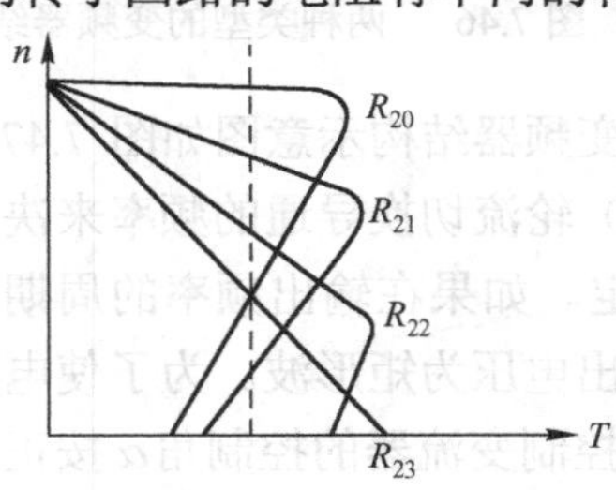


图 7.44　改变转子回路电阻的机械特性

## 7.5.4　变频调速

改变电源电压的频率也可改变三相异步电动机的同步转速（$n_1=60f/p$），从而达到调速的目的，目前采用较多的是半导体变频器。

变频器是利用电力半导体器件的通断作用将工频电源变换为另一频率的电能的控制装置。变频器在改变输出电源频率的同时，也对输出电源的电压进行了线性调节，从而实现对交流电动机无级调速。变频器外形图如图 7.45 所示。

图 7.45　变频器外形

**1．变频器的基本结构与工作原理**

变频器分为交-交、交-直-交两种形式。交-交变频器可将工频交流电直接变换成频率、电压均可调的交流电，又称为直接式变频器。而交-直-交变频器则是先把工频交流电通过整流滤波转换成直流电，然后再把直流电变换成频率、电压均可调的交流电，故又称为间接式变频器。交-交、交-直-交变频器的结构形式如图 7.46 所示。

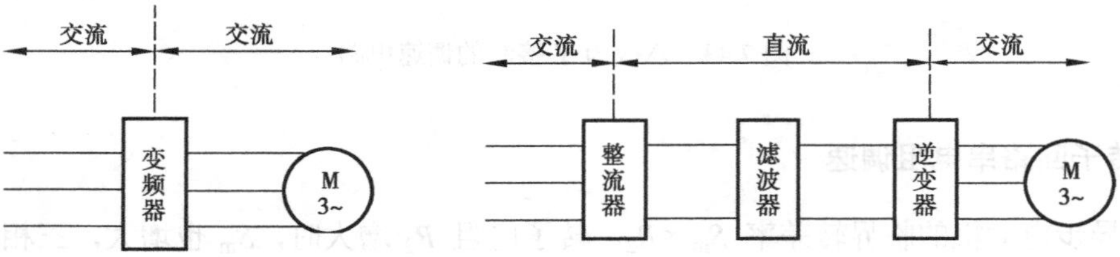


（a）交－交变频器　　（b）交－直－交变频器

图 7.46　两种类型的变频器结构

（1）交-交变频器。交-交变频器结构示意图如图 7.47 所示。交-交变频器的输出频率由两组变流器（正桥组、反桥组）轮流切换导通的频率来决定，由变流器的控制角 $\alpha$ 决定。如果在输出频率的周期中，变流器的 $\alpha$ 角不变，则输出电压为矩形波。为了使电压幅值按正弦规律变化，就要控制变流器的控制角 $\alpha$ 按正弦规律变化。

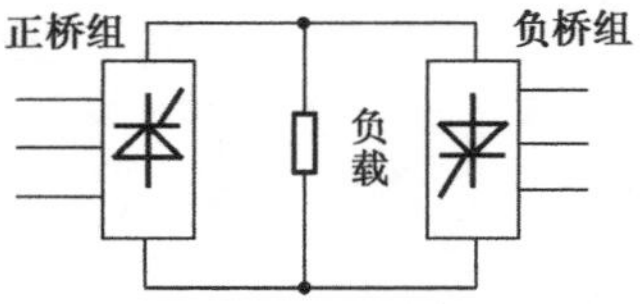


图 7.47　交-交变频器示意图

在输出正半波时，其正桥组变流器的控制角 $\alpha$ 由 90° 逐渐减小到 0°，然后再增加至 90°，而正桥组变流器输出的电压平均值从 0 变到最大，随后减小到 0。

在输出负半波时，其负桥组变流器的控制角 $\alpha$ 由 90°逐渐减小到 0°；然后再增加至 90°，则负桥组变流器输出的电压平均值从 0 变到最大，随后减小到 0。

交-交变频器输出波形如图 7.48 所示，其中图 7.48（a）所示为正桥组整流后输出的正半波波形，图 7.48（b）所示为负桥组整流后输出的负半波波形。

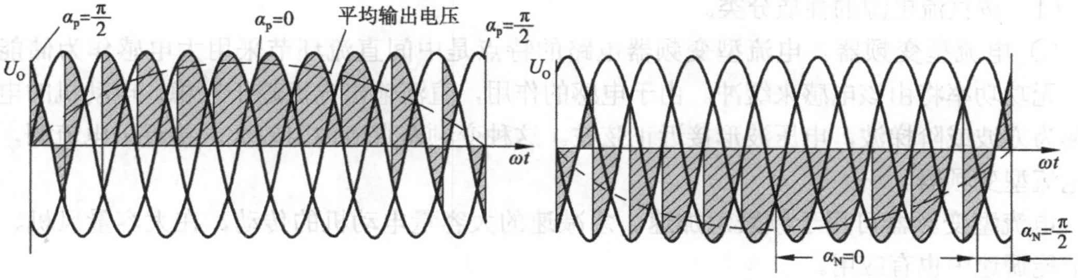


图 7.48 交-交变频器输出电压波形

交-交变频器多用于低速大功率的拖动场合。

（2）交-直-交变频器。交-直-交变频器也称为间接式变频器或通用变频器，交-直-交变频器的基本工作原理就是由整流器将交流电变换为直流电，然后由无源逆变器把直流电变换为频率可调的交流电，如图 7.49 所示。变频器主要由整流器、中间直流环节、逆变器和控制电路组成。整流器的作用是将三相交流电（也可以是单相交流电）整流成直流电。变频器的负载为电动机，属于感性负载，因此，中间直流环节和电动机之间总会有无功功率的交换。这种无功功率的交换要靠中间直流环节的储能元件来缓冲，所以又称中间直流环节为中间直流储能环节，中间直流环节的储能元件主要是电感或电容。逆变器是利用六个半导体开关器件组成的三相桥式逆变电路，有规律地控制逆变器中主开关器件的通与断，可以得到所需频率的三相交流电输出。控制电路由运算电路、检测电路、控制信号输入、输出电路和驱动电路等组成，主要任务是完成对逆变电路的开关控制、对整流器的电压控制以及完成各种保护功能等。

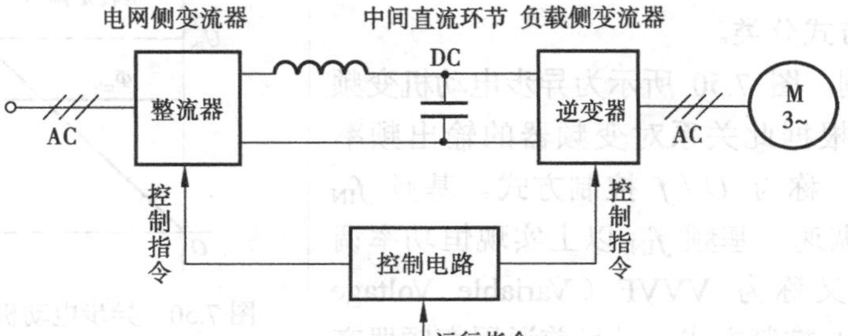


图 7.49 交-直-交变频器原理框图

交-直-交变频器按其与负载的无功功率交换所采用储能元件的不同，可分为电流型变频器（采用大电感作为直流中间环节）和电压型变频器（采用大电容作为直流中间环节）；按其输出电压调节方式的不同，可分为脉冲幅值调节方式 PAM 和脉冲宽度调节方式 PWM；按其脉冲宽度调制的载波方式不同，又可分为正弦波的 PWM 方式和高频载波的 PWM 方式；按其控制方式的不同，可分为 $U/f$ 控制型、转差频率控制型和相量控制型。

## 2．变频器的分类

（1）按直流电源的性质分类。

① 电流型变频器。电流型变频器电路的特点是中间直流环节采用大电感作为储能环节，无功功率将由该电感来缓冲。由于电感的作用，直流输出电流趋于平稳，电动机的电流波形为方波或阶梯波，电压波形接近正弦波。这种变频器直流内阻较大，接近于电流源，称为电流型变频器。

电流型变频器可用于频繁急加速、急减速的大容量电动机的传动，在大容量风机、泵类节能调速中也有应用。

② 电压型变频器。电压型变频器电路的特点是中间直流环节的储能元件采用大电容作为储能环节，负载的无功功率将用它来缓冲。由于大电容的作用，主电路直流电压比较平稳，电动机端的电压为方波或阶梯波。变频器的直流电源内阻较小，相当于电压源，故称为电压型变频器。

由于变频器是一个交流电压源，在不超过容量限度的情况下，一台变频器可以驱动多台电动机并联运行；其缺点是电动机处于再生发电状态，回馈到直流侧的无功能量难以回馈给交流电网。

（2）按输出电压调节方式分类。变频调速时，需要同时调节逆变器的输出电压和频率，以保证电动机主磁通恒定不变。对输出电压的调节主要有两种方式。

① PAM 方式：又称脉冲幅值调节方式，是通过改变直流电压的幅值进行调压的方式。

② PWM 方式：又称脉冲宽度调节方式。变频器的输出频率和输出电压的调节均由逆变器按 PWM 方式来完成。

利用脉冲宽度的改变来得到幅值不同的正弦基波电压，这种参考信号为正弦波，输出电压平均值近似为正弦波的 PWM 方式，又称为正弦 PWM 调制，简称 SPWM 方式。

（3）按控制方式分类。

① $U/f$ 控制。图 7.50 所示为异步电动机变频调速控制特性，根据此关系对变频器的输出频率和电压进行控制，称为 $U/f$ 控制方式。基频 $f_{1N}$ 以下实现恒转矩调速，基频 $f_{1N}$ 以上实现恒功率调速。$U/f$ 方式又称为 VVVF（Variable Voltage Variable Freqency）控制方式，是目前通用变频器产品中使用较多的一种控制方式。

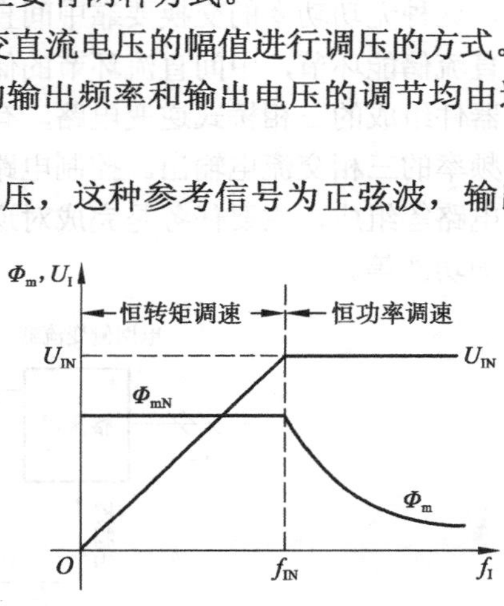

图 7.50　异步电动机变频调速控制特性

② 转差频率控制。$U/f$ 控制的静态调速精度显然较差，为提高调速精度，采用转差率控制方式。转差率控制方式的调速精度有很大提高，但要针对具体电动机的机械特性调整控制参数，因而这种控制方式的通用性较差。

③ 矢量控制。$U/f$ 控制方式和转差率控制方式的控制思想是建立在异步电动机静态数学模型上，因此动态指标不高，利用矢量控制主要是为了提高变频器调速的动态性能，主要用于轧钢、造纸设备等对动态性能要求较高的应用场合。

变频器的控制电路目前都采用微机控制。控制电路一般由输入信号接口电路、CPU、存储器、输出接口电路以及人机界面电路等组成，可完成的功能有：人机对话；接收从外部控制电路输入的各种信号（如正转、反转、紧急停车等）；接收内部的采样信号（如主电路中电压或电流采样信号、各部分温度信号、各逆变管工作状态的采样信号等）；完成 SPWM 调制，将接收的各种信号进行判断和综合运算，进而产生相应的 SPWM 调制指令，并分配给各逆变管的驱动电路；显示各种信号或信息；发出保护指令，进行保护动作；向外电路提供控制信号及显示信号。

**3．变频器的安装与接线**

（1）变频器的安装。变频器对安装环境的要求。环境温度一般要求为-10℃～+40℃，若散热条件好（如拿去外壳），则上限温度可提高到+50℃。相对湿度不超过 90%（无结露现象）。

变频器的散热。为了不使变频器内部的温度升高，必须将变频器所产生的热量充分地散发出去，通常采用的方法是通过冷却风扇把热量带走。大体上说，每带走 1kW 热量所需要的风量约为 0.1m/s，因此在安装变频器时，首要的问题便是如何保证散热的路径畅通，不易被阻塞。

安装变频器的方法和要求如下。

① 墙挂式安装：由于变频器本身具有较好的外壳，故一般情况下允许直接靠墙安装，称为墙挂式。

为了保持良好的通风，变频器与周围阻挡物之间的距离应符合如下要求：

两侧：≥100 mm。

上、下方：≥150 mm。

为了改善冷却效果，所有变频器都应垂直安装。此外，为了防止异物掉进变频器的出风口而阻塞风道，最好在变频器出风口的上方加装保护网罩。

② 柜式安装：当周围的尘埃较多时或与变频器配用的其他控制电器较多而需要和变频器安装在一起时，采用柜式安装。柜式安装时的注意事项如下：

a. 当比较洁净、尘埃很少时，尽量采用柜外冷却方式。

b. 如采用柜内冷却时，应在柜顶加装抽风式冷却风扇。冷却风扇的位置应尽量在变频器的正上方。

c. 当一台控制柜内装有两台或两台以上变频器时，应尽量并排安装（横向排列）。如必须采用纵向方式排列时，则应在两台变频器间加一块隔板，以避免下面变频器出来的热风进入到上面的变频器内。

（2）变频器的接线。

① 主电路的接线。主电路的基本接线如图 7.51 所示，图中 QF 是低压断路器，KM 是接触器，R、S、T 是变频器的输入端，接电源进线，U、V、W 是变频器的输出端，与电动机相接。

要注意：变频器的输入端和输出端是绝对不允许接错的。万一将电源进线错误地接到了 U、V、W 端，则不管哪个逆变管导通，都将引起两相间的短路而将逆变管迅速烧坏。

② 控制电路的接线。

a. 模拟量控制线：指输入侧的给定信号线和反馈信号线，输出侧的频率信号线和电流信号线。

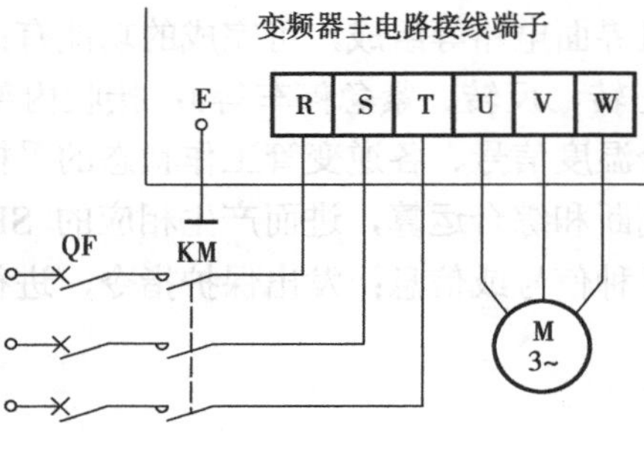


图 7.51　变频器主电路的基本接线图

模拟量信号的抗干扰能力较低，因此必须使用屏蔽线，屏蔽层的一端靠近变频器的一侧应接控制电路的公共端（COM），但不要接到变频器的地端（E）或大地，屏蔽层的另一端应该悬空。

布线时还应该注意：尽量远离主电路 100 mm 以上；尽量不与主电路交叉，必须交叉时，应采取垂直交叉的方式。

b. 开关量控制线：开关量的抗干扰能力较强，故在距离不很远时，允许不使用屏蔽线，但同一信号的两根线必须互相绞在一起。

③ 变频器的接地。所有的变频器都专门有一个接地端子“E”，用户应将此端子与大地相接。

当变频器和其他设备或有多台变频器一起接地时，每台设备都必须分别和地线相接，不允许将一台设备的接地端和另一台设备的接地端相接后再接地，如图 7.52 所示。

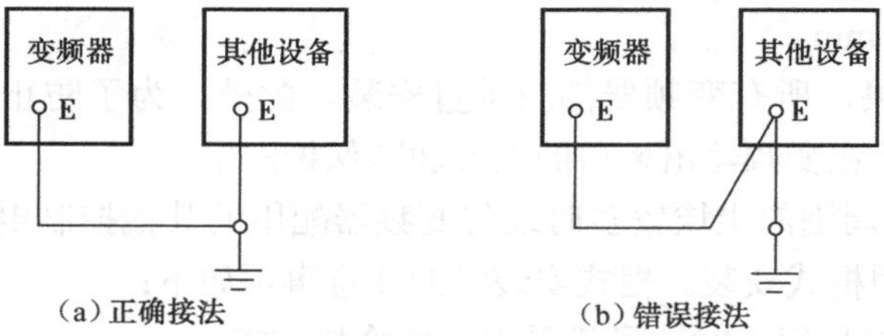


图 7.52　变频器和其他设备的接地

**4. 无正、反转功能的变频器实现正、反转功能的电路**

图 7.53 是一个没有正、反转功能的变频器实现正、反转功能的电路图，它是将变频器输出的三相电压采用接触器方式，改变相序，达到改变转向的目的。按下正转按钮 $SB_2$，使中间继电器 $KA_1$ 有电，将模拟输入量端短接，同时使 KT 得电。KT 的瞬时闭合动合触点闭合，与 $KA_1$ 共同作用，使 $KM_1$ 有电，其主触点闭合，电动机正转。改变输入给定电位器 *RP* 就可改变变频器的输出频率，进行正转调速。当要进行反转调速时，若是静止状态，则按下反转按钮 $SB_3$，其动作过程与正转一样，只是把 $KA_1$ 改为 $KA_2$、$KM_1$ 改为 $KM_2$。若电动机处于正转状态，应先按下停止按钮 $SB_1$，使 $KA_1$ 断电，$KA_1$ 的动合触点断开，使 KT 失电。KT 断电延时，其动合触点延时断开，这时 $KM_1$ 仍然有电，接通电动机。而 $KA_1$ 也断开，其模拟量输入端断开，变频器进入能量回馈制动阶段。当转速下降时，KT 的延时时间

到，其动合触点断开，使 $KM_1$ 断电，电动机脱离变频器，而 KT 的动断触点闭合。按下反转按钮 $SB_3$，使 $KA_2$ 得电，接通模拟量输入端，同时使 KT 有电，瞬时闭合其动合触点，使 $KM_2$ 得电，电动机接成反序，进行反转调速。

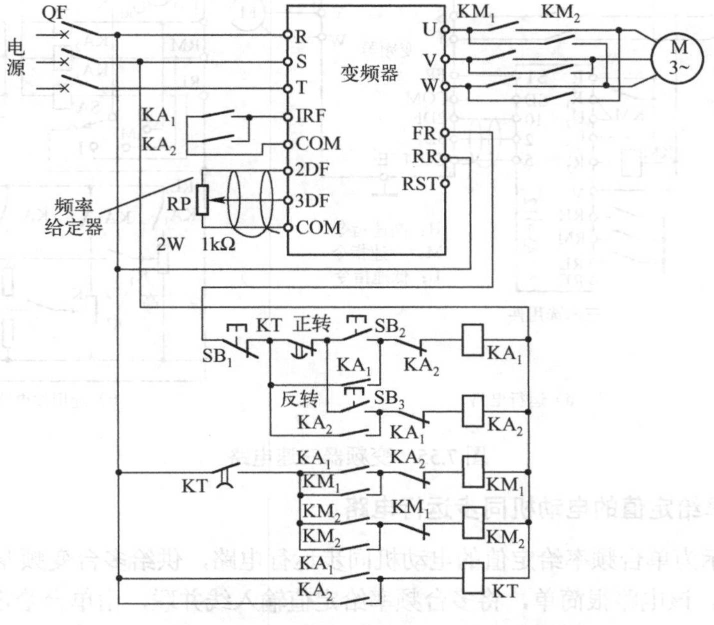


图 7.53　无正、反转功能的变频器实现正、反转功能的电路

### 5．具有点动控制的变频器电路

图 7.54 为具有点动控制的变频器电路。按要求调好点动控制要求的转速（即给定值）后，按下点动按钮 $SB_3$，就可进行点动控制。松开 $SB_3$，电动机即停转。

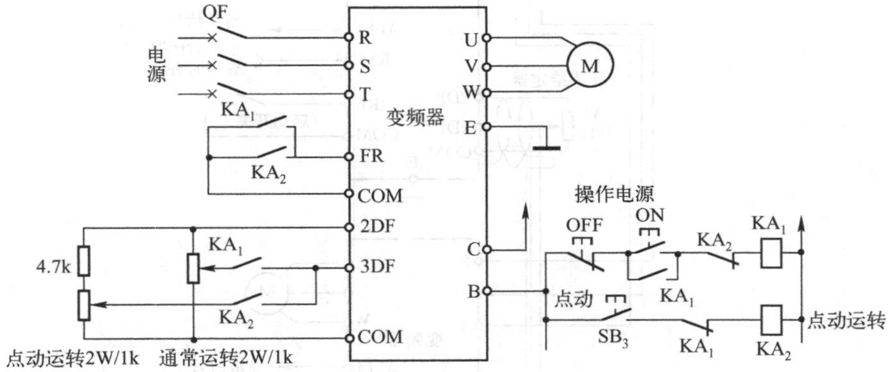


图 7.54　变频器点动控制电路

### 6．变频器三速控制电路

图 7.55 为变频器三速控制电路。按下 $SB_1$，使 KM 得电，接通变频器电源。KM 接通 $R_1$ 进行自保，启动开关 SQ 合上，然后按拖动负载转动要求，扳动 SA 转换开关到所需的高、中、低挡，通过中间继电器 $KA_1$、$KA_2$、$KA_3$ 给一个给定值，使电动机在对应的转速下运行。

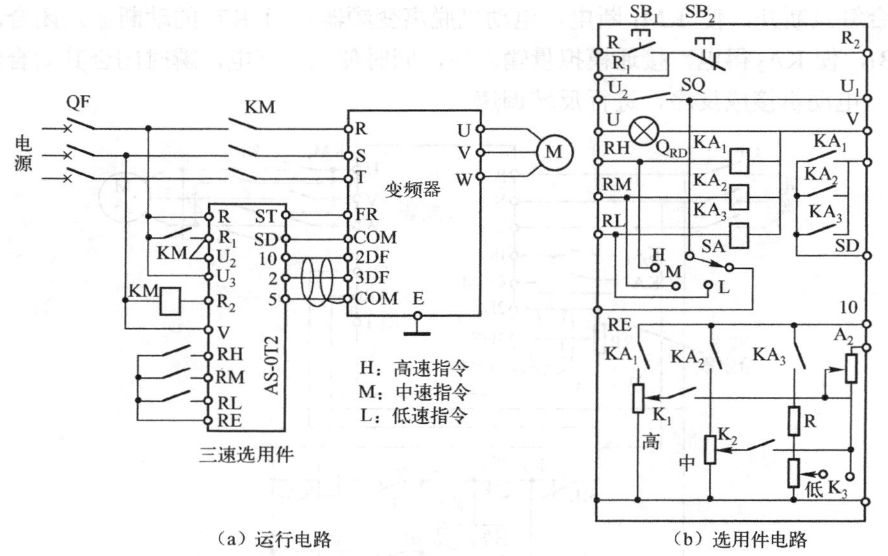


（a）运行电路　　　　　　　　　　　　（b）选用件电路

图 7.55　变频器三速电路

## 7. 单台频率给定值的电动机同步运行电路

图 7.56 所示为单台频率给定值的电动机同步运行电路，供给多台变频器的给定值，以实现开环同步运行。该电路很简单，将多台频率给定值输入线并联，由单台给定电位器供给。

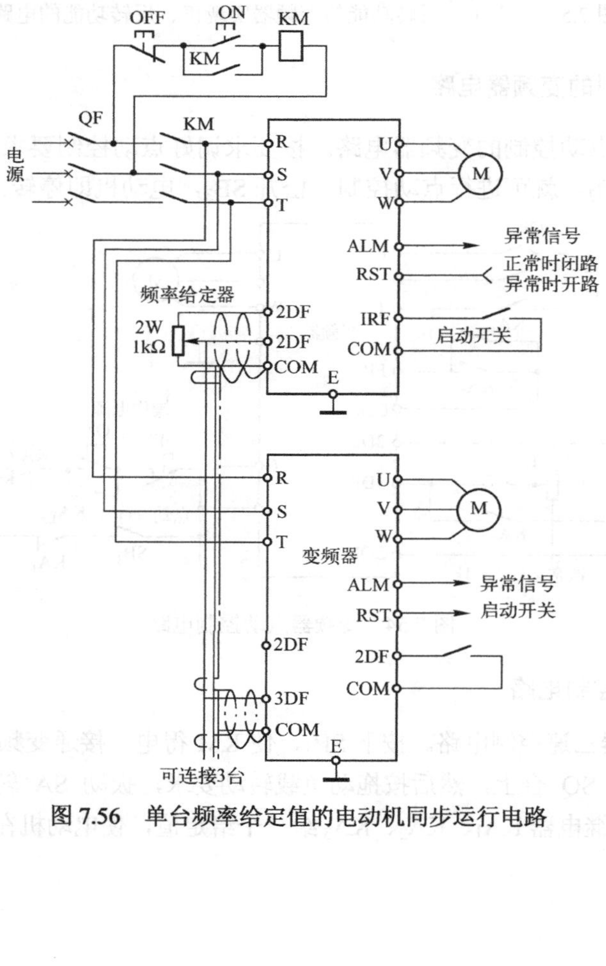


图 7.56　单台频率给定值的电动机同步运行电路

# 习　题　7

**一、填空题**

7.1　定子绕组串电阻降压启动是指在电动机启动时，把电阻串接在电动机________与________之间，通过电阻的分压作用，来降低定子绕组上的________，待电动机启动后，再将电阻________，使电动机在________下正常工作。

7.2　三相笼型异步电动机串接电阻降压启动控制线路的启动电阻串接于________中，而绕线式异步电动机串接电阻降压启动控制线路的启动电阻串接于________中。

7.3　三相笼型异步电动机常用的降压启动方法有________、________、________和________。

7.4　Y-Δ降压启动是指电动机启动时，将定子绕组接成________，以降低启动电压，限制启动电流，待电动机启动后，再将定子绕组改接成________，使电动机全压运行。这种启动方法适用于在正常运行时定子绕组做________连接的电动机。

**二、判断题（正确的打√，错误的打×）**

7.5　降压启动的目的就是为了减小启动电压。（　　）

7.6　降压启动导致电动机的启动转矩大为降低，所以降压启动需要在空载或轻载下启动。（　　）

7.7　延边Δ降压启动时，电动机每相定子绕组承受的电压等于Δ连接时的相电压。（　　）

7.8　Y-Δ降压启动只适用于正常工作时定子绕组做△连接的电动机。（　　）

7.9　自耦变压器降压启动是指电动机启动时利用自耦变压器来降低加在电动机定子绕组上的工作电压。（　　）

7.10　反接制动是依靠改变电动机定子绕组的电源相序来产生制动力矩的。（　　）

7.11　在接触器正、反转控制线路中，若正转接触器和反转接触器同时通电会发生两相电源短路事故。（　　）

7.12　反接制动就是改变输入电动机的电源相序，使电动机反向旋转。（　　）

7.13　点动控制就是点一下按钮就可以启动并连续运转的控制方式。（　　）

**三、选择题**

7.14　自耦减压启动器是利用（　　）来进行降压的启动装置。

A．定子绕组串电阻　　B．延边△降压启动

C．自耦变压器　　D．Y-△降压启动

7.15　降压启动的目的是（　　）。

A．减小启动电流　　B．减小启动电压　　C．增大启动电流　　D．增大启动电压

7.16　定子绕组串接电阻降压启动是指在电动机启动时，把电阻串接在电动机定子绕组与电源之间，通过电阻分压作用降低定子绕组上的（　　）。

A．启动电流　　B．启动电压　　C．工作电流　　D．工作电压

7.17　手动控制自耦减压启动器降压启动线路中，保护装置有（　　）两种保护。

A．短路、过载　　B．短路、欠压　　C．欠压、过载　　D．欠压、过电流

7.18　自耦变压器降压启动的优点是（　　）可以调节。

A．启动电压和启动电流　　B．启动电压和启动转矩

C．启动电流和功率　　D．启动转矩和启动电流

7.19 Y-Δ 降压启动适用于电动机正常运行时，定子绕组做（　　）连接的电路。

A. Y 或Δ　　B. Y　　C. Y 和Δ　　D. Δ

7.20 Y-Δ 降压启动方法只适用于（　　）下启动。

A. 满载　　B. 过载　　C. 轻载或空载　　D. 任意条件

7.21 按钮、接触器控制 Y-Δ 降压启动线路中使用了（　　）个接触器。

A. 2　　B. 3　　C. 4　　D. 5

7.22 （　　）属于机械制动。

A. 电磁抱闸制动器　　B. 反接制动　　C. 能耗制动　　D. 电容制动

7.23 反接制动是依靠改变电动机定子绕组的（　　）来产生制动力矩。

A. 串接电阻　　B. 电源相序　　C. 串接电容　　D. 电流大小

7.24 反接制动常利用（　　）在制动结束时自动切断电源。

A. 时间继电器　　B. 速度继电器　　C. 压力继电器　　D. 中间继电器

7.25 能耗制动是当电动机断电后，立即在定子绕组的任意两相中通入（　　）迫使电动机迅速停转的方法。

A. 直流电　　B. 交流电　　C. 直流电和交流电　　D. 直流脉冲

# 第 8 章　常用机床的电气控制

车床的应用极为普遍，在机床总数中占比重最大，是一种用途广泛的金属切削机床。车床主要用于加工各种回转表面（内、外圆柱面，圆锥面，成型回转面等）和回转体的端面。

车床加工所使用的刀具主要是各种车刀。此外，多数车床还可以采用钻头、扩孔钻、绞刀、丝锥、板牙等孔加工刀具和螺纹刀具进行加工。

## 8.1　普通车床的主要结构与运动形式

普通车床的结构示意图如图 8.1 所示，主要由床身、主轴箱、进给箱、溜板箱、刀架和尾座等部件组成。主轴箱固定安装在床身的左端，其内装有主轴和变速传动机构。工件通过卡盘等夹具装夹在主轴的前端，由电动机经变速机构传动旋转，实现主运动并获得所需转速。在床身的右边装有尾座，尾座上装有后顶尖以支撑长工件的另一端，也可安装钻头等孔加工刀具以进行钻、扩、铰孔等加工。尾座可沿床身顶面的一组导轨（尾架导轨）做纵向调整移动，然后夹紧在需要的位置上，以适应加工不同长度工件的需要。尾座还可相对其底座在横向调整位置，以便车削锥度较小而长度较大的外圆锥面。刀架装在床身顶面的另外一组导轨（刀架导轨）上，它由几层溜板和方刀架组成，可带着夹持在其上的车刀移动，实现纵向、横向和斜向进给运动。刀架的纵、横向进给运动既可以机动，也可以手动，而斜向进给运动通常只能手动。机动进给时，动力由主轴箱经挂轮架、进给箱、光杠或丝杠、溜板箱传来，并由溜板箱控制进给运动的接通、断开和转换。

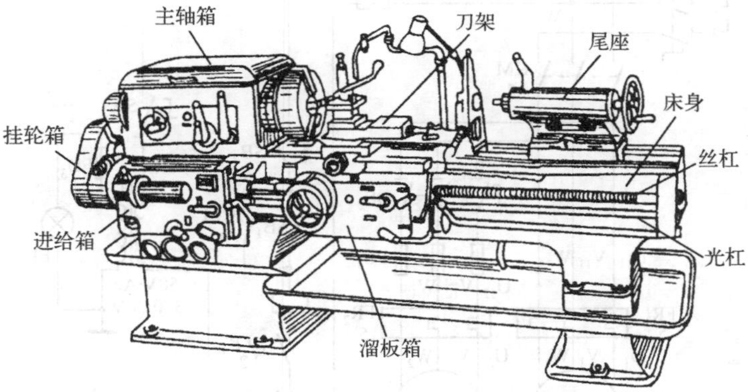


图 8.1　普通车床结构示意图

车床的主运动和进给运动示意图如图 8.2 所示。加工时通常由工件旋转形成主运动，刀具沿平行或垂直于工件旋转轴线移动，完成进给运动。与工件旋转轴线平行的进给运动称为纵向进给运动，垂直的称为横向进给运动。机床除主运动和进给运动之外的其他运动称为辅助运动，如刀架的快速移动、工件的夹紧和放松等。

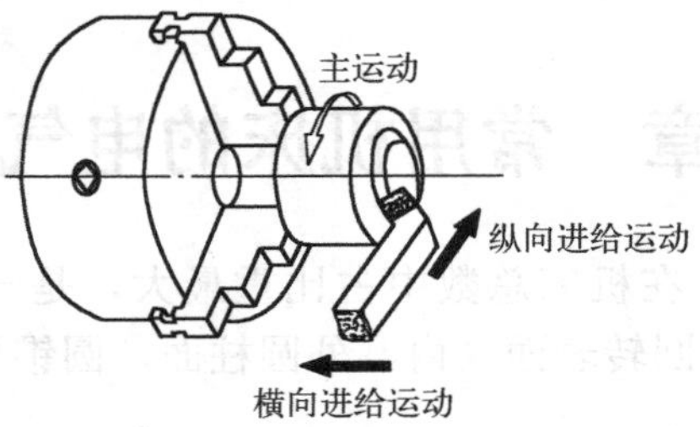


图 8.2　车床的主运动和进给运动示意图

车削加工一般不要求反转，只在加工螺纹时，为避免乱扣，要求反转退刀，再纵向进刀加工，这就要求主轴能够正、反转。刀架的纵向和横向进给运动都是直线运动，有手动和机动两种方式可供选用。

## 8.2　C620 车床的电气控制

C620 车床属于中小型车床，它对电气控制方面的要求不高。主轴的调速由主轴箱来完成，主轴拖动电机为三相笼型异步电动机，在电气上设有调速的要求。刀架移动和主轴的转动同为一台电机拖动，刀架利用走刀箱调节纵横走刀量。刀架移动和主轴转动是通过齿轮啮合控制的，有着严格的加工比例。由于加工时刀具温度升得过高，需要冷却液冷却，所以采用一台冷却泵电动机供给冷却液。C620 车床电气控制线路如图 8.3 所示。表 8.1 为 C620 车床电气元件明细表。

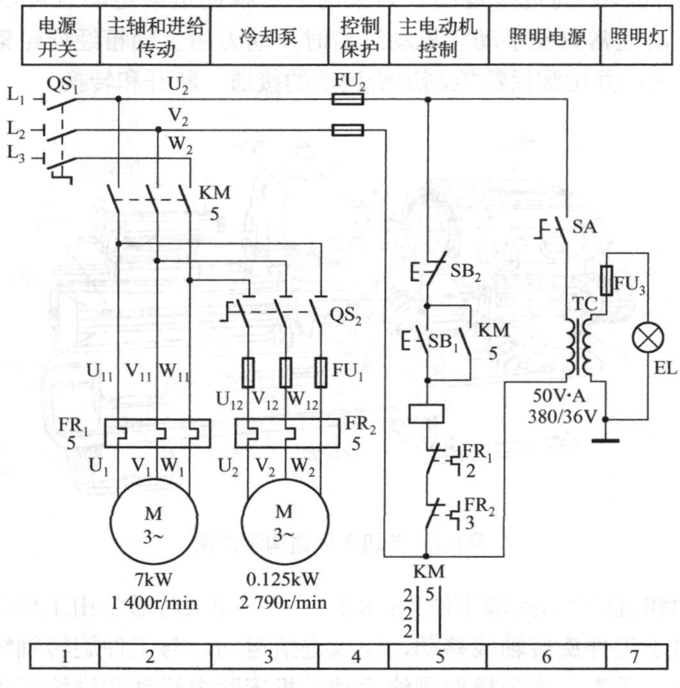


图 8.3　C620 车床电气控制线路

**表 8.1　C620 车床电气元件明细表**

| 文字符号 | 名　称 | 型　号 | 规　格 |
|---|---|---|---|
| $M_1$ | 电动机 | J52-4 | 7kW，1 400r/min |
| $M_2$ | 电动机 | JCB-22 | 0.125 kW，2 790r/min |
| KM | 交流接触器 | CJ0-20 | 380V |
| $FR_1$ | 热继电器 | JR2-1 | 14.5A |
| $FR_2$ | 热继电器 | JR-1 | 0.34A |
| $QS_1$ | 开关 | HZ2-25/3 | 500V，10A |
| $QS_2$ | 开关 | HZ2-10/3 | 2A |
| $FU_1$ | 熔断器 | RM3-25 | 2A |
| $FU_2$ | 熔断器 | RM3-25 | 1A |
| TC | 变压器 | RM3-25 | 380V/36V |
| $SB_1$ | 按钮 | LA1-22K | |
| $SB_2$ | 按钮 | LA4-22K | |
| SA | 开关 | HZ2-10/2 | |
| EL | 照明灯 | | 40W，36V |

**1．主电路**

机床电气控制线路中广泛使用电路编号法绘制，即对电路的各分支电路用数字编号来表示其位置，以便查找相对应的元件，数字编号按自左至右的顺序排列。图 8.3 共分 7 条支路，标在图的下端，图的顶端标出的是编号所对应分支电路的功能（如电源开关、主轴和进给传动、冷却泵、控制保护、主电动机控制、照明电源、照明灯）。

如果某些元件符号之间有相关功能或因果关系，要标出它们之间的关系。如接触器 KM 线圈下面，竖线的左边有 3 个“2”，表示在 2 号支路中有它的 3 副主触点；第二条竖线的左边有 1 个“5”，表示在 5 号支路里有 1 副动合辅助触点；右边空着，表示接触器 KM 没有使用动断辅助触点。如果该处有数字“6”，则表示在 6 号支路中有 1 副动断辅助触点。在触点 KM 的下面有个“5”，表明它的线圈在 5 号支路中。

图 8.3 中主电路和控制电路均按电路功能编号，接触器触点的分布也已在接触器线圈下面注明，整个电路从左至右分为主电路、控制电路、照明电路。

$M_1$ 为主轴电动机，在拖动主轴旋转的同时，通过进给机构实现车床的进给运动。主轴通过摩擦离合器实现正、反转。$M_2$ 为冷却泵电动机，拖动冷却泵供给冷却液，降低加工时刀具的温度。冷却泵电动机必须在主轴电动机启动后才能启动，受开关 $QS_2$ 控制。$QS_1$ 为机床总电源开关。热继电器 $FR_1$、$FR_2$ 分别对 $M_1$、$M_2$ 电动机实现过载保护。$FU_1$ 为冷却泵电动机短路保护。

**2．控制电路**

由于电动机 $M_1$、$M_2$ 容量都小于 10kW，因此宜采用全压直接启动，在电气上都是单方向旋转的。照明电路由 380V/36V 变压器降压后供给照明灯 EL。

（1）启动。按下启动按钮 $SB_2$，接触器 KM 线圈得电，其自锁触点闭合实现自锁。主电路中的 $KM_1$ 动合主触点闭合，电动机 $M_1$ 得电启动并运转。

（2）停止。按下停止按钮 $SB_1$，控制电路断电，接触器 KM 线圈断电，主电路中的 KM 主触点复位，电动机 $M_1$ 断电停止转动。

（3）保护。过载保护由热继电器 $FR_1$、$FR_2$ 实现，无论哪台电动机出现过载情况，其相应热继电器的动断触点断开，控制电路断电而导致接触器 KM 线圈断电，主触点复位，电动机停转得到保护。控制电路短路保护由 $FU_2$ 实现。由于线路中使用了接触器及自锁线路，因此具有欠压和失压保护。

（4）照明线路。照明的安全电压为 36V，所以使用变压器 TC 降压，用开关 SA 控制。照明电路保护由 $FU_3$ 实现。照明电路必须可靠接地，以确保人身安全。

## 8.3　C650 车床的电气控制

C650 车床属于中型车床，除了有主轴电动机和冷却泵电动机外，还设置了一台功率为 2.2kW 的刀架快速移动电动机，由电磁离合器来控制溜板箱和中滑板的前、后、左、右运动。另外，C650 车床比 C620 车床增加了点动和多地点控制、可逆旋转（正、反转）及速度继电器配合时间继电器的反接制动等电路。C650 车床电气控制线路如图 8.4 所示，其中图 8.4（a）为主电路，图 8.4（b）为控制电路。表 8.2 为 C650 车床电气元件明细表。

**表 8.2　C650 车床电气元件明细表**

| 文字符号 | 名　称 | 型　号 | 规　格 |
|---|---|---|---|
| $M_1$ | 主轴电动机 | JO2-72-4 | 30kW，1 470r/min |
| $M_2$ | 刀架快移电动机 | JO2-31-4 | 2.2 kW，1 430r/min |
| $M_3$ | 冷却泵电动机 | JCB-22 | 0.125 kW |
| $KM_1$、$KM_2$、$KM_3$ | 交流接触器 | CJ0-75 | 75A，线圈电压 127V |
| $KM_4$ | 交流接触器 | CJ0-10 | 10 A，线圈电压 127V |
| $KA_1$ | 中间继电器 | JZ7-44 | 线圈电压 127V |
| KT | 时间继电器 | JS7-2 | 线圈电压 127V |
| TC | 控制变压器 | BK-400 | 400V·A，（380/127/36）V |
| TA | 电流互感器 | LQG-0.5 | （75/5）A |
| $QS_1$ | 闸刀开关 | HD9 | 380V，200A |
| $QS_2$ | 组合开关 | HZ-10/3 | |
| SA | 十字开关 | | |
| $SB_7$ | 快速移动按钮 | LA2 | |
| SQ | 限位开关 | LX3-11H | |
| $YC_1$～$YC_4$ | 电磁离合器 | DLMO | |
| $SB_3$、$SB_5$ | 正转按钮 | LA8-1 | |
| $SB_4$、$SB_6$ | 反转按钮 | LA8-1 | |
| $SB_1$、$SB_2$ | 停止按钮 | LA2 | |
| $SB_8$ | 点动按钮 | LA2 | |
| KV | 速度继电器 | JY1 | |
| FR | 热继电器 | JB2-2 | 83 号热元件 |
| $FU_1$ | 熔断器 | RM1-100 | 100A |
| $FU_2$～$FU_5$ | 熔断器 | RL-15 | |
| VC | 整流器 | | 24V，1.2A |

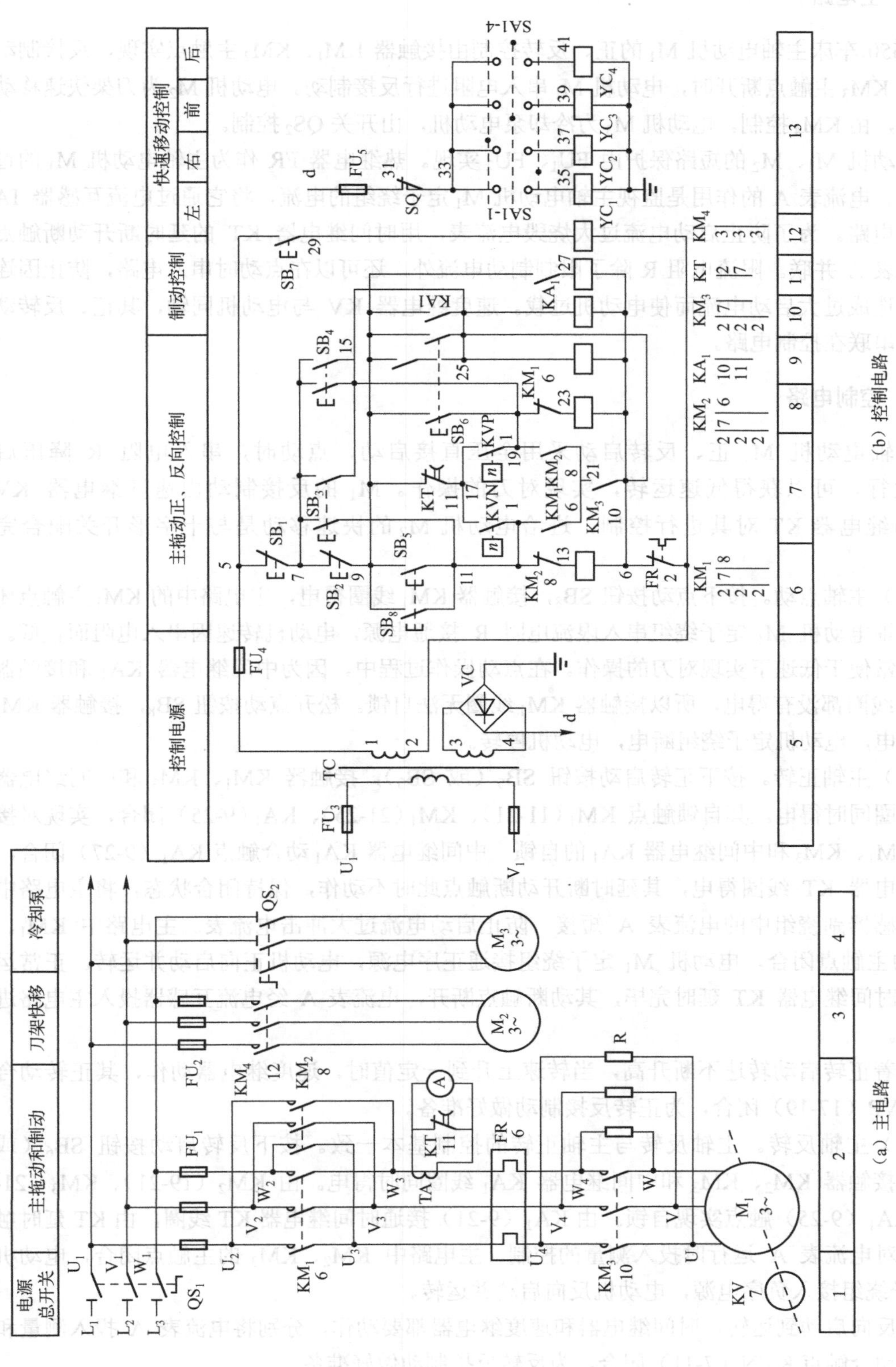


图 8.4　C650 车床电气控制线路

### 1. 主电路

C650 车床主轴电动机 $M_1$ 的正、反转控制由接触器 $KM_1$、$KM_2$ 主触点实现，反接制动接触器 $KM_3$ 主触点断开时，电动机 $M_1$ 串入电阻进行反接制动。电动机 $M_2$ 为刀架快速移动电动机，由 $KM_4$ 控制。电动机 $M_3$ 为冷却泵电动机，由开关 $QS_2$ 控制。

电动机 $M_1$、$M_2$ 的短路保护由 $FU_1$、$FU_2$ 实现。热继电器 FR 作为主轴电动机 $M_1$ 的过载保护。电流表 A 的作用是监视主轴电动机 $M_1$ 定子绕组的电流，将它通过电流互感器 TA 接入主电路。为了防止启动电流过大烧毁电流表，用时间继电器 KT 的延时断开动断触点和电流表 A 并联。限流电阻 R 除了限制制动电流外，还可以在点动时串入电路，防止因连续启动造成过大启动电流而使电动机过载。速度继电器 KV 与电动机同轴，其正、反转动合触点串联在控制电路。

### 2. 控制电路

主轴电动机 $M_1$ 正、反转启动采用全压直接启动，点动时，串入电阻 R 降压启动与运行，可以获得低速运转，实现对刀的操作。$M_1$ 的反接制动由速度继电器 KV 和时间继电器 KT 对其进行控制。进给电动机 $M_2$ 的快速移动是与十字形开关配合完成的。

（1）主轴点动。按下点动按钮 $SB_8$，接触器 $KM_1$ 线圈得电，主电路中的 $KM_1$ 主触点闭合，主轴电动机 $M_1$ 定子绕组串入限流电阻 R 接通电源，电动机转速因串入电阻而较低。这样非常便于低速下实现对刀的操作。在点动操作过程中，因为中间继电器 $KA_1$ 和接触器 $KM_3$ 的线圈都没有得电，所以接触器 $KM_1$ 线圈无法自锁。松开点动按钮 $SB_8$，接触器 $KM_1$ 线圈断电，电动机定子绕组断电，电动机停转。

（2）主轴正转。按下正转启动按钮 $SB_5$（或 $SB_3$），接触器 $KM_1$、$KM_3$ 和中间继电器 $KA_1$ 线圈同时得电。其自锁触点 $KM_1$（11-21）、$KM_1$（21-25）、$KA_1$（9-25）闭合，实现对接触器 $KM_1$、$KM_3$ 和中间继电器 $KA_1$ 的自锁。中间继电器 $KA_1$ 动合触点 $KA_1$（9-27）闭合，时间继电器 KT 线圈得电，其延时断开动断触点此时不动作，保持闭合状态，将主电路中电流互感器副绕组中的电流表 A 短接，防止启动电流过大冲击电流表。主电路中 $KM_1$、$KM_3$ 的主触点闭合，电动机 $M_1$ 定子绕组接通正序电源，电动机正向启动并运转。正常运转后，时间继电器 KT 延时完毕，其动断触点断开，电流表 A 经电流互感器投入主电路进行测量。

随着正转启动转速不断升高，当转速上升到一定值时，速度继电器动作，其正转动合触点 KVP（17-19）闭合，为正转反接制动做好准备。

（3）主轴反转。主轴反转与主轴正转的控制基本一致。按下反转启动按钮 $SB_6$（或 $SB_4$），接触器 $KM_2$、$KM_3$ 和中间继电器 $KA_1$ 线圈同时得电。由 $KM_2$（19-21）、$KM_3$（21-25）、$KA_1$（9-25）触点实现自锁。由 $KA_1$（9-21）接通时间继电器 KT 线圈，由 KT 延时触点完成对电流表 A 运行时投入测量的控制。主电路中 $KM_2$、$KM_3$ 的主触点闭合，电动机 $M_1$ 定子绕组接入负序电源，电动机反向启动并运转。

由反向启动到运转，时间继电器和速度继电器都要动作，分别将电流表 A 投入测量和将反转动合触点 KVN（7-11）闭合，为反转反接制动做好准备。

（4）主轴反接制动。$M_1$ 反接制动以电动机正转为例说明其工作原理。按一下停止按钮 $SB_1$（或 $SB_2$），原本得电的接触器 $KM_1$、$KM_3$ 线圈和中间继电器 $KA_1$ 线圈及时间继电器 KT 线圈全部断电，它们所有的触点都复位。尽管主电路电动机定子脱离了正序电源，但在惯性的作用下仍然以较高的转速旋转，则速度继电器 KVP（17-19）仍然保持接通状态。此时，接触器 $KM_2$ 线圈经触点 KT（9-17）、KVP（17-19）、$KM_1$（19-23）得电，$KM_2$ 的互锁触点 $KM_2$（11-13）断开，实现对 $KM_1$ 线圈的互锁。主电路中 $KM_2$ 的主触点闭合，电动机定子绕组接入负序电源，因为接触器 $KM_3$ 线圈不得电，所以电动机串入电阻 R 进行反接制动，使电动机转速迅速下降。当转速下降到一定数值时，速度继电器的触点释放，其触点 KVP（17-19）断开，接触器 $KM_2$ 线圈断电，主电路中 $KM_2$ 的主触点复位，电动机定子绕组脱离电源，反接制动结束。

主轴电动机 $M_1$ 反转时的反接制动与正转时反接制动的工作原理类似，不同之处是正转时接触器 $KM_1$ 和速度继电器触点 KVP（17-19）对应，反转时接触器 $KM_2$ 和速度继电器触点 KVN（17-11）对应。

（5）刀架快速移动。刀架快速移动由电动机 $M_2$ 拖动，配合前、后、左、右方向移动的电磁离合器 YC 传动，实现各方向的快速移动，电动机 $M_2$ 只做单向旋转。电磁离合器 YC 采用直流电源，由桥式整流电路供电，用十字形开关 SA 控制，当 SA 扳到所需移动方向时，相应的电磁离合器得电吸合，再按下快移按钮 $SB_7$，使接触器 $KM_4$ 线圈得电，主电路中 $KM_4$ 的主触点闭合，电动机 $M_2$ 定子绕组接入电源，$M_2$ 电动机启动并运转，拖动刀架移动装置快速移动。到位时，松开 $SB_7$，电动机 $M_2$ 断电停转，刀架快移工作结束。

刀架快移电路中行程开关触点 SQ（31-33）的作用是对移动进行限位保护。另外，上、下、左、右任一方向快移结束后，应将十字形开关扳到中间继电器位置，以免电磁铁长时间通电。

（6）冷却泵控制。冷却泵电动机 $M_3$ 由开关 $QS_2$ 手动控制。

（7）主轴电动机负载检测及保护环节。C650 车床主轴电动机 $M_1$ 的负载情况由电流表 A 检测。$M_1$ 启动时，为防止启动电流的冲击，由时间继电器 KT 触点短接电流表 A，启动完成后，再将电流表投入测量。所以时间继电器 KT 的延时应略长于电动机 $M_1$ 的启动时间。当 $M_1$ 停车反接制动时，接触器 $KM_3$、中间继电器 $KA_1$、时间继电器 KT 的线圈都断电，由 KT 的触点瞬时闭合，将电流表 A 短接，使之不受反接制动电流的冲击。

## 8.4 CA6140 车床的电气控制

CA6140 车床的电气控制线路如图 8.5 所示。表 8.3 为 CA6140 车床电气元件明细表。

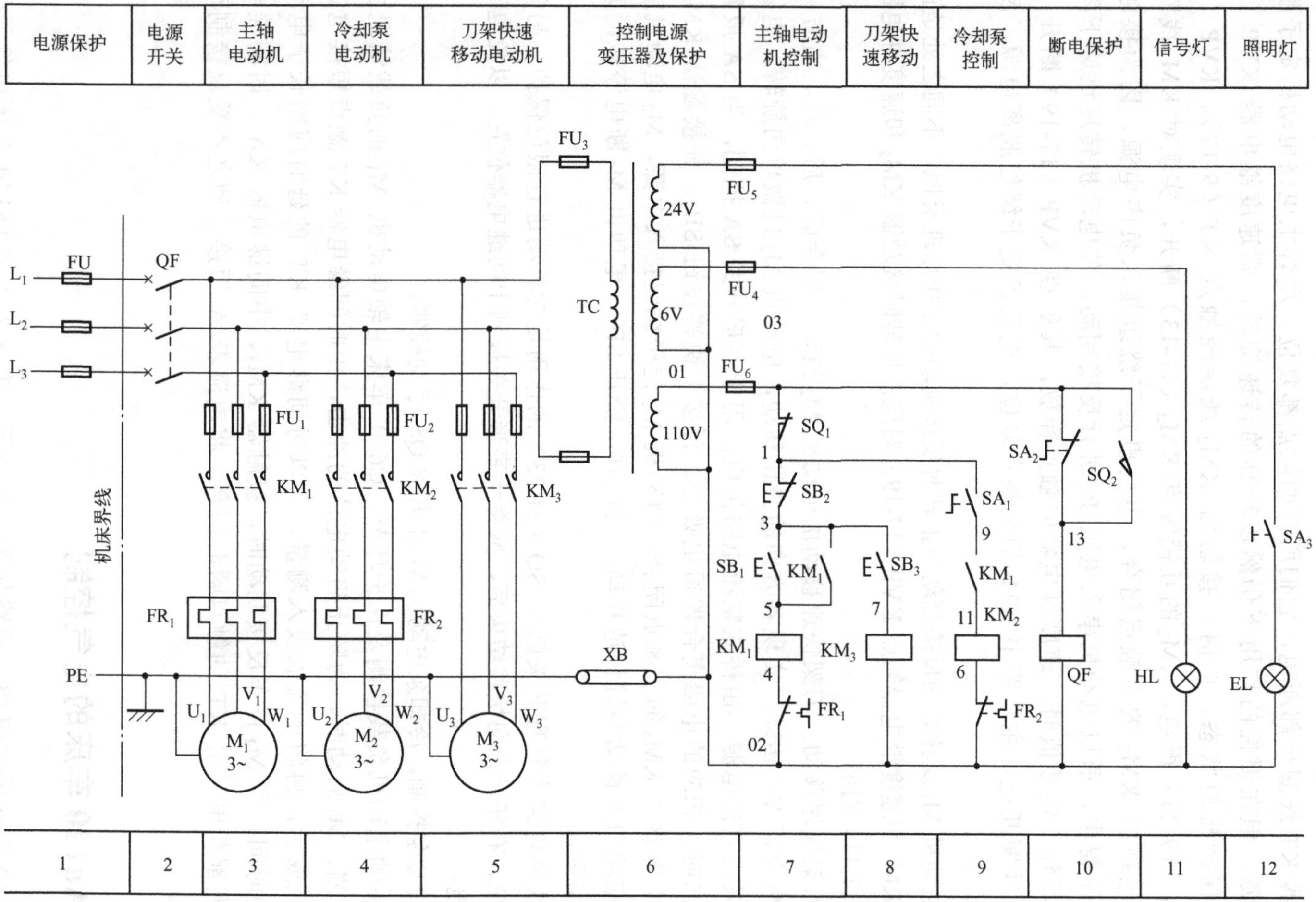


图 8.5　CA6140车床的电气控制线路

**表 8.3　CA6140 车床电气元件明细表**

| 符　号 | 名　　称 | 型　　号 | 规　　格 | 数　量 | 用　　途 |
|---|---|---|---|---|---|
| $M_1$ | 主轴电动机 | Y132M-4-B3 | 7.5kW，16.4A，1 440r/min | 1 | 主运动和进给运动动力 |
| $M_2$ | 冷却泵电动机 | AOB-25 | 90W，2，800r/min | 1 | 驱动冷却液泵 |
| $M_3$ | 刀架快速移动电动机 | AOS5634 | 250W，1，360r/min | 1 | 刀架快速移动动力 |
| $FR_1$ | 热继电器 | JR16-20/3D | 11 号热元件，整定电流 8.5A | 1 | $M_1$ 的过载保护 |
| $FR_2$ | 热继电器 | JR16-20/3D | 1 号热元件，整定电流 0.32A | 1 | $M_2$ 的过载保护 |
| $KM_1$ | 交流接触器 | CJ10-10 | 40A，线圈电压 110V | 1 | 控制 $M_1$ |
| $KM_2$ | 交流接触器 | CJ10-10 | 10A，线圈电压 110V | 1 | 控制 $M_2$ |
| $KM_3$ | 交流接触器 | CJ10-10 | 10A，线圈电压 110V | 1 | 控制 $M_3$ |
| $FU_1$ | 熔断器 | RL1-15 | 380V，15A，配 1A 熔体 | 3 | $M_2$ 的短路保护 |
| $FU_2$ | 熔断器 | RL1-15 | 380V，15A，配 4A 熔体 | 3 | $M_3$ 的短路保护 |
| $FU_3$ | 熔断器 | RL1-15 | 380V，15A，配 1A 熔体 | 2 | TC 的一次绕组短路保护 |
| $FU_4$ | 熔断器 | RL1-15 | 380V，15A，配 1A 熔体 | 1 | 电源指示灯短路保护 |
| $FU_5$ | 熔断器 | RL1-15 | 380V，15A，配 2A 熔体 | 1 | 车床照明电路短路保护 |
| $FU_6$ | 熔断器 | RL1-15 | 380V，15A，配 1A 熔体 | 1 | 控制电路短路保护 |
| $SB_1$ | 按钮开关 | LAY3-10/3 | 绿色 | 1 | $M_1$ 启动按钮 |
| $SB_2$ | 按钮开关 | LAY3-01ZS/1 | 红色 | 1 | $M_1$ 停机按钮 |
| $SB_3$ | 按钮开关 | LA19-11 | 500V，5A | 1 | $M_3$ 控制按钮 |
| $SA_1$ | 旋钮开关 | LAY3-10X/2 | | 1 | $M_2$ 控制按钮 |
| $SA_2$ | 旋钮开关 | LAY3-10Y/2 | 带锁匙 | 1 | 电源开关锁 |
| $SA_3$ | 钮子开关 | | 250V，5A | 1 | 车床照明灯开关 |
| $SQ_1$ | 挂轮架安全行程开关 | JWM6-11 | | 1 | 断电安全保护 |
| $SQ_1$ | 电气箱安全行程开关 | JWM6-11 | | 1 | 断电安全保护 |
| HL | 信号灯 | ZSD-0 | 6V | 1 | 电源指示灯 |
| QF | 断路器 | AM1-25 | 25A | 1 | 电源引入开关 |
| TC | 控制变压器 | BK2-100 | 100V・A，（380/110）V，24V，6V | 1 | 提供控制、准备电路电压 |
| EL | 车床照明灯 | JC11 | 带 40W，24V 灯泡 | 1 | 工作照明 |

### 1．主电路

机床的电源采用三相 380V 交流电源，由漏电保护断路器 QF 引入，总熔断器 FU 由用户提供。主轴电动机 $M_1$ 的短路保护由 QF 的电磁脱扣器来实现，冷却泵电动机 $M_2$ 和刀架快速移动电动机 $M_3$ 分别由熔断器 $FU_1$、$FU_2$ 实现短路保护。3 台电动机均为直接启动，单向运转，分别由交流接触器 $KM_1$、$KM_2$、$KM_3$ 控制运行。$M_1$ 和 $M_2$ 分别由热继电器 $FR_1$、$FR_2$ 实现过载保护，$M_3$ 由于是短时工作制，所以不需要过载保护。

### 2．控制电路

控制电路由控制变压器 TC 提供 110V 电源，由 $FU_3$ 做短路保护。该车床的电气控制盘装在床身左下部后方的壁龛内，电源开关锁 $SA_2$ 和冷却泵开关 $SA_1$ 均装在床头挂轮保护罩的前侧。在开动机床时，应先用锁匙向右旋转 $SA_2$，再合上 QF 接通电源，然后就可以开启照明灯及按动电动机控制按钮。

（1）主轴电动机 $M_1$。按下装在溜板箱上的绿色按钮 $SB_1$，接触器 $KM_1$ 通电并自锁，$M_1$ 启动；$SB_2$ 在按下后 $KM_1$ 断电，$M_1$ 停止转动。

（2）冷却泵电动机 $M_2$。$M_2$ 由旋钮开关 $SA_1$ 操纵，通过 $KM_2$ 控制。由控制电路可见，在 $KM_2$ 的线圈支路中串入 $KM_1$ 的辅助动合触点（9-11）。显然，$M_2$ 需在 $M_1$ 启动运行后才能开机；一旦 $M_1$ 停转，$M_2$ 也同时停转。

（3）刀架快速移动电动机。由控制电路可见，刀架快速移动电动机 $M_3$ 由按钮 $SB_3$ 点动运行。刀架快速移动的方向则由装在溜板箱上的十字形手柄控制。

（4）照明与信号指示电路。该电路由 TC 提供电源，EL 为车床照明灯，电压为 24V；HL 为电源信号灯，电压为 6V。EL 和 HL 分别由 $FU_5$ 和 $FU_4$ 做短路保护。

（5）电气保护环节。除短路和过载保护外，该电路还设有由行程开关 $SQ_1$、$SQ_2$ 组成的断路保护环节。$SQ_2$ 为电气箱安全行程开关，当 $SA_2$ 左旋锁上或电气控制盘的壁门被打开时，$SQ_2$（03-13）闭合，使 QF 自动断开，此时即使出现误合闸，QF 也可以在 0.1s 内再次自动跳闸。$SQ_1$ 为挂轮箱安全行程开关，当箱罩被打开后，$SQ_1$（03-1）断开，使主轴电动机停转。

## 习 题 8

**简答题**

8.1 试分析 C620 车床电气控制原理图及工作过程。

8.2 C650 车床有哪些电气制动？是如何实现的？

8.3 C650 车床中电流互感器二次绕组中电流表两端并联的时间继电器 KT 触点起什么作用？

8.4 简述 C650 车床刀架快速移动的工作过程。

8.5 CA6140 车床控制电路中，由行程开关 $SQ_1$、$SQ_2$ 组成的断电保护环节是如何实现保护的？

8.6 CA6140 车床的刀架快速移动电动机 $M_3$ 为何不需要用热继电器进行过载保护？

# 第 9 章　磨床的电气控制

磨床是以磨料磨具（如砂轮、砂带、油石、研磨剂等）为工具进行切削加工的机床。它可以加工各种表面，如内外圆柱面和圆锥面、平面、螺旋面等，还可以进行切断等加工。

磨床加工的特点是比较容易获得高的加工精度和细的表面粗糙度，可以加工其他机床不能或很难加工的高硬度材料，但磨床的切削效率一般比其他机床低。

磨床的种类很多，根据用途和采用工艺方法的不同，大致可分为外圆磨床、内圆磨床、平面及端面磨床、导轨磨床、工具磨床，以及一些专用磨床等。

## 9.1　平面磨床的主要结构与运动形式

平面磨床的结构示意图如图 9.1 所示。

平面磨床主要用于磨削各种工件的平面，根据磨削方法和机床布局的不同，平面磨床的类型有 4 种，图 9.1 所示为卧轴矩台平面磨床。图中工作台只做纵向往复运动，而由砂轮架沿滑鞍上的燕尾导轨移动来实现周期性的横向进给运动；滑鞍和砂轮架一起可沿立柱导轨移动，做周期性的垂直进给运动。这类平面磨床工作台的纵向往复运动和砂轮架的横向周期进给运动，一般都采用液压传动。砂轮架的垂直进给运动一般是手动的。为了节省时间和减轻劳动强度，有些磨床具有快速升降机构，用以实现砂轮架的快速机动调位运动。磨床的工作台表面有 T 形槽，用以固定电磁吸盘，再通过电磁吸盘吸持加工工件。工作台的行程长度是通过调节安装在正面槽中工作台换向撞块的位置来实现的。

卧轴矩台平面磨床的磨削方法如图 9.2 所示。工件安装在矩形工作台上，做纵向往复运动（$s_1$），用砂轮的周边进行磨削，由于砂轮宽度的限制，磨削时需要有沿砂轮轴线方向的横向进给运动（$s_2$）。为了逐步地切除全部余量并获得所要求的工作尺寸，砂轮还须周期性地沿垂直于被磨削表面的方向进给（$s_3$）。

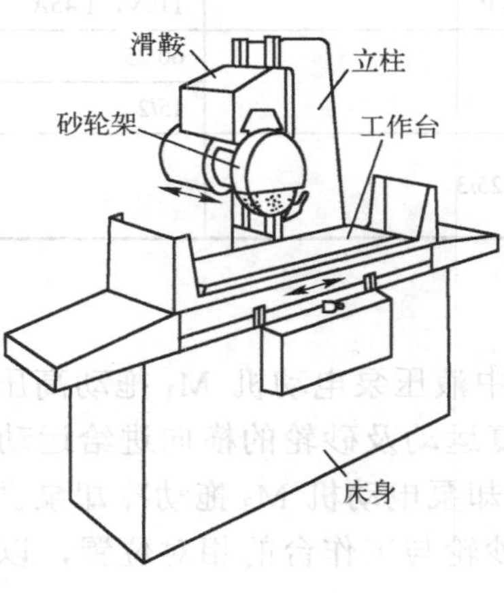


图 9.1　平面磨床结构示意图

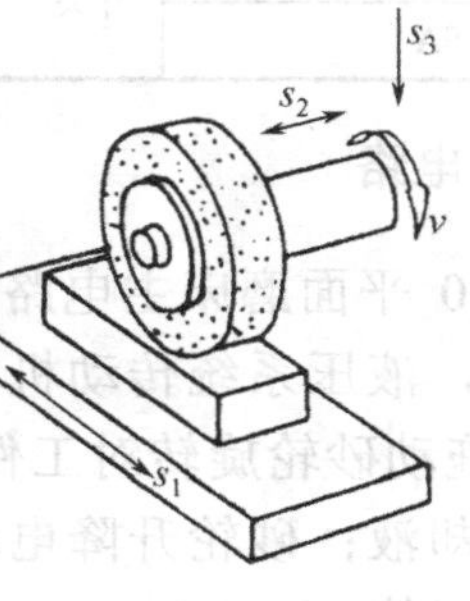


图 9.2　平面磨床的磨削方法

卧轴矩台平面磨床加工时的运动情况如下。

主运动：砂轮的旋转运动。

进给运动：垂直进给运动，滑座在立柱上的上、下运动；横向进给运动，砂轮箱在滑座上的水平运动；纵向进给运动，工作台沿床身的往返运动。

## 9.2 M7120 磨床的电气控制

M7120 平面磨床由 4 台电动机拖动，其电气控制线路分为电机控制线路、电磁吸盘控制线路和照明与信号电路。M7120 平面磨床的电气控制线路如图 9.3 所示，表 9.1 为其电气元件明细表。

**表 9.1 M7120 平面磨床电气元件明细表**

| 文字符号 | 器件名称 | 型号 | 规格 |
|---|---|---|---|
| $M_1$ | 液压泵电动机 | JJO2-21-4 | 1.1kW，1 410r/min |
| $M_2$ | 砂轮电动机 | JO2-31-2 | 3kW，2 860r/min |
| $M_3$ | 冷却泵电动机 | JB-25A | 0.12 kW，2 870r/min |
| $M_4$ | 砂轮升降电动机 | JO3-801-4 | 0.75kW，1 410r/min |
| $KM_1$～$KM_5$ | 交流接触器 | CJ0-10 | 线圈 380V |
| $FR_1$ | 热继电器 | JR10-10 | 2.71A |
| $FR_2$ | | | 6.16A |
| $FR_3$ | | | 0.47A |
| $SB_1$～$SB_9$ | 按钮 | LA2 | |
| TR | 变压器 | BK-150 | （380/135）V |
| TC | 变压器 | BK-50 | （380/36）V、6.3V |
| VC | 整流器 | 4X2CZ11C | |
| FV | 电压继电器 | | 直流 110V |
| R | 电阻 | | 500Ω |
| C | 电容 | | 110V，5μF |
| YH | 电磁吸盘 | HD×P | 110V，1.45A |
| $FU_1$ | 熔断器 | RL1 | 60/25 |
| $FU_2$～$FU_4$ | | | 15/2 |
| QS | 开关 | HZ1-25/3 | |
| SA | | | |

### 1. 主电路

M7120 平面磨床主电路有 4 台电动机，其中液压泵电动机 $M_1$ 拖动高压液压泵提供压力油，液压系统传动机构完成工作台的往复运动及砂轮的横向进给运动；砂轮电动机 $M_2$ 拖动砂轮旋转对工件进行磨削加工；冷却泵电动机 $M_3$ 拖动冷却泵供给磨削时所需的冷却液；砂轮升降电动机 $M_4$ 用于调整砂轮与工作台的相对位置，以便加工不同尺寸的工件。

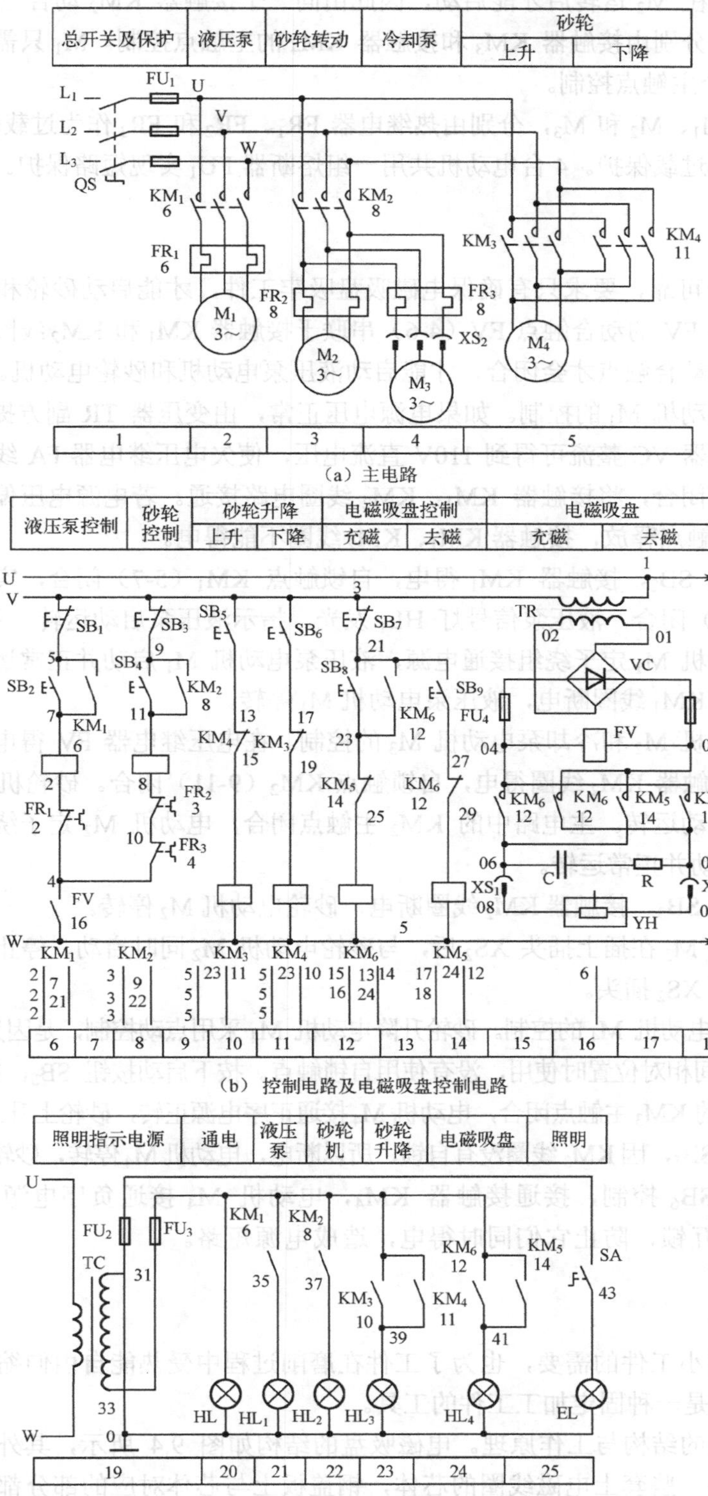

（a）主电路

（b）控制电路及电磁吸盘控制电路

（c）照明及信号电路

**图 9.3　M7120 平面磨床电气线路**

由于 $M_3$ 必须在 $M_2$ 运转后才能启动，因此由同一个接触器 $KM_2$ 动合主触点控制。$M_4$ 有正、反转要求，分别由接触器 $KM_3$ 和接触器 $KM_4$ 的主触点控制。$M_1$ 只需要单向旋转，由接触器 $KM_1$ 动合主触点控制。

长期工作的 $M_1$、$M_2$ 和 $M_3$，分别由热继电器 $FR_1$、$FR_2$ 和 $FR_3$ 作为过载保护。$M_4$ 工作时间很短，不需要过载保护。4 台电动机共用一组熔断器 $FU_1$ 实现短路保护。

**2．控制电路**

为了保证安全可靠，要求只有确保电磁吸盘吸牢工件，才能启动砂轮和液压系统，为此将欠电压继电器 FV 的动合触点 FV（4-6）串联于接触器 $KM_1$ 和 $KM_2$ 线圈电路，只有电源电压正常时，其动合触点才会闭合，才能启动液压泵电动机和砂轮电动机。

（1）液压泵电动机 $M_1$ 的控制。如果电源电压正常，由变压器 TR 副方提供 135V 交流电压，经桥式整流器 VC 整流可得到 110V 直流电压，使欠电压继电器 FA 线圈得电，其动合触点 FA（4-6）闭合，将接触器 $KM_1$、$KM_2$ 线圈电路接通。若电源电压偏低，欠电压继电器 FV 将其动合触点释放，接触器 $KM_1$、$KM_2$ 线圈不能得电。

按下启动按钮 $SB_2$，接触器 $KM_1$ 得电，自锁触点 $KM_1$（5-7）闭合，实现自锁，动合触点 $KM_1$（33-35）闭合，液压泵信号灯 $HL_1$ 发光，指示液压泵启动运转。主电路 $KM_1$ 的主触点闭合，电动机 $M_1$ 定子绕组接通电源，液压泵电动机 $M_1$ 启动并正常运转。按下停止按钮 $SB_1$，接触器 $KM_1$ 线圈断电，液压泵电动机 $M_1$ 停转。

（2）砂轮电动机 $M_2$ 和冷却泵电动机 $M_3$ 的控制。在电压继电器 FV 得电吸合后，按下启动按钮 $SB_4$，接触器 $KM_2$ 线圈得电，自锁触点 $KM_2$（9-11）闭合。砂轮机信号灯 $HL_2$ 发光，指示砂轮机启动运转。主电路中的 $KM_2$ 主触点闭合，电动机 $M_2$ 定子绕组接通电源，砂轮电动机 $M_2$ 启动并正常运转。

按下停止按钮 $SB_3$，接触器 $KM_2$ 线圈断电，砂轮电动机 $M_2$ 停转。

冷却泵电动机 $M_3$ 在插上插头 $XS_2$ 后，与砂轮电动机 $M_2$ 同时启动、停止。如果不需要冷却液，可以拔下 $XS_2$ 插头。

（3）砂轮升降电动机 $M_4$ 的控制。砂轮升降电动机 $M_4$ 采用点动控制，是因为 $M_4$ 电动机只在调整工件与砂轮间相对位置时使用，没有使用自锁触点。按下启动按钮 $SB_5$，接触器 $KM_3$ 线圈得电，主电路中的 $KM_3$ 主触点闭合，电动机 $M_4$ 接通正序电源正转，砂轮上升。当砂轮上升到指定位置时，松开 $SB_5$，因 $KM_3$ 线圈没有自锁，所以断电，电动机 $M_4$ 停转，砂轮停止上升。

砂轮下降用 $SB_6$ 控制，接通接触器 $KM_4$，电动机 $M_4$ 接通负序电源反转。接触器 $KM_3$ 和 $KM_4$ 必须互锁，防止它们同时得电，造成电源短路。

**3．电磁吸盘**

为了适应磨削小工件的需要，也为了工件在磨削过程中受热能自由伸缩，采用电磁吸盘来吸持工件，它是一种固定加工工件的工具。

（1）电磁吸盘的结构与工作原理。电磁吸盘的结构如图 9.4 所示，其外壳和盖板是钢制箱体，箱内安装一些套上电磁线圈的芯体，钢盖板上与芯体对应的部分都由隔磁材料隔成多个小块。当线圈通上直流电后，芯体被磁化而形成磁场，磁场在面板上形成磁极（N 极和 S 极），将工件放在磁极中间，磁通将以芯体和工件作为回路，磁路就构成闭合回路，所以将工件牢牢吸住。

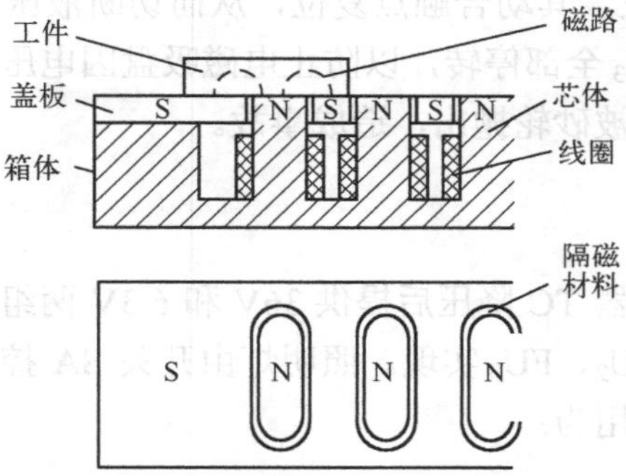


图 9.4　电磁吸盘结构

电磁吸盘与机械夹紧装置相比，其优点是操作快捷，不伤工件并能同时吸持多个小工件，在加工过程中工件发热可以自由伸缩。存在的主要问题是要使用直流电源和不能吸持非磁性材料工件。

（2）电磁吸盘 YH 的控制。电磁吸盘 YH 是由桥式整流电路 VC 供给直流电源的，其电压为直流 110V；由按钮 $SB_7$、$SB_8$、$SB_9$ 和接触器 $KM_5$、$KM_6$ 组成控制电路。其工作原理介绍如下：

① 充磁。当电磁吸盘需要吸持工件时，按下充磁按钮 $SB_8$，接触器 $KM_6$ 线圈得电，其自锁触点 $KM_6$（21-23）闭合，实现自锁。互锁触点 $KM_6$（27-29）断开，实现对接触器 $KM_5$ 的互锁。电磁吸盘电路中的 $KM_6$（04-06），$KM_6$（03-05）闭合，接通充磁电路。充磁电流路径为：

VC→$FU_4$→$KM_6$（03-05）→$XS_1$→YH→$XS_1$→$KM_6$（06-04）→$FU_4$→VC（-）

充磁电流作用于电磁吸盘 YH 产生磁场，吸牢工件，进行磨削加工。加工完毕后，取下工件前先按下停止充磁按钮 $SB_7$，使接触器 $KM_6$ 断电释放，切断充磁电路。如果吸盘和工件的剩磁使得难以取下工件，这时必须对吸盘和工件进行去磁。

② 去磁。去磁时按下去磁按钮 $SB_9$，接触器 $KM_5$ 线圈得电，其电磁吸盘电路主触点 $KM_5$（03-06），$KM_5$（04-06）闭合，接通去磁电路。去磁电流路径为：

VC（+）→$FU_4$→$KM_5$（03-06）→$SX_1$→YH→$XS_1$→$KM_5$（05-04）→$FU_4$→VC（-）

注意：去磁电流流入电磁吸盘的方向（08-07）和充磁电流流入的方向（07-08）相反，产生反向磁通抵消吸盘和工件的剩磁。若去磁时间过长，可能会导致反方向充磁，吸盘和工件反向磁化，因此去磁按钮 $SB_9$ 采用点动控制不准自锁。$SB_9$ 按下多长时间合适，应根据工件大小、材料性质，再经过操作者几次实践，便可以掌握其规律。

③ 放电回路。与电磁吸盘 YH 并联的 RC 支路构成电磁吸盘线路的放电回路。电磁吸盘在充磁过程中，线圈内储存了大量磁场能量。当电磁吸盘线圈断电时，因吸盘线圈电感量较大，所以会在其两端感应很高的自感电动势，极易击穿吸盘线圈和损坏其他电器。为了消除这种危害，在线圈两端连接上 RC 放电支路，当电磁吸盘线圈断电时，通过 R 和 C 进行放电。实际上，调整 R 和 C 的参数，可使 R、C、L 组成一个衰减的振荡电路来消耗电感放电的能量。

④ 保护电路。保护电路是一种失磁保护，当线圈电压下降幅度超过一定数值或为零时，欠电压继电器 FV 释放，其动合触点复位，从而切断液压泵、砂轮机、冷却泵控制电路，使电动机 $M_1$、$M_2$ 和 $M_3$ 全部停转，以防止电磁吸盘因电压下降造成吸力不足，或电压为零造成无吸力而导致工件被砂轮抛出，造成事故。

**4．照明与信号电路**

照明与信号电压由变压器 TC 降压后提供 36V 和 6.3V 两组电压，分别供给照明灯和信号灯。它们的短路保护由 $FU_2$、$FU_3$ 实现。照明灯由开关 SA 控制，信号灯由相应的接触器动合触点控制。各信号灯作用为：

HL 亮，电源正常指示。

$HL_1$ 亮，液压泵正在工作。

$HL_2$ 亮，砂轮机正在工作。

$HL_3$ 亮，砂轮在上、下移动。

$HL_4$ 亮，工作台电磁吸盘在充、去磁。

## 9.3 M1432 万能外圆磨床的电气控制

万能外圆磨床主要用于磨削外圆柱面、外圆锥面，磨削台端面和内孔等。M1432 万能外圆磨床的结构如图 9.5 所示。被加工工件支承在头、尾顶尖上，或夹持在头架主轴上的卡盘中，由头架上的传动装置带动旋转。尾架在工作台上可左右移动调整位置，以适应装夹不同长度工件的需要。工作台由液压传动床身导轨往复移动，使工件实现纵向进给运动；也可用手轮操纵，做手动进给或调整纵向位置。工作台由上、下两层组成，上部（上工作台）可相对于下部（下工作台）在水平面内偏转一定角度（一般不超过±10°），以便磨削锥度不大的圆柱面。装有砂轮主轴及其传动装置的砂轮架安装在床身顶面后部的横向导轨上，利用横向进给机构可实现周期性的或连续性的进给运动以及调整位移。为便于装卸工件和进行测量，砂轮架还可做短距离的横向快速进退运动。装在砂轮架上的内磨装置装有供磨削内孔用的砂轮主轴。万能外圆磨床的砂轮架和头架，都可绕垂直轴线转动一定角度，以便磨削锥度较大的圆锥面。

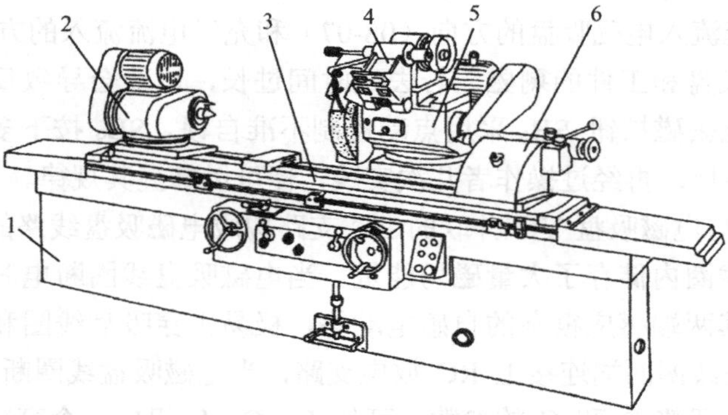


1—床射；2—头架；3—工作台；4—内磨装置；5—砂轮架；6—尾架

图 9.5　M1432 万能外圆磨床结构

外圆磨床的磨削方法如图 9.6 所示。图 9.6（a）对应的是纵磨进给运动：工件旋转——圆周进给运动 $s_1$，工件沿其轴线往复移动——纵向进给运动 $s_2$，在工件（或砂轮）每一纵向进行或往复行程终了时，砂轮周期性地做一次横向进给运动 $s_3$，全部余量在多次往复行程中逐步磨去。图 9.6（b）为切入磨法，工件只做圆周进给运动而无纵向进给运动，砂轮则连续地做横向进给运动 $s_3$，直到磨去全部余量，达到所要求的尺寸为止。图 9.6（c）为砂轮端磨削工件的台肩端面，磨削时工件转动并沿其轴线缓慢移动，完成进给运动。

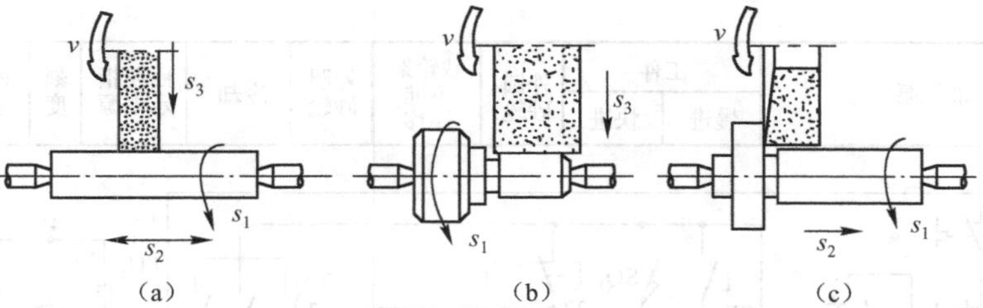


图 9.6　外圆磨床的磨削方法

万能外圆磨床加工时的运动情况如下。

主运动：砂轮架（或内圆磨具）带动砂轮高速旋转，头架主轴带动工件做旋转运动。

进给运动：工作台纵向（轴向）往复运动，砂轮架横向（径向）进给运动。

辅助运动：砂轮架快速进退运动。

M1432 万能外圆磨床的内圆磨削和外圆磨削分别由两台电动机拖动，它们之间有互锁。砂轮电动机只需单方向旋转，无反转要求。工作台轴向移动和砂轮架快速移动采用液压传动，其原因是要求平稳和无级调速。在内圆磨头插入工件时，不允许砂轮架快速移动。M1432 万能外圆磨床的电气线路如图 9.7 所示，表 9.2 为其电气元件明细表。

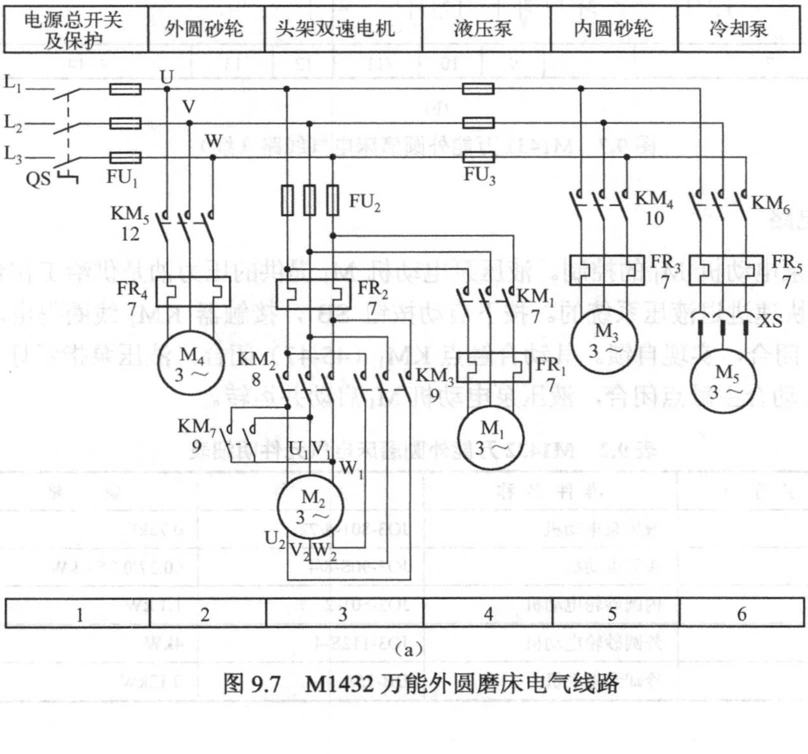


图 9.7　M1432 万能外圆磨床电气线路

**1．主电路**

M1432 万能外圆磨床有 5 台电动机。液压泵电动机 $M_1$ 为液压系统提供压力油；头架电动机 $M_2$ 为双速电动机，采用变极调速，使用△-Y Y 变换，以获得低、高速运转速度带动工件旋转；拖动内、外圆砂轮的是电动机 $M_3$ 和 $M_4$；$M_5$ 为冷却泵电动机；$M_1$～$M_5$ 电动机由各自的热继电器 $FR_1$～$FR_5$ 进行过载保护；$M_1$、$M_2$ 两台电动机共用 $FU_2$ 进行短路保护；$M_3$、$M_5$ 两台电动机共用 $FU_3$ 进行短路保护。$M_1$～$M_5$ 共用 $FU_1$ 进行短路保护。

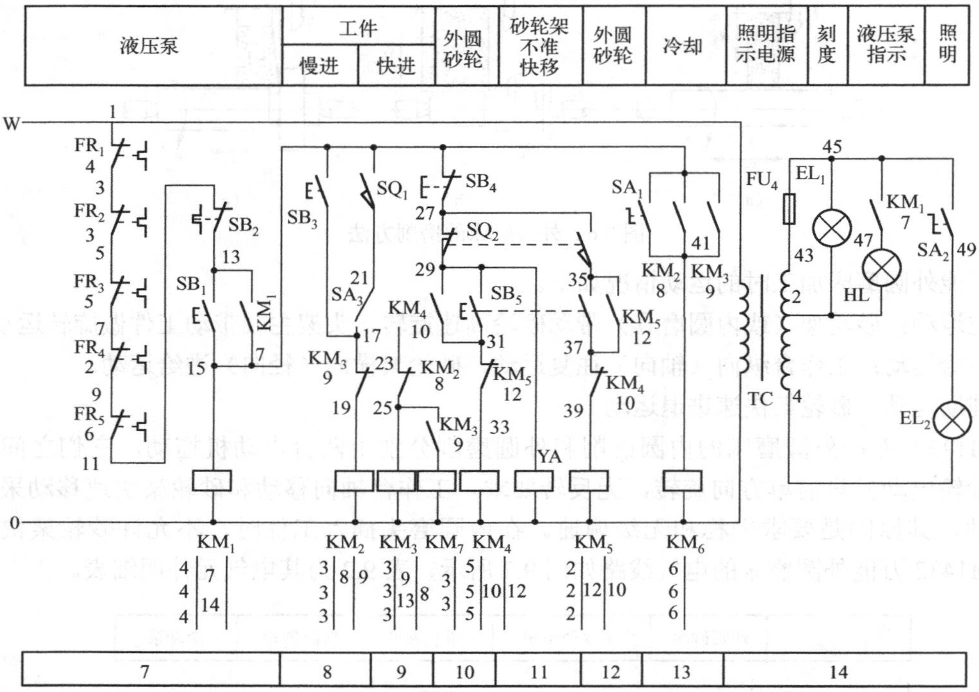


(b)

图 9.7　M1432 万能外圆磨床电气线路（续）

**2．控制电路**

（1）液压泵电动机 $M_1$ 的控制。液压泵电动机 $M_1$ 提供的压力油是供给工作台的纵向进给和砂轮架的快速进退液压系统的。按下启动按钮 $SB_1$，接触器 $KM_1$ 线圈得电，自锁触点 $KM_1$（13-15）闭合，实现自锁。其动合触点 $KM_1$（45-47）闭合，液压泵指示灯 HL 亮。主电路中的 $KM_1$ 动合主触点闭合，液压泵电动机 $M_1$ 启动并运转。

**表 9.2　M1432 万能外圆磨床电气元件明细表**

| 文字符号 | 器件名称 | 型　号 | 规　格 |
|---|---|---|---|
| $M_1$ | 液压泵电动机 | JO3-801-4/72 | 0.75kW |
| $M_2$ | 头架电动机 | JO3-90S-8/4 | （0.37/0.75）kW |
| $M_3$ | 内圆砂轮电动机 | JO3-801-2 | 1.1 kW |
| $M_4$ | 外圆砂轮电动机 | JO3-112S-4 | 4kW |
| $M_5$ | 冷却泵电动机 | DB-25A | 0.12kW |

续表

| 文字符号 | 器件名称 | 型号 | 规格 |
|---|---|---|---|
| $KM_1$～$KM_7$ | 交流接触器 | CJ0-10 | 10A，220V |
| $FR_1$ | 热继电器 | JR10-1L | 2A |
| $FR_2$ | | | 1.6A |
| $FR_3$ | | | 2.5A |
| $FR_4$ | | | 9A |
| $FR_5$ | | | 0.47A |
| $FU_1$ | 熔断器 | RL1 | 30A |
| $FU_2$ | | | 10A |
| $FU_3$ | | | 10A |
| $FU_4$ | | | 2A |
| QS | 开关 | LWS-3/C5172 | 15A |
| $SA_1$ | 手动开关 | LA18-22×2 | |
| $SA_2$ | 开关 | | |
| $SA_3$ | 转速选择开关 | | |
| $SB_1$ | 启动按钮 | LA19-11D | |
| $SB_2$ | 停止按钮 | LA19-11J | |
| $SB_3$ | 工件对准按钮 | LA19-11 | |
| $SB_4$ | 停止按钮 | LA19-11 | |
| $SB_5$ | 启动按钮 | LA19-22 | |
| $SQ_1$ | 位置开关 | LX12-2 | |
| $SQ_2$ | 行程开关 | | |
| YA | 电磁铁 | MQW0.7 | 7N，220V |
| TC | 变压器 | BK-50 | (220/36)V，6.3V |

由控制电路可见，只有在接触器 $KM_1$ 得电以后，其余电控线路才能接通。也就是说，只有在液压泵电动机 $M_1$ 启动，液压系统做好准备以后，其他电动机才能接通电源，启动运行。

按下停止按钮 $SB_2$，接触器 $KM_1$ 线圈断电，电动机 $M_1$ 断电停转。此时，其他任何控制电路都无法接通。

（2）头架电动机 $M_2$ 的控制。磨削加工时，由头架和尾架将工件沿中心轴顶紧，头架电动机 $M_2$ 安装在头架上。电动机 $M_2$ 旋转时，拖动头架带动工件旋转。由于加工工件直径大小不同，精磨和粗磨要求不同，因此头架顶头的转速是要能调速的。M1432 万能外圆磨床采用塔式皮带轮配合双速电动机满足所需的调速要求。控制线路中 $SA_3$ 为转速选择开关，分为"低"、"停"、"高"三挡。

① 低速。$SA_3$ 置于"低"位置。当工件安装完毕后（液压泵电动机 $M_1$ 已启动），操纵液压手柄使砂轮快速接近工件，砂轮架压住位置开关 $SQ_1$，因 $SA_3$ 置于低速位置，故通过 $SQ_1$ 和 $SA_3$ 接通接触器 $KM_2$ 线圈，其互锁触点 $KM_2$（23-25）断开，实现对接触器 $KM_3$ 的互锁。主电路中 $KM_2$ 的动合主触点闭合，电动机 $M_2$ 定子绕组以△接法接入电源，电动

机 $M_2$ 低速运转，配合塔式皮带轮的传动比，可以得到工件所需要的转速。此时动合触点 $KM_2$（15-41）闭合，接通接触器 $KM_6$ 线圈，主电路中的 $KM_6$ 主触点闭合，冷却泵电动机 $M_5$ 启动供给冷却液。

② 停车。$SA_3$ 置于“停”位置。控制线路被断开，低速和高速控制都无法实现，但能够进行点动调试。按下 $SB_3$ 工件低速运转，便于将工件和砂轮对准位置。松开 $SB_3$，头架电动机 $M_2$ 停转，对准工件调试结束。

③ 高速。$SA_3$ 置于“高”位置。通过位置开关 $SQ_1$，接触器 $KM_3$ 线圈得电，其互锁触点 $KM_3$（17-19）断开，实现对接触器 $KM_2$ 的互锁。$KM_3$ 动合触点闭合，接触器 $KM_7$ 线圈得电。主电路中的 $KM_3$ 和 $KM_7$ 主触点闭合，头架电动机 $M_2$ 定子绕组以双 Y 接法接入电源，电动机 $M_2$ 高速运转，配合塔式皮带轮的传动比，可得工件所需的转速。此时，动合触点 $KM_3$（15-41）闭合，接触器 $KM_6$ 线圈得电，其主触点闭合，冷却泵电动机 $M_5$ 启动供给冷却液。

高速、低速、停止无论采用哪种速度，在切削完毕时，均用液压手柄操作使砂轮架快速退回原处，位置开关 $SQ_1$ 释放，头架电动机停止运转。

（3）内、外圆砂轮电动机 $M_3$、$M_4$ 的控制。内、外圆砂轮分别由电动机 $M_3$、$M_4$ 拖动，由接触器 $KM_4$、$KM_5$ 及行程开关 $SQ_2$ 的动合、动断触点控制，确保内、外圆电动机 $M_3$、$M_4$ 不会同时运转。

① 外圆磨削。在进行外圆磨削加工时，把外圆磨具砂轮架翻下来，使内圆磨具离开，砂轮架压下行程开关 $SQ_2$，其动合触点 $SQ_2$（27-35）闭合，动断触点 $SQ_2$（27-29）断开。按下 $SB_5$，接触器 $KM_5$ 线圈得电，其自锁触点 $KM_5$（31-33）断开，实现对接触器 $KM_4$ 的互锁。主电路中的 $KM_5$ 主触点闭合，外圆砂轮电动机 $M_4$ 定子接通电源，拖动外圆砂轮进行外圆加工。

② 内圆磨削。在进行内圆磨削加工时，将内圆磨具砂轮翻下来，行程开关 $SQ_2$ 被释放复位，接触器 $KM_5$ 线圈断电，接触器 $KM_4$ 线圈和电磁铁 YA 通电吸合，其衔铁被吸下，砂轮架快速移动的手柄被挡住，使砂轮架不能快速移动。其原因是在磨削内圆时，内圆磨头是伸入工件内孔中的，砂轮架做横向快速移动，必然造成设备事故。若要求砂轮架快速退回，应先将工件退下，将内圆磨砂轮架翻上去之后，电磁铁 YA 断电后，才可以操作液压手柄，进行砂轮架快速退回。

安装好工件后，按下启动按钮 $SB_5$，接触器 $KM_4$ 线圈得电，其自锁触点 $KM_4$（29-31）闭合，实现自锁。互锁触点 $KM_4$（37-39）断开，实现对接触器 $KM_5$ 的互锁。主电路的 $KM_4$ 主触点闭合，电动机 $M_3$ 定子绕组接入电源，内圆砂轮电动机运转，拖动内圆磨头的砂轮进行内圆磨削加工。

③ 内、外圆磨削停止。无论是内圆磨削加工还是外圆磨削加工，均按下停止按钮 $SB_4$，使接触器 $KM_4$ 或 $KM_5$ 线圈断电，其主触点释放，内、外圆砂轮电动机 $M_3$ 或 $M_4$ 断电停止。

（4）冷却泵电动机 $M_5$ 的控制。头架电动机 $M_2$ 拖动工件旋转时，不论是高速（$KM_3$ 和 $KM_7$ 线圈得电）还是低速（$KM_2$ 线圈得电），都需要冷却泵提供冷却液。此时由接触器 $KM_3$ 或 $KM_2$ 的动合触点 $KM_3$（15-41）或 $KM_2$（15-41）接通接触器 $KM_6$，它的主触点闭合，使冷却泵电动机 $M_5$ 得电，提供冷却液。另外，在修整砂轮时，并不需要启动头架电动机，但需要供给冷却液，可由手动开关 $SA_1$ 接通接触器 $KM_6$ 线圈，使冷却泵电动机 $M_5$ 得电旋转。

（5）照明与指示电路。照明灯 $EL_1$、$EL_2$ 和信号指示灯 HL 由变压器 TC 降压供电。

$EL_2$由手动开关$SA_2$控制。信号灯 HL 由接触器触点$KM_1$（45-47）控制，指示液压泵电动机$M_1$是否运转。

## 9.4 M7140 磨床的电气控制

M7140 磨床的主运动是由一台砂轮电动机带动砂轮的旋转而实现的。砂轮架由一台交流电动机带动，使砂轮在垂直方向做快速移动；砂轮在垂直方向上可进行手动进给和液压自动进给。

工件的纵向和横向进给运动由工作台的纵向往复运动和横向移动实现。

工件的夹紧采用电磁吸盘，其励磁电压由一台直流发电机提供，直流发电机则由一台交流电动机拖动。

冷却液由一台冷却泵电动机带动冷却泵供给。

液压系统的压力油由一台交流电动机带动液压泵提供。

M7140 磨床的电气线路如图 9.8 所示。合上电源开关 QF，电磁吸盘转换开关$SA_2$扳向“接通”位置。

### 1．砂轮电动机$M_1$和冷却泵电动机$M_2$

（1）启动。按下启动按钮$SB_2$，接触器$KM_1$吸合并自锁，其主触点闭合，砂轮电动机$M_1$和冷却泵电动机$M_2$同时启动运转。

（2）停止。按下停止按钮$SB_1$，接触器$KM_1$断电释放，$M_1$和$M_2$同时停止运转。

$M_1$和$M_2$的过热保护分别由$FR_1$和$FR_2$承担。

### 2．液压泵电动机$M_3$

（1）启动。按下启动按钮$SB_3$，接触器$KM_2$得电吸合并自锁。$KM_2$吸合后主触点闭合，液压泵电动机$M_3$启动运转。当压力达到正常值后，压力继电器 KP（53-55）触点断开，信号灯$HL_3$熄灭。

（2）停止。按下停止按钮$SB_4$，接触器$KM_2$断电释放，液压泵电动机停止运转。

液压泵电动机的过热保护由$FR_3$承担。

### 3．砂轮架垂直快速移动电动机$M_5$

（1）向上移动。按下按钮$SB_8$，接触器$KM_4$得电吸合，接触器$KM_4$吸合后主触点闭合，砂轮架电动机$M_5$转动，砂轮架快速向上移动。当放开按钮$SB_8$时，接触器$KM_4$失电释放，$M_5$停止运转，砂轮架停止移动。

（2）向下移动。按下按钮$SB_9$，接触器$KM_5$得电吸合，接触器$KM_5$吸合后主触点闭合，砂轮架电动机$M_5$反向运转，砂轮架反向快速向下移动。当放开按钮$SB_9$时，接触器$KM_5$失电释放，$M_5$停止运转，砂轮架停止移动。

（3）限位。当砂轮架向上运动达到顶端位置时，限位开关$SQ_4$被顶开，接触器$KM_4$断电释放，砂轮架电动机$M_5$停止运转，砂轮架停止向上移动。

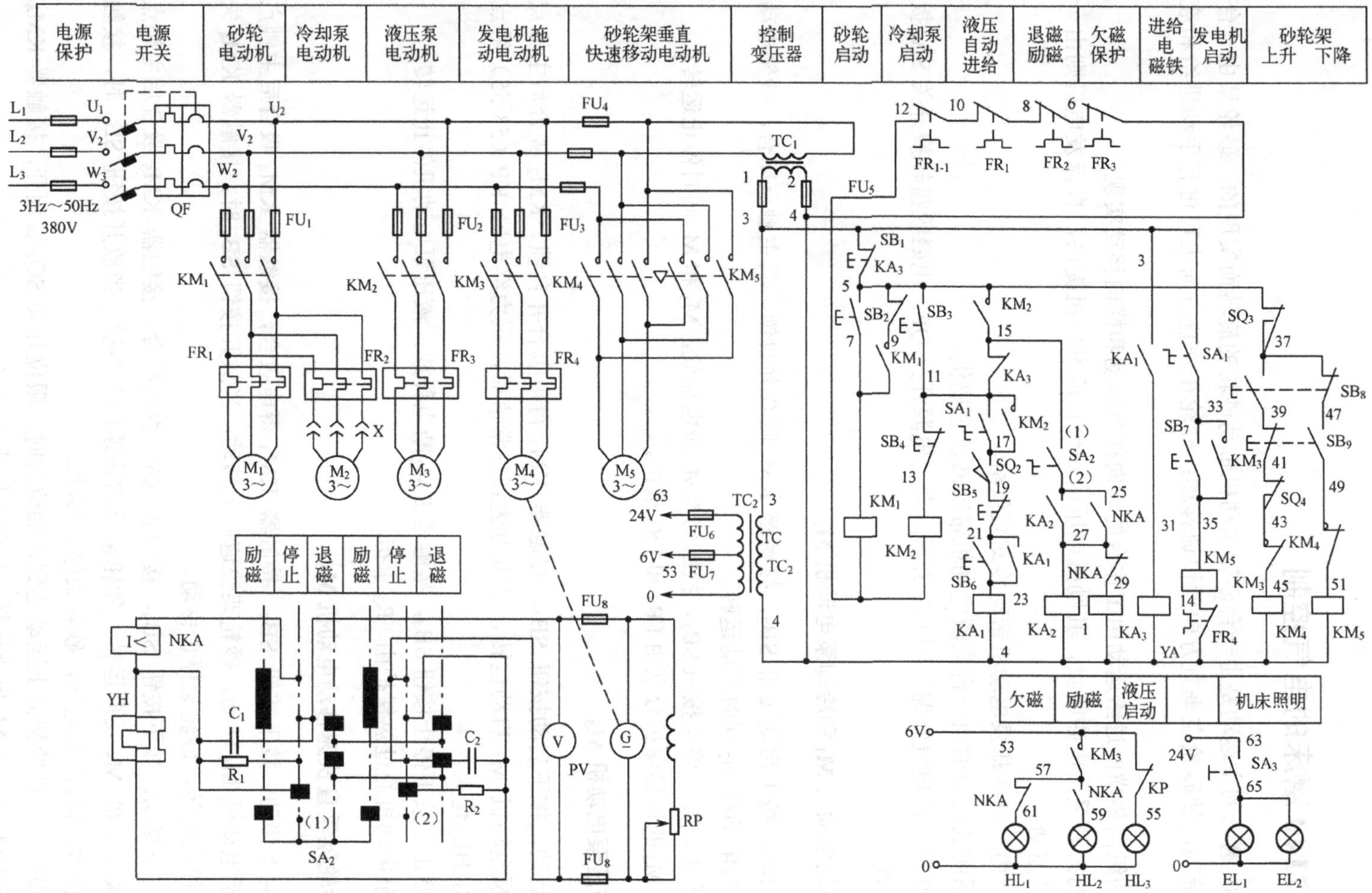


图 9.8 M7140 磨床的电气线路

**4．液压自动进给**

微动开关 $SQ_3$ 是垂直进给的手动自动互锁开关。当需要液压自动进给时，按下按钮 $SB_6$，中间继电器 $KA_1$ 吸合，动合触点 $KA_1$（3-31）闭合，电磁铁 YA 接通，磨床进入液压自动进给状态。当要停止液压自动进给时，按下 $SB_5$，中间继电器 $KA_1$ 断电，触点 $KA_1$（3-31）释放，电磁铁 YA 断电，磨床停止液压自动进给。

**5．电动机 $M_4$**

合上手动开关 $SA_1$，按下按钮 $SB_7$，接触器 $KM_3$ 吸合，其主触点闭合，电动机 $M_4$ 运转，带动直流发电机 G 运转发电。电动机 $M_4$ 的过热保护由 $FR_4$ 承担。

**6．电磁盘控制电路**

M7140 磨床的电磁盘励磁是用交流电动机 $M_4$ 拖动直流发电机 G 来提供电磁盘所需的直流电的。

电容 $C_1$、$C_2$ 的作用是熄灭触点间的电弧。电阻 $R_1$、$R_2$ 的作用是：当手柄置于"停止"位置时，避免断电时因线圈自感而产生的过电压损坏线圈绝缘。

（1）励磁。将转换开关 $SA_2$ 置于"接通"位置，按下按钮开关 $SB_7$，电动机 $M_4$ 运转，带动直流发电机 G 运转发电，电磁盘 YH 得电励磁。同时，欠电流继电器 NKA 得电，动合触点闭合，动断触点断开，信号灯 $HL_1$ 熄灭，$HL_2$ 亮，$KA_2$ 得电，$KA_3$ 断电。

（2）电磁盘欠磁保护。NKA、$KA_2$、$KA_3$ 组成电磁盘欠磁保护电路。当线路电压正常时，NKA 得电后 $KA_2$ 得电，$KA_3$ 断电，砂轮、冷却泵和液压泵电动机均能启动。当线路电压因故下降，使流过欠电流继电器的电流相应下降时，电磁盘的电磁力也随着下降。当降低到调定值以下时，NKA 复位，其动合触点断开，动断触点闭合，即 NKA（57-59）断开，信号灯 $HL_2$ 熄灭；NKA（57-61）闭合，信号灯 $HL_1$ 亮，发出危险信号。同时，NKA（27-29）闭合，液压自动进给停止，从而保证操作安全。

（3）退磁。工件磨好后，停止发电机组运行，将吸盘转换开关 $SA_2$ 置于"退磁"位置，利用发电机惯性使发电机反向通入，电磁吸盘退磁。

**7．照明电路**

照明工作灯为 $EL_1$、$EL_2$，控制开关为 $SA_3$。

## 习　题　9

**简答题**

9.1　磨床采用电磁吸盘来夹持工件有什么好处？

9.2　M7120 平面磨床控制电路中具有哪些保护环节？

9.3　在 M7120 平面磨床中为什么采用电磁吸盘来夹持工件？电磁吸盘线圈为何要用直流供电而不能用交流供电？

9.4　M7120 平面磨床进给有哪几种？

9.5　M7120 平面磨床主电路有几台电动机？各起什么作用？

9.6　简述 M7120 平面磨床电磁吸盘充磁和退磁工作过程。

9.7　在 M7120 磨床电气原理图中，若将热继电器 $FR_1$ 与 $FR_2$ 保护触点分别串接在 $KM_1$ 和 $KM_2$ 线圈电路中，有何作用？

9.8　M1432 万能外圆磨床主电路有几台电动机？各起什么作用？

9.9　M1432 万能外圆磨床头架电动机 $M_2$ 是如何进行调速控制的？

9.10　简述 M7140 磨床电磁吸盘控制工作过程。

9.11　M7140 磨床控制电路中，为什么冷却泵电动机受主电动机的互锁控制，在主电机启动后才能启动，一旦主电动机停转，冷却泵电动机也同步停转？

9.12　M7140 磨床的电磁吸盘没有吸力或吸力不足，试分析可能的原因。

# 第 10 章　摇臂钻床的电气控制

钻床一般用于加工尺寸较小、精度要求不太高的孔，如各种零件上的连接螺钉孔。它主要是用孔头在实心材料上钻孔，此外还可以进行扩孔、铰孔、攻丝等工作。钻床进行加工时，工件一般固定不动，刀具一面做旋转运动，一面沿其轴线移动，完成进给运动。

钻床主要的几种类型是：立式钻床，用于加工中小型工件；台式钻床，用于加工小尺寸工件；摇臂钻床，用于加工大中型工件；专门化钻床，如用于加工深孔（枪管和炮筒孔等）的深孔钻床，成批和大量生产中用于钻轴类零件上中心孔的中心孔钻床等。

## 10.1　摇臂钻床的主要结构与运动形式

摇臂钻床主要用来加工大中型工件上的孔，若使用一般立式钻床，每加工一个孔需要移动一次工件，对于大而重的工件，不仅操作困难，而且影响加工精度。使用摇臂钻床，其主轴可以很方便地在水平面上调整位置，使刀具对准被加工孔的中心，而工件则固定不动。

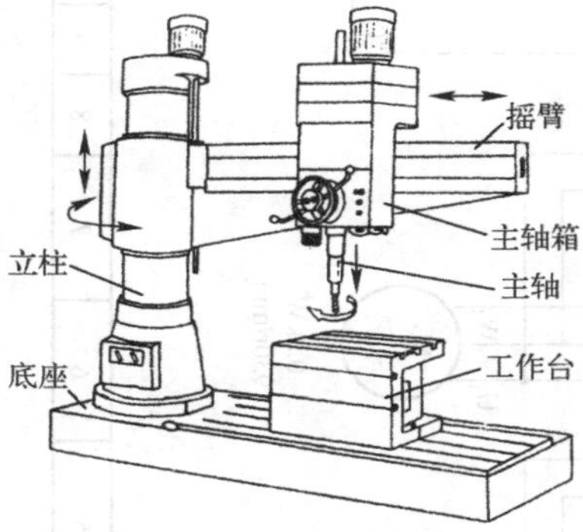

图 10.1　摇臂钻床结构示意图

摇臂钻床由底座、立柱、摇臂和主轴箱等部件组成，其结构示意图如图 10.1 所示。主轴箱装在可绕垂直轴线回转的摇臂的水平导轨上，通过主轴箱在摇臂上的径向移动以及摇臂的回转，可以很方便地将主轴调整至机床尺寸范围内的任意位置。为了适应加工不同高度工件的需要，摇臂可沿立柱上下移动以调整位置。工件根据其尺寸大小，可以安装在工作台上或直接安装在底座上。

立柱由内立柱和外立柱组成，内立柱固定在底座一端，外立柱套在内立柱的外面并可绕内立柱回转 360°。摇臂的一端利用套筒套在外立柱上，在电动机拖动下可沿外立柱上下移动。摇臂不能绕外立柱转动，只能与外立柱一起绕内立柱回转。主轴箱沿摇臂上的水平导轨通过手轮操作使其移动。在进行钻削加工时，必须利用夹紧装置将主轴箱紧固在摇臂导轨上，外立柱紧固在内立柱上，摇臂紧固在外立柱上。

摇臂钻床钻削加工时的运动情况如下：

主运动：主轴拖动钻头旋转。

进给运动：主轴上的钻头纵向进给。

辅助运动：摇臂沿外立柱垂直移动，主轴箱沿摇臂长度方向移动，摇臂与外立柱一起绕内立柱回旋。

## 10.2　Z35 摇臂钻床的电气控制

Z35 摇臂钻床共有 4 台电动机拖动，主轴电动机和冷却泵电动机只要求单向旋转；摇臂电动机有摇臂上升和下降的动作，立柱电动机有松开和夹紧的动作，所以要求这两台电动机能够正、反转。摇臂升降是由十字开关控制的，该开关还同时控制主轴旋转和具有零压保护作用，其余均为按钮控制。由于摇臂要求回转，摇臂上主轴箱的电源通过安装在摇臂升降机体壳中的 4 个汇流环 W 引入。

Z35 摇臂钻床的电气线路如图 10.2 所示，表 10.1 为其电气元件明细表。

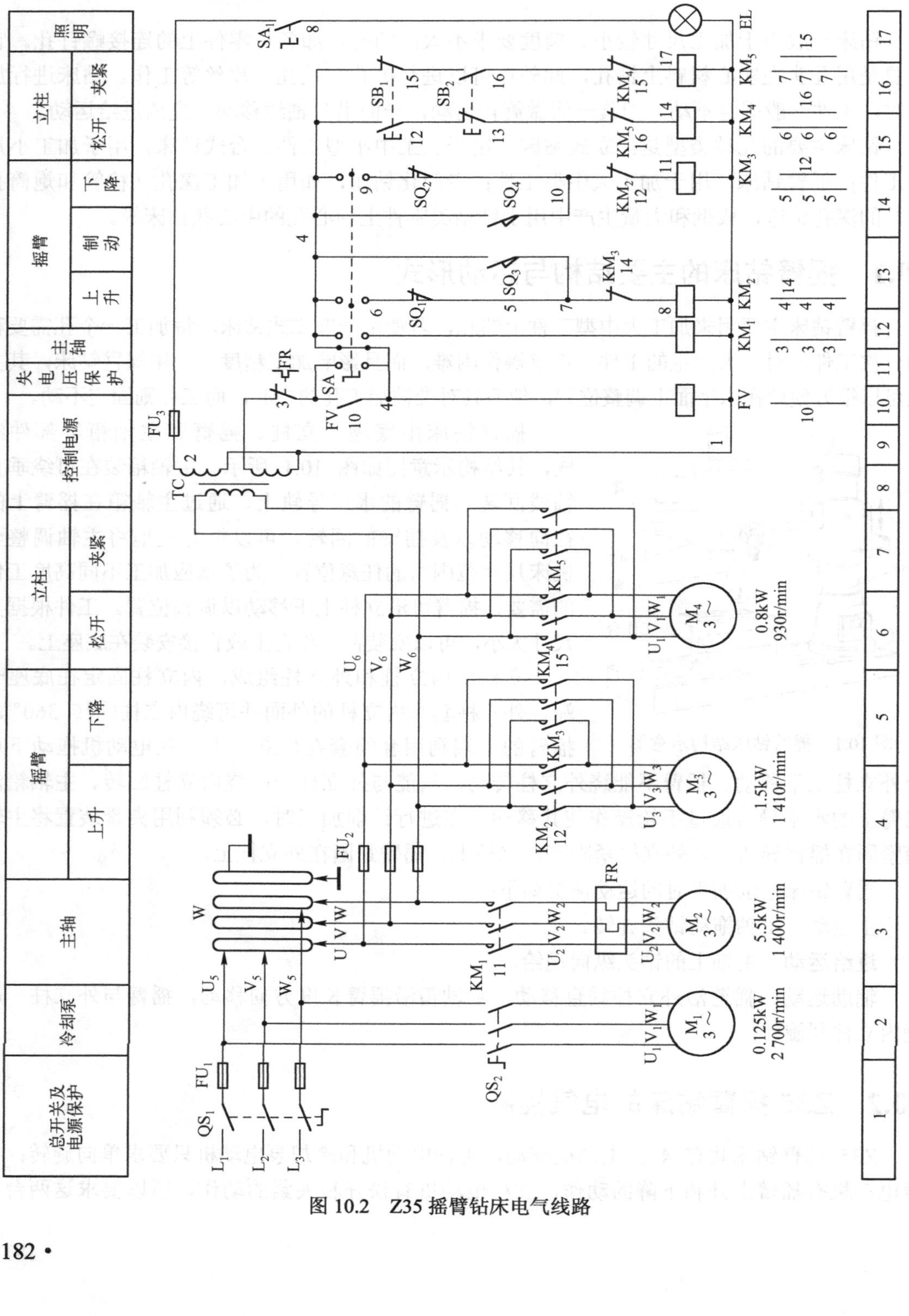


图 10.2　Z35 摇臂钻床电气线路

**表 10.1　Z35 摇臂钻床电气元件明细表**

| 文字符号 | 器件名称 | 型　号 | 规　格 |
|---|---|---|---|
| $M_1$ | 冷却泵电动机 | JCB-22-2 | 0.125kW，2 790r/min |
| $M_2$ | 主轴电动机 | JO2-22-4 | 6.5kW，1 400r/min |
| $M_3$ | 摇臂升降电动机 | JO2-42-4 | 1.5kW，1 400r/min |
| $M_4$ | 立柱夹紧电动机 | JO2-22-6 | 0.8kW，930r/min |
| $KM_1$ | 交流接触器 | CJ0-10 | 20A，127V |
| $KM_2$～$KM_5$ | 交流接触器 | CJ0-10 | 10A，127V |
| $FU_1$ | 熔断器 | RL1 | 60A，熔体 25A |
| $FU_2$ | | | 15A，熔体 10A |
| $FU_3$ | | | 15A，熔体 2A |
| $QS_1$ | 开关 | HZ2-25/3 | 25A |
| $QS_2$ | 开关 | HZ2-10/3 | 10A |
| SA | 十字开关 | | |
| FV | 电压继电器 | JZ7-44 | 127V |
| FR | 热继电器 | JR2-1 | 11.1A |
| $SQ_1$、$SQ_2$ | 位置开关 | HZ4-22 | |
| $SQ_3$、$SQ_4$ | 位置开关 | LX5-110/1 | |
| $SB_1$、$SB_2$ | 按钮 | LA2 | 5A |
| TC | 控制变压器 | BK-150 | （380/127）V，36V，6.3V |
| W | 汇流排 | | |

## 1．主电路

拖动钻头进行钻削加工的主轴电动机 $M_2$ 在电气上只有单方向旋转，实际加工中需要反转运动是通过操作摩擦离合器手柄实现的。冷却泵电动机 $M_1$ 直接用手动开关 $QS_2$ 操作。摇臂升降电动机 $M_3$ 的正、反转控制由控制电路中的十字形手柄控制，将手柄置于不同位置（共有 5 个位置）时，可实现相应的操作。立柱夹紧电动机 $M_4$ 的正、反转控制使用按钮操作。

过载保护只有主轴电动机 $M_2$ 设置了热继电器 FR，其他电动机因都是短期工作，所以不设置过载保护。摇臂升降电动机 $M_3$ 和立柱夹紧电动机 $M_4$ 共用一组熔断器 $FU_2$ 做短路保护，$FU_1$ 为 4 台电动机总的短路保护。

## 2．控制电路

控制电路采用 127V 电压供电，由变压器 TC 将 380V 电压降到 127V。目前我国已将 127V 电压等级取消，但在一些旧机床上仍然使用，在大修时可以考虑将其改成 380V 或 220V 供电，以便与国家标准统一。Z35 摇臂钻床使用十字开关 SA，用于控制摇臂升降、主轴转动和零压保护。

（1）十字开关 SA。十字开关 SA 是一个功能选择开关，置于不同的位置（5 个）时，可以完成不同的控制功能。面板上十字开关有上、下、左、右、中 5 个位置，除中间位置外，其余 4 个位置下面都装有微动开关，扳动开关手柄位于上、下、左、右 4 个位置时，都可压下对应的微动开关，接通相应的控制电路；当手柄离开原位时，微动开关自动复位，处于断开状态。当手柄处于中间位置时，4 个微动开关都呈断开状态，对应的控制电路无法接通。十字开关手柄位置的控制功能如表 10.2 所示。

**表 10.2　十字形开关操作功能**

| 手 柄 位 置 | 实 物 图 形 | 电 气 符 号 | 接通的线路 | 控制对象及功能 |
|---|---|---|---|---|
| 中间 | 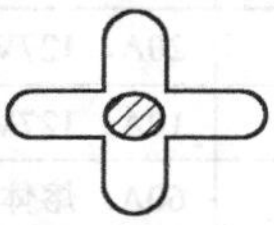 | 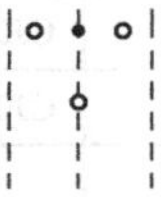 | 控制电路断电 | |
| 左 | 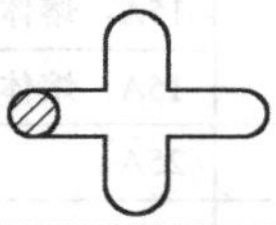 | 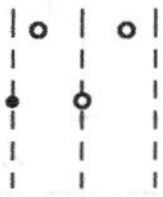 | FV 线圈支路 | 使 FV 通电并自锁，实现零压保护 |
| 右 | 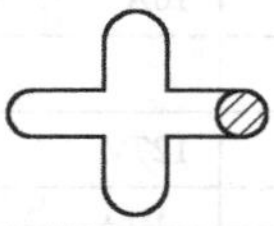 | 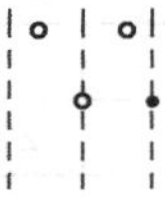 | $KM_1$ 线圈支路 | 主轴转动 |
| 上 | 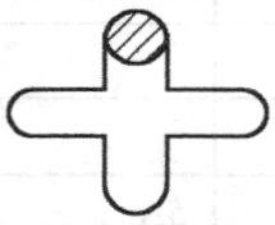 | 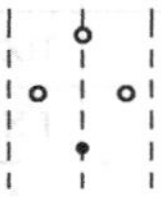 | $KM_2$ 线圈支路 | 摇摆上升 |
| 下 | 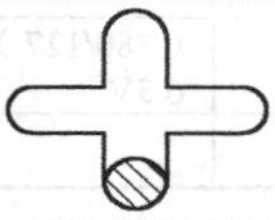 | 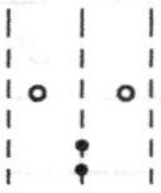 | $KM_3$ 线圈支路 | 摇摆下降 |

通过十字开关可操作对应的电气元件，完成相应操作。操作完毕后，再把手柄扳回中间位置。

（2）主轴电动机 $M_2$ 的控制。启动 $M_2$ 电动机前，先将选择开关 SA 扳向左边接通控制电路的电源（FV 得电并自锁），然后扳到右边使 SA（4-5）接通，接触器 $KM_1$ 线圈得电，其主电路的主触点闭合，电动机 $M_2$ 定子绕组接入电源，主轴电动机 $M_2$ 启动并运转。主轴转动方向由主轴箱上双向摩擦离合器的手柄控制。

主轴电动机 $M_2$ 的停止是将十字手柄 SA 扳回中间位置，使 SA（4-5）断开，接触器 $KM_1$ 线圈断电，电动机 $M_1$ 断电，主轴电动机停止。

（3）摇臂升降电动机 $M_3$ 的控制。摇臂的升降是通过摇臂升降电动机 $M_3$ 的正、反转拖动的，但在升、降前后必须完成摇臂松开和夹紧工作。

上升过程：摇臂松开——摇臂上升——夹紧摇臂。

下降过程：摇臂松开——摇臂下降——夹紧摇臂。

摇臂上升前，先将十字开关 SA 扳到向上位置，接通 SA（4-6），接触器 $KM_2$ 线圈得电，其互锁触点 $KM_2$（9-11）断开，实现对接触器 $KM_3$ 的互锁。主电路中 $KM_2$ 的主触点闭合，摇臂电动机 $M_3$ 得电正转，由于摇臂在上升前还被夹紧在外立柱上，所以即使电动机 $M_3$ 正转，摇臂也不会上升，须通过传动装置将摇臂夹紧装置放松，在放松的同时 $SQ_4$（4-10）被压合，为夹紧摇臂做好准备。

当摇臂完全松开后，因 $M_3$ 继续正转，故经机械装置传动摇臂上升。到达预定位置时，应将十字开关扳回到中间位置，SA（4-6）断开，接触器 $KM_2$ 线圈断电，其互锁触点 $KM_2$（9-12）恢复闭合，互锁解除。$KM_2$ 主触点断开，摇臂升降电动机 $M_3$ 断电，摇臂停止上升。

由于 $SQ_4$（4-10）已闭合，接触器 $KM_2$（10-11）已复位，所以接触器 $KM_3$ 线圈得电，其互锁触点 $KM_3$（7-8）断开，实现对 $KM_2$ 线圈的互锁。主电路中的 $KM_3$ 主触点闭合，摇臂电动机 $M_3$ 得电反转，通过机械夹紧机构使摇臂自动夹紧。摇臂夹紧后，行程开关 $SQ_4$ 被释放，其触点 $SQ_4$（4-10）恢复断开（复位），接触器 $KM_3$ 线圈断电，摇臂升降电动机 $M_3$ 停转，摇臂上升过程结束。

摇臂下降，只需十字开关扳到向下位置，接通接触器 $KM_3$，使电动机 $M_3$ 反转，先将夹紧装置松开，并将行程开关 $SQ_3$ 压合，然后拖动摇臂下降。到位时，再由 $SQ_3$（4-7）接通接触器 $KM_2$，电动机 $M_3$ 正转，将摇臂夹紧，直到松开 $SQ_3$，电动机 $M_3$ 断电停止。

摇臂上升和下降极限位置使用了行程开关 $SQ_1$ 和 $SQ_2$，分别对上升和下降进行限位保护。

（4）立柱电动机 $M_4$ 夹紧、松开控制。摇臂可以绕立柱用人力推动回转，但在推动前，必须将内、外立柱松开，因为摇臂是和外立柱一起绕内立柱回转的，平时是夹紧的，松开后才能完成回转。按下立柱松开按钮 $SB_1$，其动断触点 $SB_1$（4-15）断开，动合触点 $SB_1$（4-12）闭合，接触器 $KM_4$ 线圈得电，其互锁触点接触器 $KM_4$（16-17）断开，实现对接触器 $KM_5$ 的互锁。主电路中的接触器 $KM_4$ 主触点闭合，立柱夹紧电动机 $M_4$ 定子绕组得电正转，拖动齿轮液压泵，经油路系统输送高压油，配合机械传动系统将内立柱和外立柱松开。松开 $SB_1$，接触器 $KM_4$ 线圈断电，其互锁解除，主触点恢复断开，电动机 $M_4$ 停转。

立柱松开后，可通过人力推动摇臂绕内立柱转动，到达指定位置，按下立柱夹紧按钮 $SB_2$，其触点 $SB_2$（12-13）断开，$SB_2$（15-16）闭合，接触器 $KM_5$ 线圈得电，其互锁触点 $KM_5$（13-16）断开，实现对接触器 $KM_4$ 的互锁。主电路接触器 $KM_5$ 闭合，立柱夹紧电动机 $M_4$ 定子绕组得电反转，拖动齿轮液压泵，经油路系统反方向送高压油，配合机械传动系统，将内立柱和外立柱夹紧。松开 $SB_2$，电动机 $M_4$ 停止。

（5）零压（欠压）保护。零压保护是由欠电压继电器 FV 和十字开关 SA 共同实现的。当电压大幅度下降或为零时，欠电压继电器 FV 会自动释放，使其触点 FV（3-4）断开，控制电路全部断电，电动机停止运转。电压恢复正常后，应重新操作十字开关 SA，才能启动控制电路。

（6）冷却泵电动机 $M_1$ 的控制。冷却泵电动机 $M_1$ 由手动开关 $SQ_2$ 控制，在钻削加工时提供冷却液。

（7）照明控制。照明灯 EL 由手动开关 $SA_1$ 控制，触点 $SA_1$（2-8）闭合，照明灯亮，反之熄灭。

## 10.3 Z3040 摇臂钻床的电气控制

Z3040 摇臂钻床的动作是通过机、电、液联合控制来实现的。主轴的变速利用变速箱来实现，其正、反转运动是利用机械的方法来实现的，主轴电动机只需单方向旋转。摇臂的升降由一台交流异步电动机来拖动。内、外立柱，主轴箱和摇臂的夹紧与放松是通过电动机带动液压泵，通过夹紧机构来实现的。图 10.3 为 Z3040 摇臂钻床电气控制线路图，图 10.4 为其夹紧机构液压系统原理图。

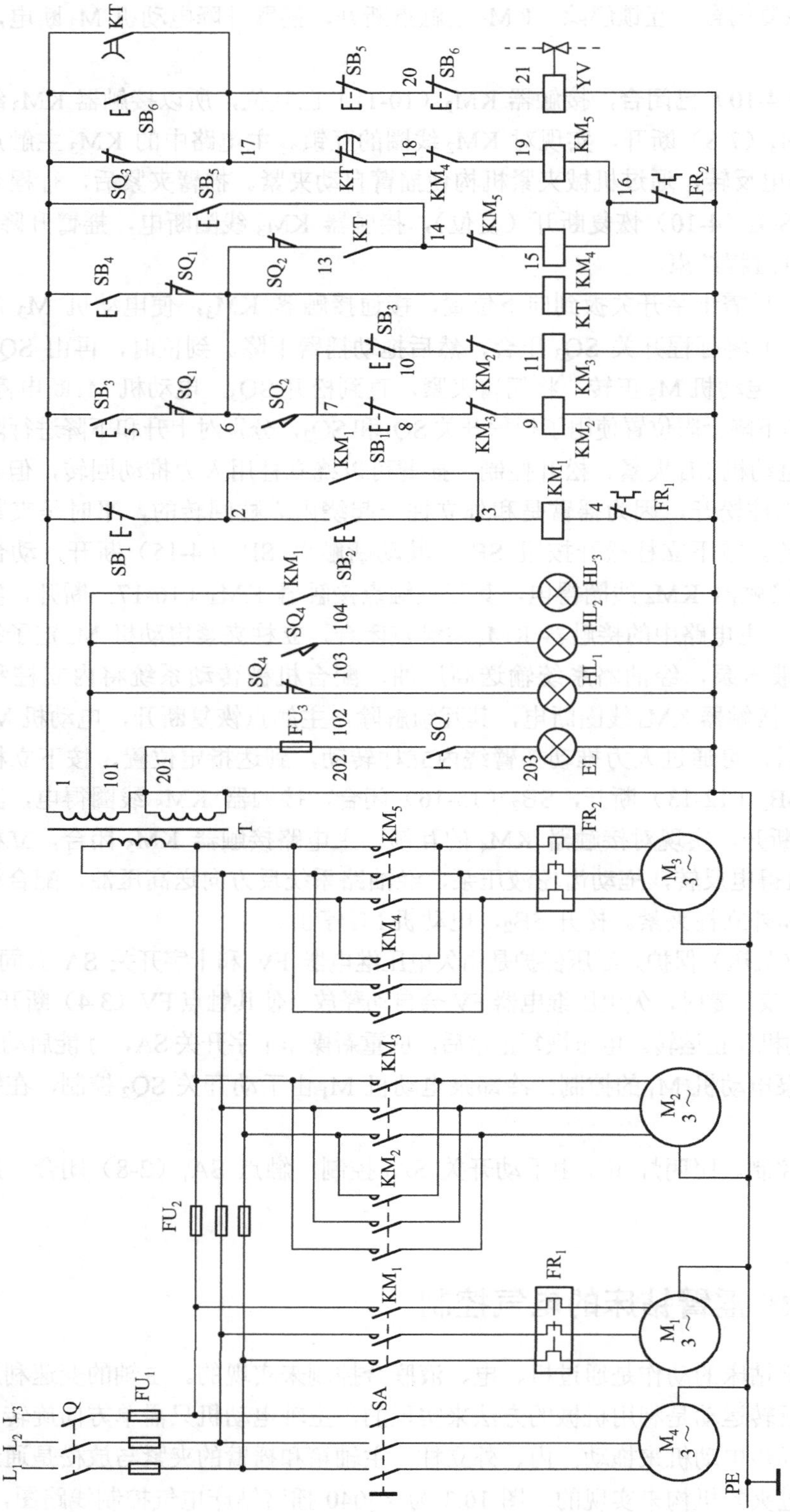

图 10.3　Z3040 摇臂钻床电气控制线路

图 10.3 中，$M_1$ 为主轴电动机，主轴的正、反转由机床液压系统操纵机构配合正、反转摩擦离合器实现。$M_2$ 为摇臂升降电动机，$M_3$ 为液压泵电动机，$M_4$ 为冷却泵电动机。$SQ_1$ 为摇臂升降极限保护开关，$SQ_2$ 和 $SQ_3$ 是分别反映摇臂是否完全松开和夹紧并发出相应信号的位置开关，$SQ_4$ 是用来反映主轴箱与立柱的夹紧和放松状态的信号控制开关。YV 为 2 位 6 通电磁阀。

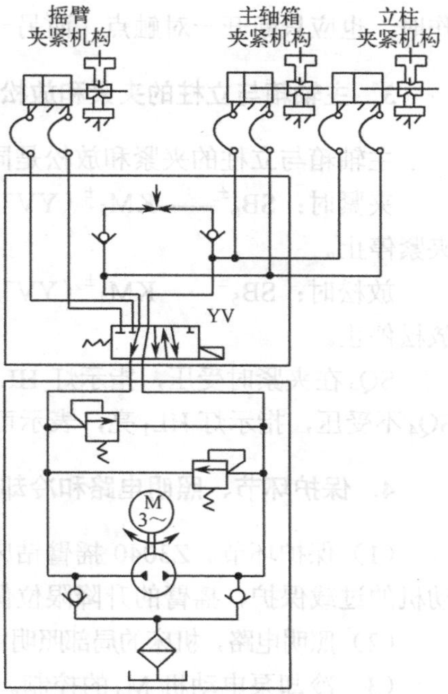

图 10.4　Z3040 摇臂钻床夹紧机构液压系统原理图

**1．主轴电动机 $M_1$ 的控制**

合上电源开关 Q，按下按钮 $SB_2$，$SB_2$——$KM_1{}^{+}_{\times 0}$——$M_1^+$，$M_1$ 主轴电动机启动。此时指示灯 $HL_3$ 亮，表示主轴电动机正在旋转。需停车时按下按钮 $SB_1$，$SB_1^{\pm}$——$KM_1^-$——$M_1^-$，$M_1$ 停止。

**2．摇臂的升降控制**

摇臂的升降控制必须与夹紧机构液压系统紧密配合，其动作过程为：摇臂放松——上升或下降——摇臂夹紧，所以它与液压泵电动机的控制有着密切的关系。下面以摇臂的上升为例加以说明。

按下按钮 $SB_3$：$SB_3^+$—$KT^+$——$KT_4^+$—$M_3^+$ 正转，拖动液压泵送出液压油。
　　　　　　　　　　　└—$YV^+$ 接通摇臂放松油路。

液压油将摇臂放松，当摇臂完全松开后，压下位置开关 $SQ_2$，发出摇臂放松信号，压下 $SQ_2^+$：

$SQ_2^+$—$SQ_2(6\text{–}13)^-$——$KM_4^-$—$M_3^-$ 停止提供液压油，摇臂维持放松状态。
　　　　　　　　　└——$SQ_2^+(6\text{–}7)$—$KM_2^+$—$M_2^+$ 启动，摇臂上升。

当摇臂上升到位时，松开按钮 $SB_3$；$SB_3^-$——$KM_2$—$M_2^-$ 摇臂停止上升。
　　　　　　　　　　　　　└—$KT^-$ $\xrightarrow{\Delta t}$ $YV^-$、$KM_5^+$—$M_3^+$ 反转，拖动液压泵供出液压油，液压油进入夹紧液压腔，将摇臂夹紧。当摇臂完全夹紧后，压下位置开关 $SQ_3$，$SQ_3(1\text{–}17)^-$—$KM_5^-$—$M_3^-$ 停止运转，摇臂夹紧完成。

时间继电器 KT 是为保证夹紧动作在摇臂升降电动机停止运转之后而设置的，KT 延时的长短应依照摇臂升降电动机切断电源到停止时惯性的大小来进行调整。

$SQ_1$ 是为限制摇臂升降的极限而设置的位置开关。当摇臂升降到极限位置时，$SQ_1$ 相应的触点动作，切断对应的上升或下降接触器 $KM_2$ 和 $KM_3$，使 $M_2$ 停止运转，摇臂停止移动，从而达到限位保护的目的。$SQ_1$ 的触点平时应调整在同时接通的位置，一旦撞击使其动作时，也应只断开一对触点，而另一对仍保持闭合。

### 3．主轴箱与立柱的夹紧和放松控制

主轴箱与立柱的夹紧和放松是同时进行的，这可从图 10.3 上看出。

夹紧时：$SB_6^{\pm}$——$KM_5^{\pm}$（$YV^-$）——$M_3^{\pm}$反转，液压油进入夹紧油腔，使主轴箱和立柱夹紧停止。

放松时：$SB_5^{\pm}$——$KM_4^{\pm}$（$YV^-$）——$M_3^{\pm}$正转，液压油进入松开油腔，使主轴箱和立柱放松停止。

$SQ_4$在夹紧时受压，指示灯 $HL_2$亮，表示可以进行钻削加工；在主轴箱和立柱放松时，$SQ_4$不受压，指示灯 $HL_1$亮，表示可以进行移动调整。

### 4．保护环节、照明电路和冷却泵电动机 $M_4$ 的控制

（1）保护环节。Z3040 摇臂钻床的保护环节主要包括短路保护、主轴电动机和液压泵电动机的过载保护、摇臂的升降限位保护等。

（2）照明电路。机床的局部照明由变压器 T 供给 36V 安全电压，由开关 SQ 控制照明灯 EL。

（3）冷却泵电动机 $M_4$ 的控制。冷却泵电动机 $M_4$ 的容量很小，仅 0.125kW，由开关 SA 控制。

## 习　题　10

**简答题**

10.1　Z35 摇臂钻床中十字开关有几个位置？各有什么功能？

10.2　简述 Z35 摇臂钻床电气控制线路中零压（欠压）保护工作过程。

10.3　在 Z3040 摇臂钻床电气控制电路中，行程开关 $SQ_1$～$SQ_4$的作用各是什么？

10.4　在 Z3040 摇臂钻床电气控制电路中，试分析时间继电器 KT 与电磁铁 YV 在什么时候通电动作？时间继电器 KT 各触点的作用是什么？

10.5　在 Z3040 摇臂钻床电路中，YV 动作时间比 KT 长还是短？YV 什么时候不动作？

10.6　试叙述 Z3040 钻床操作摇臂下降时电路的工作情况。

10.7　Z3040 型摇臂钻床的摇臂上升、下降动作相反，试由电气控制电路分析其故障原因。

10.8　Z3040 钻床电路中有哪些互锁与保护？为什么要有这几种保护环节？

10.9　Z3040 摇臂钻床的摇臂升降电动机 $M_2$、冷却泵电动机 $M_4$ 为何都不需要用热继电器进行过载保护？

# 第 11 章　卧式镗床的电气控制

镗床和钻床都是孔加工机床，主要用于加工外形复杂、没有对称回转轴线的工件上单个或一系列圆柱孔，如杠杆、盖板、箱体、机架等零件上各种用途的孔。

和钻床相比，镗床通常用于加工尺寸较大、精度要求较高的孔，特别是分布在不同位置、相互之间相对位置精度要求很严格的孔，如变速箱等零件上的轴承孔。镗床主要用镗刀镗削工件上铸出的或已粗钻的孔，其运动情况与钻床类似，但进给运动是由刀具或工件完成的。除镗孔外，大部分镗床还可以进行铣削、钻孔、扩孔、铰孔等工作。镗床的主要类型有卧式镗床、落地镗床、落地镗铣床、坐标镗床和金刚镗床等。

## 11.1　卧式镗床的主要结构与运动形式

卧式镗床的主要组成部分有床身、前立柱、主轴箱、工作台以及带后支承架的后立柱等。卧式镗床的结构如图 11.1 所示，前立柱固定地安装在床身的右端（有些国外生产的卧式镗床，其前立柱安装在床身的左端），在它的垂直导轨上装有可上下移动的主轴箱。主轴箱中装有主轴部件、主运动和进给运动变速传动机构以及操纵机构等。根据加工情况的不同，刀具可以装在镗轴前端的锥孔中，或装在平旋盘与径向刀具溜板上。加工时，镗轴旋转完成主运动，并可沿其轴线移动做轴向进给运动；平旋盘只能做旋转主运动；装在平旋盘导轨上的径向刀具溜板，除了随平旋盘一起旋转外，还可沿导轨移动做径向进给运动。在主轴箱的后部固定着后尾筒，其内装有镗轴的轴向进给结构。装在后立柱垂直导轨上的后支承架，用于支承悬伸长度较大的刀杆（通常称为镗杆）的悬伸端，以增加其刚性。后支承架可沿着后立柱上的垂直导轨与主轴箱同步升降，以保持其上的支承孔与镗轴在同一轴线上。根据刀杆长度的不同，后立柱可沿着床身导轨左右移动，调整位置；如有需要，也可将其从床身上卸下。安装工件的工作台部件装在床身的导轨上，它由下滑座、上滑座和工作台组成。下滑座可沿床身顶面上的水平导轨做纵向移动，上滑座可沿下滑座顶部的导轨做横向移动，工作台可在上滑座的环形导轨上绕垂直轴线转位，能使工件在水平面内调整至一定角度位置，以便在一次安装中对互相平行或成一定角度的孔与平面进行加工。

卧式镗床的典型加工方法如图 11.2 所示。图 11.2（a）为用装在镗轴上的悬伸刀杆镗孔，由镗轴移动完成纵向进给运动（$s_1$）；图 11.2（b）为利用后支承架支承的长刀杆镗削同一轴线上的两个孔，由工作台移动完成纵向进给运动（$s_3$）；图 11.2（c）为用装在平旋盘上的悬伸刀杆镗削大直径的孔，由工作台移动完成纵向进给运动（$s_3$）；图 11.2（d）为用装在镗轴上的端铣刀铣平面，由主轴箱完成垂直进给运动（$s_2$）；图 11.2（e）、图 11.2（f）为用装在平旋盘刀具溜板上的车刀车内沟槽和端面，由刀具溜板移动完成径向进给运动（$s_4$）。

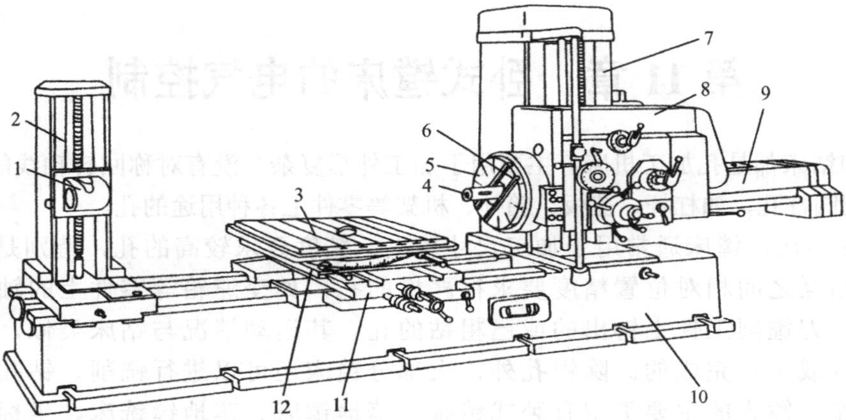


1—后支承架；2—后立柱；3—工作台；4—镗轴；5—平旋盘；6—刀具溜板；7—前立柱；8—主轴箱；

9—后尾筒；10—床身；11—下滑座；12—上滑座

图 11.1 卧式镗床结构

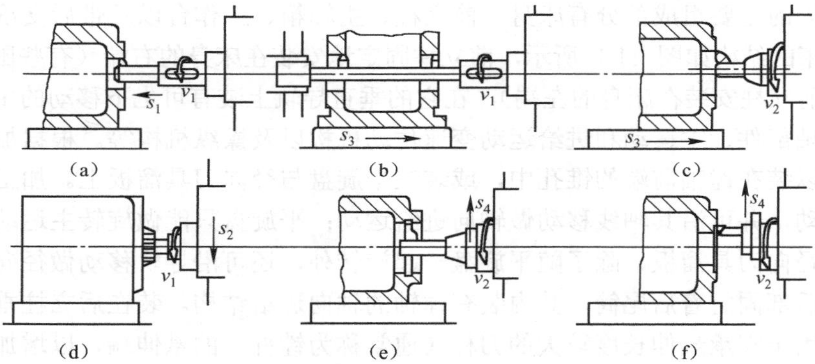


图 11.2 卧式镗床的典型加工方法

卧式镗床加工时，主运动为镗轴和平旋盘的旋转；进给运动包括镗轴的轴向进给、平旋盘刀具溜板的径向进给、主轴箱的垂直进给、工作台的纵向和横向进给；辅助运动包括主轴箱、工作台等的进给运动上的快速调位移动、后立柱的纵向调位移动、后支承架的垂直调位移动、工作台的转位。

## 11.2 T68 卧式镗床的电气控制

T68 卧式镗床的运动情况比较复杂，控制电路中使用了较多的行程开关，它们都安装在床身的相应位置上，主电路只有两台电动机。T68 卧式镗床电气线路如图 11.3 所示，图 11.3（a）为主电路，图 11.3（b）为控制电路、照明和信号电路。表 11.1 为 T68 卧式镗床电器元件明细表。

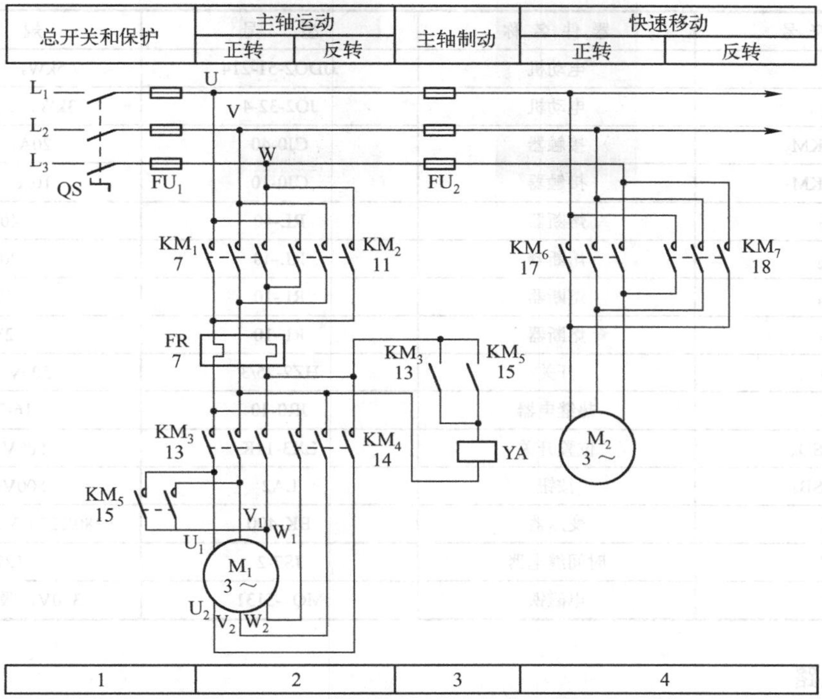


（a）主轴路

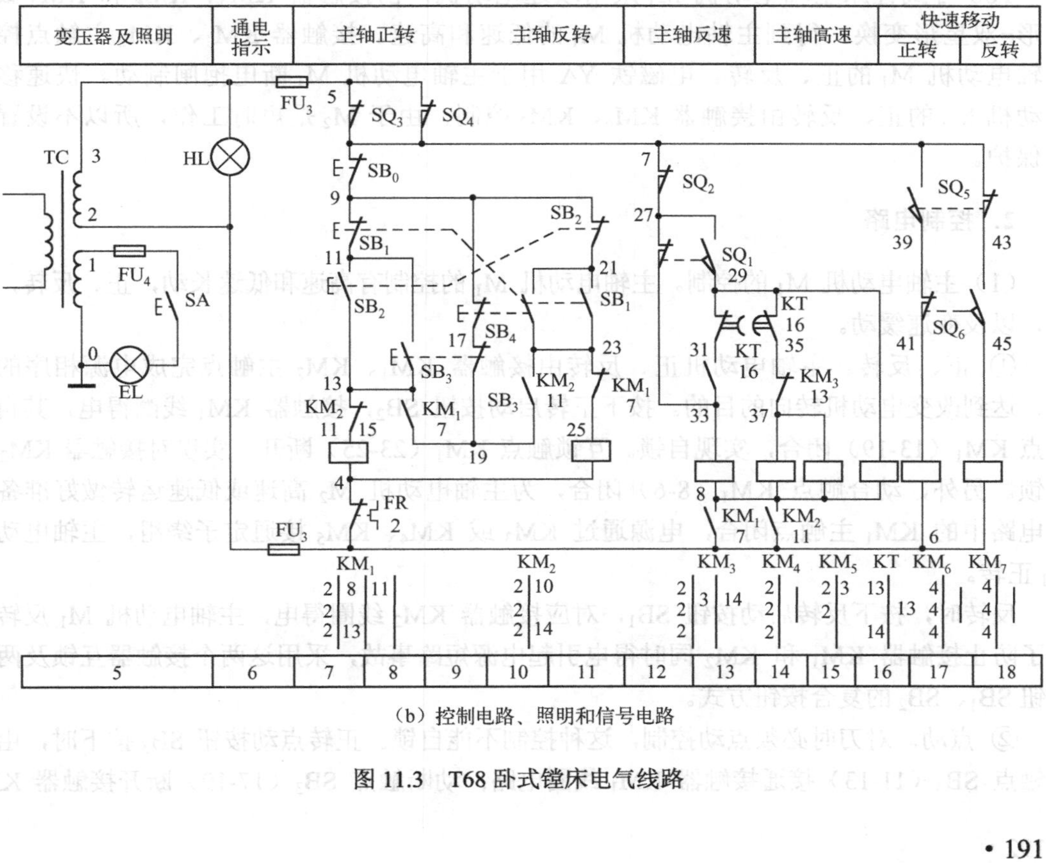


（b）控制电路、照明和信号电路

图 11.3　T68 卧式镗床电气线路

**表 11.1　T68 卧式镗床电器元件明细表**

| 文字符号 | 器件名称 | 型　号 | 规　格 |
|---|---|---|---|
| $M_1$ | 电动机 | JJDO2-51-214 | 7.5kW，900r/min |
| $M_2$ | 电动机 | JO2-32-4 | 3kW，1 430r/min |
| $KM_1$～$KM_5$ | 接触器 | CJ0-40 | 20A，127V |
| $KM_6$～$KM_7$ | 接触器 | CJ0-10 | 10A，127V |
| $FU_1$ | 熔断器 | RL-40 | 40V |
| $FU_2$ | 熔断器 | RL-40 | 20V |
| $FU_3$ | 熔断器 | RL-10 | 2V |
| $FU_4$ | 熔断器 | RL-10 | 2V |
| QS | 开关 | HZ2-25/3 | 500V，30A |
| FR | 热继电器 | JR0-40 | 16-25V |
| $SQ_1$～$SQ_6$ | 位置开关 | LX3-11K | 500V，5A |
| $SB_0$～$SB_4$ | 按钮 | LA2 | 500V，5A |
| TC | 变压器 | BK-400 | （380/127）V，36V，6.3V |
| KT | 时间继电器 | JS7-2 | 127V |
| YA | 电磁铁 | MQ1-5131 | 380V，吸力 78.5N |

### 1．主电路

T68 卧式镗床主轴电动机 $M_1$ 采用双速电动机，由接触器 $KM_3$、$KM_4$ 和 $KM_5$ 做三角形-双星形变换，得到主轴电动机 $M_1$ 的低速和高速。接触器 $KM_1$、$KM_2$ 主触点控制主轴电动机 $M_1$ 的正、反转。电磁铁 YA 用于主轴电动机 $M_1$ 断电抱闸制动。快速移动电动机 $M_2$ 的正、反转由接触器 $KM_6$、$KM_7$ 控制，由于 $M_2$ 是短时工作，所以不设置过载保护。

### 2．控制电路

（1）主轴电动机 $M_1$ 的控制。主轴电动机 $M_1$ 的控制有高速和低速长动，正、反转，点动，以及变速缓动。

① 正、反转。主轴电动机正、反转由接触器 $KM_1$、$KM_2$ 主触点完成电源相序的改变，达到改变电动机转向的目的。按下正转启动按钮 $SB_2$，接触器 $KM_1$ 线圈得电，其自锁触点 $KM_1$（13-19）闭合，实现自锁。互锁触点 $KM_1$（23-25）断开，实现对接触器 $KM_2$ 的互锁。另外，动合触点 $KM_1$（8-6）闭合，为主轴电动机 $M_2$ 高速或低速运转做好准备。主电路中的 $KM_1$ 主触点闭合，电源通过 $KM_3$ 或 $KM_4$、$KM_5$ 接通定子绕组，主轴电动机 $M_1$ 正转。

反转时，按下反转启动按钮 $SB_1$，对应接触器 $KM_2$ 线圈得电，主轴电动机 $M_1$ 反转。为了防止接触器 $KM_1$ 和 $KM_2$ 同时得电引起电源短路事故，采用这两个接触器互锁及两个按钮 $SB_1$、$SB_2$ 的复合按钮方式。

② 点动。对刀时必须点动控制，这种控制不能自锁。正转点动按钮 $SB_3$ 按下时，由动合触点 $SB_3$（11-13）接通接触器 $KM_1$ 线圈电路；动断触点 $SB_3$（17-19）断开接触器 $KM_1$

的自锁电路，使其无法自锁，从而实现点动控制。

反转点动按钮 $SB_4$ 同样有动合和动断触点各一对，利用这种复合按钮可以方便地实现点动控制。

③ 高、低速。主轴电动机 $M_1$ 为双速电动机，定子绕组为△接法（$KM_3$ 得电吸合）时，电动机低速旋转；为双 Y 接法（$KM_4$ 和 $KM_5$ 得电吸合）时，电动机高速旋转。电动机有 2 级调速，与变速箱有 9 级调速配合可得 18 级速度。高、低速的选择与转换由变速手柄和行程开关 $SQ_1$ 控制。

选择好主轴转速，将变速手柄置于相应低速位置，再将变速手柄压下，行程开关 $SQ_1$ 未被压合，$SQ_1$ 的触点不动作，由于主轴电动机 $M_1$ 已经选择了正转或反转，即 $KM_1$（8-6）或 $KM_2$（8-6）闭合，此时接触器 $KM_3$ 线圈得电，其互锁触点 $KM_3$（35-37）断开，实现对接触器 $KM_4$、$KM_5$ 的互锁。主电路中的 $KM_3$ 主触点闭合，一方面接通电磁抱闸线圈，松开机械制动装置，另一方面将主轴电动机 $M_1$ 定子绕组接成△接入电源，电动机低速运转。

主轴电动机高速运转时，为了减小启动时的机械冲击，在启动时，先将定子绕组接成低速连线（△连接），经适当延时后换接成高速运转。其工作情况是先将变速手柄置于相应高速位置，再将手柄压下，行程开关 $SQ_1$ 被压合，其动断触点 $SQ_1$（27-33）断开，动合触点 $SQ_1$（27-29）闭合。时间继电器 KT 线圈得电，它的延时触点暂不动作，但 KT 的瞬动触点 KT（31-33）立即闭合，接触器 $KM_3$ 线圈得电，电动机 $M_1$ 定子接成△，低速启动。经过一段延时（启动完毕），延时触点 KT（29-31）断开，接触器 $KM_3$ 线圈断电，电动机 $M_1$ 解除△连接；延时触点 KT（29-35）闭合，接触器 $KM_4$、$KM_5$ 线圈得电，主电路中的 $KM_4$、$KM_5$ 主触点闭合，一方面接通电磁抱闸线圈、松开机械制动装置，另一方面将主轴电动机 $M_1$ 定子绕组连接成双 Y 接入电源，电动机高速运转。

④ 制动。主轴电动机 $M_1$ 采用电磁抱闸制动，该线路属于断电制动型，即当 $KM_3$ 或 $KM_5$ 任一动合触点闭合时，电磁抱闸线圈 YA 得电，吸动衔铁使闸瓦和闸轮分开，因电动机轴与闸轮连在一起，所以电动机轴也松开，能够自由转动。当电磁抱闸线圈 YA 断电时，在弹簧力的作用下，闸瓦与闸轮紧紧抱在一起，电动机的轴也无法自由旋转，电动机被迫停转。

⑤ 变速冲动。变速冲动是 T68 卧式镗床在运转过程中进行变速时，为了使齿轮更好地啮合而设置的一种控制。其工作情况是如果运转中要变速，不必按下停车按钮，而是将变速手柄拉出，这时行程开关 $SQ_2$ 被压，触点 $SQ_2$（7-27）断开，接触器 $KM_3$、$KM_4$、$KM_5$ 线圈全部断电，无论电动机 $M_1$ 原来工作在低速（接触器 $KM_3$ 主触点闭合，△连接），还是工作在高速（接触器 $KM_4$、$KM_5$ 主触点闭合，双 Y 连接），都断电停车，同时因 $KM_3$ 和 $KM_5$ 线圈断电，故电磁抱闸线圈 YA 断电，电磁抱闸对电动机 $M_1$ 进行机械制动。这时可以转动变速操作盘，选择所需转速，然后将变速手柄推回原位。

若手柄可以推回原处，则行程开关 $SQ_2$ 复位，$SQ_2$（7-27）触点闭合，此时无论是否压下行程开关 $SQ_1$，主轴电动机 $M_1$ 都以低速启动，便于齿轮啮合，然后过渡到新选定的转速下运行。若因顶齿而使手柄无法推回原处时，可来回推动手柄，通过手柄运动中压合、释放行程开关 $SQ_2$，使电动机 $M_1$ 瞬间得电、断电，产生冲动，使齿轮在冲动过程中很快啮合，将手柄推上。这时变速冲动结束，主轴电动机 $M_1$ 在新选定的转速下转动。

（2）快速移动电动机 $M_2$ 的控制。T68 卧式镗床快速移动的对象较多，但拖动快速移动的电动机只有 $M_2$，被拖动对象的确定，取决于机械传动结构的不同。它们是由手柄操作来选择的，如镗头架在前立柱垂直导轨上升降快速移动，工作台快速移动，尾架快速移动和后立柱快速移动。

以上快速移动操作相应的手柄，压下 $SQ_5$ 或 $SQ_6$，使接触器 $KM_6$ 或 $KM_7$ 线圈得电，主电路快速移动电动机 $M_2$ 正转或反转，通过机械传动装置，拖动它们快速移动。到达指定位置后，将操作手柄扳回零位，行程开关 $SQ_5$ 或 $SQ_6$ 复位，接触器 $KM_6$ 或 $KM_7$ 线圈断电，主触点释放，快速移动电动机 $M_2$ 停止，快速移动工作结束。

（3）照明与信号电路。照明电灯 EL 由变压器 TC 降压至 36V 供电，由手动开关 SA 控制。$FU_4$ 为照明线路的短路保护。为安全用电，照明灯一端应正确接地。

信号灯 HL 并联在控制电路上，经变压器 TC 降压至 127V 供电，HL 指示电路是否有电，以便开始控制操作。

## 11.3 T612 镗床的电气控制

T612 镗床的电气控制主电路如图 11.4（a）所示，其控制电路如图 11.4（b）所示。

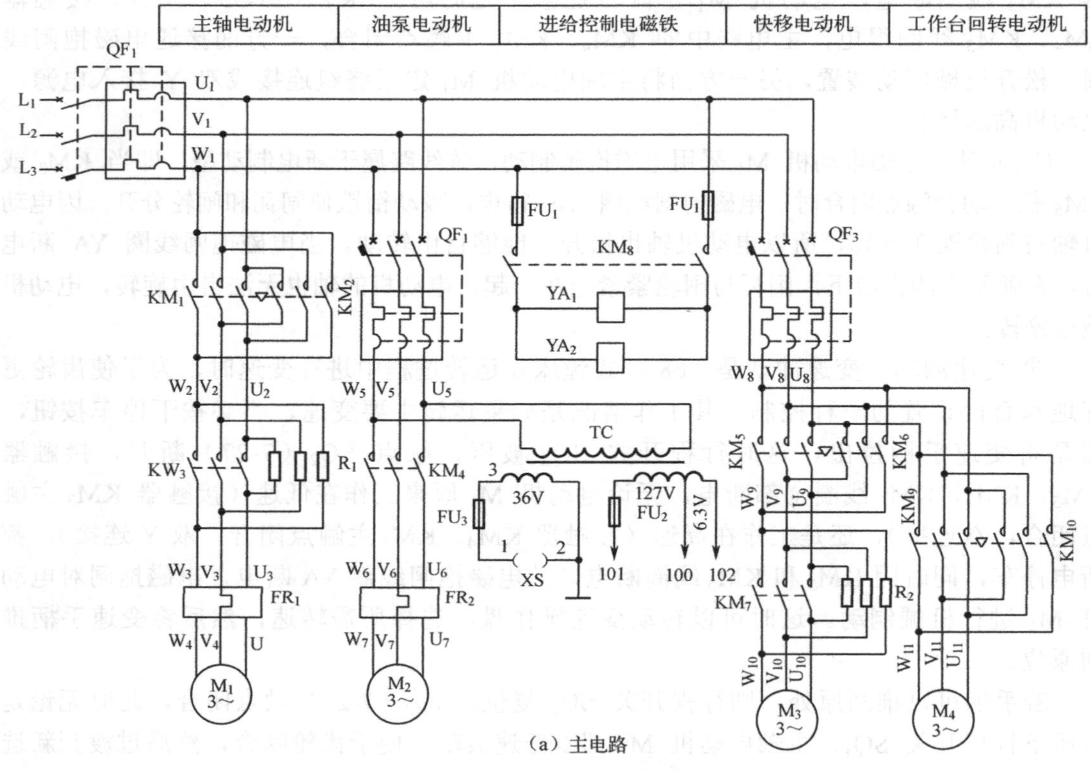

（a）主电路

图 11.4 T612 镗床电气控制图

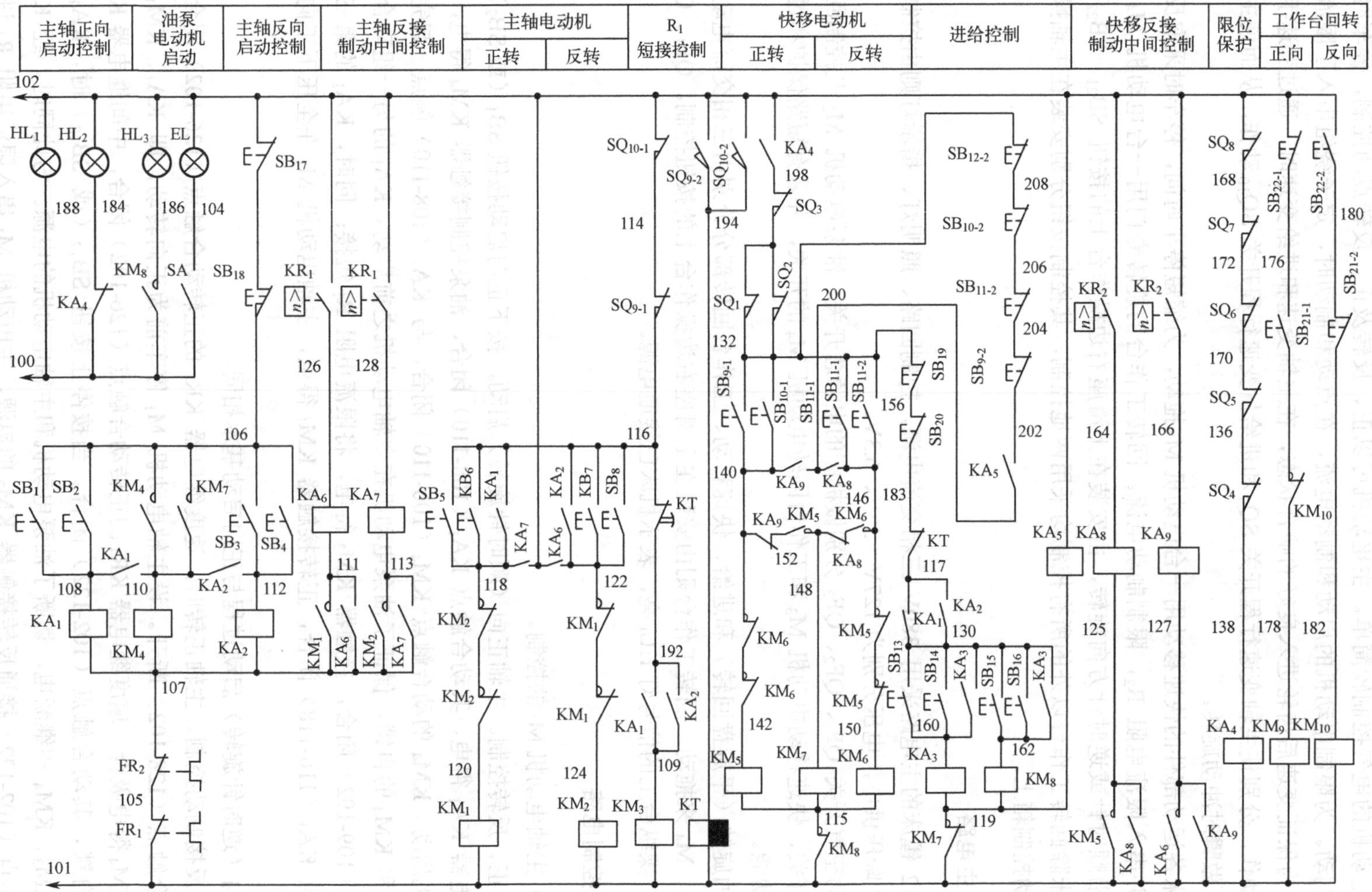

（b）控制电路

图 11.4　T612 镗床电气控制图（续）

机床主运动和进给运动共用一台电动机 $M_1$ 来拖动，采用机械滑移齿轮有级变速系统，因而主电动机的电气控制较简单。主电动机可以正、反转及正、反转点动控制，停车时采用反接制动。为限制电动机的启动和制动电流，在点动和制动时，定子绕组串入了限流电阻 $R_1$。为保证变速后齿轮进入良好的啮合状态，在主轴变速和进给变速时，通过变速手柄的冲击动作，分别使主轴变速行程开关 $SQ_9$ 和进给量变速行程开关 $SQ_{10}$ 动作，从而使主电动机 $M_1$ 做瞬时冲动旋转。

机床各运动部件的快速移动用一台电动机 $M_3$ 拖动，为缩短停车时间，停车时采取反接制动，并串入限流电阻 $R_2$，限制制动电流。回转工作台的旋转专门用一台电动机 $M_4$ 拖动，可沿顺时针或逆时针方向旋转，由安装在上滑座右边操作台上的按钮 $SB_{21}$、$SB_{22}$ 控制。机床除回转工作台以外的所有控制均采用两地控制，其控制按钮分别安装在主轴操纵台和移动控制箱上。

### 1．主电路

T612 镗床的主电路采用 380V 三相交流电源，控制回路、照明灯、指示灯则由控制变压器 TC 降压供电，电压分别为 127V、36V、6.3V。

自动空气开关 $QF_1$、$QF_2$、$QF_3$ 分别做机床的电源总开关、油泵电动机 $M_2$ 及控制回路电源的开关、快速移动电动机 $M_3$ 和工作台回转电动机 $M_4$ 的开关，并兼有短路保护和过载保护的功能。

主轴旋转（平旋盘回转）和进给、快速移动、工作台回转部分分别由三相交流电动机 $M_1$、$M_3$、$M_4$ 来拖动。回转工作台则由安装在上滑座右边操作台上的按钮控制。$QF_1$、$QF_2$ 接通时，操纵台上的信号灯 $HL_1$ 亮，表示机床已接通电源。

### 2．控制电路

（1）主轴电动机 $M_1$ 的控制。

① 正、反转控制。主轴正向（顺时针旋转）启动，按下正向启动按钮 $SB_1$（或 $SB_2$），中间继电器 $KA_1$ 得电，其动合触点 $KA_1$（108-110）闭合，油泵控制接触器 $KM_4$ 得电，油泵电动机启动。$KM_4$ 的动合触点 $KM_4$（106-110）闭合，与 $KA_1$（108-110）触点一起完成对 $KA_1$ 和 $KM_4$ 的自锁，保证了油泵电动机在主轴电动机之前启动。$KA_1$ 的另一组动合触点 $KA_1$（109-192）闭合，接触器 $KM_3$ 得电，将限流电阻 $R_1$ 短接；同时，$KA_1$ 的第三组动合触点 $KA_1$（116-118）闭合，正转接触器 $KM_1$ 得电，主轴电动机 $M_1$ 在全压下正向启动运行。

反向（逆时针旋转）启动过程与正向启动基本相同。

② 反接制动控制。主轴正转时，速度继电器 $KR_1$ 的正转动合触点（126-102）闭合，反转动合触点（128-102）断开。设主轴电动机 $M_1$ 停车前为正向转动，即 $KA_1$、$KM_1$、$KM_3$、$KM_4$ 得电吸合，速度继电器 $KR_1$ 的正转动合触点（126-102）闭合，中间继电器 $KA_6$ 得电并自锁，其动合触点（102-122）闭合。当按停止按钮 $SB_{17}$（或 $SB_{18}$）时，$KA_1$、$KM_1$、$KM_3$、$KM_4$ 相继断电，切断了油泵电动机和主轴电动机的电源。与此同时，经 $KA_6$ 的动合触点（102-122）接通反转接触器 $KM_2$ 的电源，主电动机 $M_1$ 串入限流电阻 $R_1$ 进行反接制动。当电动机转速下降到速度继电器的复位转速时，其正转动合触点 $KR_1$（126-

102）断开，$KA_6$和$KM_2$相继断电，主轴电动机制动结束。

③ 点动控制。在正向点动控制中，按下正向点动控制按钮 $SB_5$（或 $SB_6$）时，正转接触器 $KM_1$得电，三相电源经 $KM_1$主触点、限流电阻 $R_1$接入电动机 $M_1$，电动机低速正向旋转。松开 $SB_5$（或 $SB_6$），电动机即通过正转动合触点 $KR_1$（126-102）、中间继电器 $KA_6$、反转接触器 $KM_2$制动停车。

（2）进给控制。本机床的进给运动与主轴运动共由一台电动机 $M_1$ 来拖动，主电动机 $M_1$通过进给箱，按进给手柄的位置带动相应的主轴箱、工作台等做进给运动。可见，进给运动是在主电动机 $M_1$已经启动，即中间继电器 $KA_1$（或 $KA_2$）、接触器 $KM_1$（或 $KM_2$）和 $KM_3$已经吸合，主轴或平旋盘正在旋转的基础上进行的。按下自动进给按钮 $SB_{13}$（或 $SB_{14}$），继电器 $KA_3$得电并自锁，$KA_3$的动合触点（162-130）闭合，接通接触器 $KM_8$线圈的电源，使牵引电磁铁 $YA_1$、$YA_2$得电吸合，进给信号灯 $HL_3$亮，表明自动进给开始；当按下点动进给按钮 $SB_{15}$（或 $SB_{16}$）时，接触器 $KM_8$吸合，但不能自锁，牵引电磁铁 $YA_1$、$YA_2$吸合，点动进给开始。松开 $SB_{15}$（或 $SB_{16}$）时，$KM_8$、$YA_1$、$YA_2$相继断电，点动进给即停止。

（3）主轴变速与进给量变换的控制。本机床主轴及进给的各种速度是通过变速操纵盘进行调节的，它不但可在停车时进行变速，而且在运行中也可变速。变速时，主轴电动机 $M_1$可获得瞬时冲动，以利于齿轮啮合。

主轴变速时，将主轴变速操纵盘手柄拉出，这时，与变速手柄有机械联系的行程开关 $SQ_9$受压动作，其动断触点 $SQ_{9-1}$（116-114）瞬时断开，接触器 $KM_1$、$KM_3$断电释放；$SQ_9$的动合触点 $SQ_{9-2}$（194-102）闭合，时间继电器 KT 得电。此时速度继电器 $KR_1$的正转动合触点（126-102）由于电动机仍在旋转而闭合，继电器 $KA_6$吸合，接触器 $KM_2$吸合，主回路串入限流电阻 $R_1$ 对 $M_1$ 进行反接制动。当主轴电动机的转速接近零时，$KR_1$（126-102）断开，主轴电动机 $M_1$ 停止。这时，就可以旋转变速操纵盘，进行转速选择。转速选好后，再把变速手柄推合上，行程开关 $SQ_9$复位，其动断触点 $SQ_{9-1}$（116-114）闭合，使接触器 $KM_1$得电，$M_1$串电阻启动；同时，$SQ_9$的动合触点 $SQ_{9-2}$（194-102）断开，时间继电器 KT 断电释放，其延时闭合的动断触点 KT（192-116）经 1～2s 延时后闭合，使接触器 $KM_3$吸合，短接电阻 $R_1$，主轴按新选择的转速做正向转动。

如果齿轮啮合不好，则应将变速手柄拉出，做冲击动作，使行程开关 $SQ_9$ 的触点（116-114）做瞬时闭合，主轴电动机 $M_1$做瞬时旋转，直到齿轮啮合良好为止。

进给量变换的工作过程与主轴变速基本相同。

（4）快速移动电动机 $M_3$的控制。正向快速移动时，当按下按钮 $SB_9$（或 $SB_{10}$）时，正转接触器 $KM_5$和控制接触器 $KM_7$得电吸合，快速移动电动机 $M_3$全压运行，带动工作部件快速移动。同时，速度继电器 $KR_2$ 的正转动合触点（164-102）闭合，继电器 $KA_8$ 得电吸合，其动合触点（146-200）闭合，动断触点（146-154）断开，为停车时反接制动做好准备。当松开 $SB_9$（或 $SB_{10}$）时，接触器 $KM_5$、$KM_7$ 断电切断电动机 $M_3$ 的电源。与此同时，继电器 $KA_5$得电吸合，其动合触点 $KA_5$（200-202）闭合，接通反转接触器 $KM_6$的电源，电动机 $M_3$串入限流电阻 $R_2$反接制动。当 $M_3$快速制动下降到接近零时，$KR_2$的正转动合触点 $KR_2$（164-102）断开，$KA_8$ 和 $KM_6$ 相继断电释放，$M_3$ 制动结束，实现了快速停车。

（5）工作台回转电动机 $M_4$ 的控制。按下按钮 $SB_{21}$（或 $SB_{22}$）时，接触器 $KM_9$（或 $KM_{10}$）得电吸合，电动机 $M_4$ 带动工作台正向（或反向）回转。

（6）互锁及保护电路。由行程开关 $SQ_1$ 和 $SQ_2$ 组成工作台横向进给或主轴箱进给与主轴或平旋盘进给的互锁电路。当两种进给同时发生时，$SQ_1$ 和 $SQ_2$ 都断开，切断有关的进给控制电路，保证两种进给不会同时发生，避免了机床和刀具的损坏。

为防止加工时因进给量过大损坏设备和工件，在进给量超过极限时，使总保险摩擦离合器滑动，带动行程开关 $SQ_3$ 动作，切断接触器 $KM_8$ 的电源，从而牵引电磁铁 $YA_1$、$YA_2$ 断电释放，进给运动停止，起到自动保护作用。

此外，通过中间继电器 $KA_4$ 和行程开关 $SQ_4$、$SQ_5$、$SQ_6$、$SQ_7$、$SQ_8$ 组成限位保护电路。其中 $SQ_4$ 用于限制上滑座移动行程；$SQ_5$ 用于限制下滑座移动行程；$SQ_6$ 用于限制主轴返回行程；$SQ_7$ 用于限制主轴伸出移动行程；$SQ_8$ 用于限制主轴行程。这些行程开关的任一个动作，都使进给及快速移动的控制电路切断。

本机床在主轴变速和进给量变换时，不允许有进给运动发生。为此，在变速时，通过时间继电器 KT 的瞬动动断触点 KT（117-183）切断进给控制电路。

本机床可动部件的快速移动和机床的进给运动不允许同时发生，电路上是通过接触器 $KM_8$ 的动断触点 $KM_8$（101-115）和 $KM_7$ 的动断触点 $KM_7$（101-119）实现互锁的。

## 习　题　11

**简答题**

11.1　T68 卧式镗床的主轴电动机 $M_1$ 是一台双速异步电动机，当电动机低速和高速运转时，定子绕组分别是如何连接的？

11.2　T68 卧式镗床的主轴采用什么制动。

11.3　T68 镗床的主轴电动机 $M_1$ 是为什么运动提供动力？

11.4　简述 T68 卧式镗床主轴变速冲动工作过程。

11.5　T612 镗床主电路有几台电动机？分别起什么作用？

11.6　T612 主轴电动机是如何进行反接制动控制的？

11.7　T612 镗床电路中 $SQ_2$ 起什么作用？

# 第 12 章　铣床的电气控制

铣床可以加工平面（水平面、垂直面等）、沟槽（键槽、T 形槽、燕尾槽等）、分齿零件（齿轮、链轮、棘轮、花轮轴等）、螺旋形表面（罗纹、螺旋槽）及各种曲面。此外，还可以用于对回旋体表面及内孔进行加工，以及进行切断工作等。

铣床的种类很多，根据构造特点及用途分，主要类型有：升降台式铣床、工具铣床、工作台不升降铣床、龙门铣床、仿形铣床。此外，还有仪表铣床、专门化铣床（包括键槽铣床、曲轴铣床、凸轮铣床）等。

## 12.1　万能铣床的主要结构与运动形式

万能铣床的结构如图 12.1 所示。万能铣床的床身固定在底座上，用于安装与支承机床各部件。在床身内装有主轴部件、主传动装置及其变速操纵机构等。床身顶部的导轨上装有悬梁，可沿水平方向调整其前后位置，悬梁上的支架用于支承刀杆的悬伸端，以提高刀杆刚性。升降台安装在床身前侧面的垂直导轨上，可上下（称垂直）移动。升降台内装有进给运动和快速移动传动装置，以及操纵机构等。升降台的水平导轨上装有床鞍，可沿平行于主轴的轴线方向（称横向）移动。工作台经过回旋盘装在床鞍上，这样工作台可以沿垂直于主轴轴线方向（称纵向）移动。固定在工作台上的工件，通过工作台、回旋盘、床鞍及升降台，可以在相互垂直的 3 个方向实现任一方向的调整或进给运动。回转盘可以绕垂直轴在$\pm 45^{\circ}$范围内调整一定角度，使工作台能沿该方向进给，因此这种铣床除了能够完成卧式升降台铣床的各种铣削加工外，还能够铣削螺旋槽。

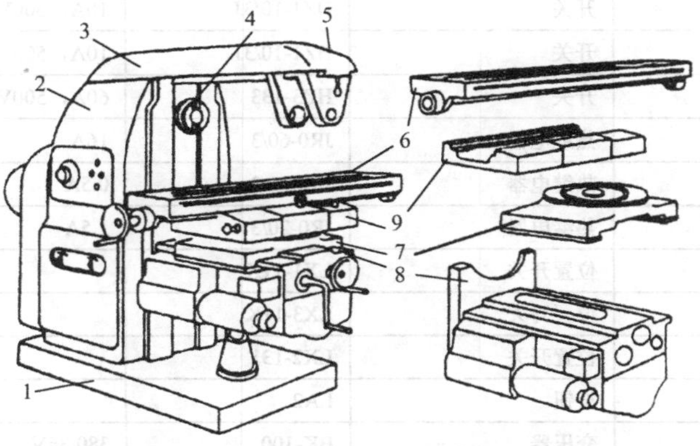


1—底座；2—床身；3—悬梁；4—主轴；5—支架；6—工作台；7—床鞍；8—升降台；9—回旋盘

图 12.1　万能铣床结构

铣床工作时的主运动是铣刀的旋转运动。在大多数铣床上，进给运动是由工件垂直于铣刀轴线方向的直线运动来完成的；在少数铣床上，进给运动是工件的回转运动或曲线运动。为了适应加工不同形状和尺寸的工件，铣床保证工件与铣刀之间可在相互垂直的 3 个方向上调整位置，并根据加工要求，在其中任一方向实现进给运动。在铣床上，工作进给和调整刀具与工件相对位置的运动，根据机床类型不同，可由工件或分别由刀具及工件来实现。

万能铣床加工时的运动情况如下：

主运动：铣刀的旋转。

进给运动：工作台的上、下、左、右、前、后运动。

辅助运动：工作台的上、下、左、右、前、后方向上的快速运动。

## 12.2 X62W 万能铣床的电气控制

X62W 万能铣床是自动化程度比较高、功能多的机械加工机床，采用三台电动机拖动。X62W 万能铣床的电气线路如图 12.2 所示，表 12.1 为其电器元件明细表。

表 12.1 X62W 万能铣床电器元件明细表

| 文字符号 | 器件名称 | 型　号 | 规　格 |
|---|---|---|---|
| $M_1$ | 电动机 | JO2-51-4 | 7.5kW，1 450r/min |
| $M_2$ | 电动机 | JO2-22-4 | 1.5kW，1 410r/min |
| $M_3$ | 电动机 | JCB-22 | 0.125 kW，2 790r/min |
| $KM_1$ | 接触器 | CJ0-20 | 20A，100V |
| $KM_2$～$KM_4$ | 接触器 | CJ0-10 | 10A，110V |
| $FU_1$ | 熔断器 | RL1-60 | 60A |
| $FU_2$～$FU_4$ | 熔断器 | RL1-15 | 5A |
| $FU_5$ | 熔断器 | RL1-15 | 1A |
| $QS_1$ | 开关 | HZ1-60/3J | 60A，500V |
| $QS_2$ | 开关 | HZ1-10/3J | 10A，500V |
| $SA_1$、$SA_2$ | 开关 | HZ1-10/3J | 10A，500V |
| $SA_3$ | 开关 | HZ3-133 | 60A，500V |
| $FR_1$ | 热继电器 | JR0-60/3 | 16A |
| $FR_2$ | 热继电器 | JR0-20/3 | 0.5A |
| $FR_3$ | 热继电器 | JR0-20/3 | 1.5A |
| $SQ_1$ | 位置开关 | LX1-11K | |
| $SQ_2$ | 位置开关 | LX3-11K | |
| $SQ_3$～$SQ_6$ | 位置开关 | LX2-131 | |
| $SB_1$～$SB_6$ | 按钮 | LA2 | |
| $T_2$ | 变压器 | BK-100 | 380/36V |
| TC | 变压器 | BK-150 | 380/110V |
| $T_1$ | 变压器 | BK-50 | 380/24V |
| VC | 整流器 | 4X2ZC | |
| $YC_1$～$YC_3$ | 电磁离合器 | 定做 | |

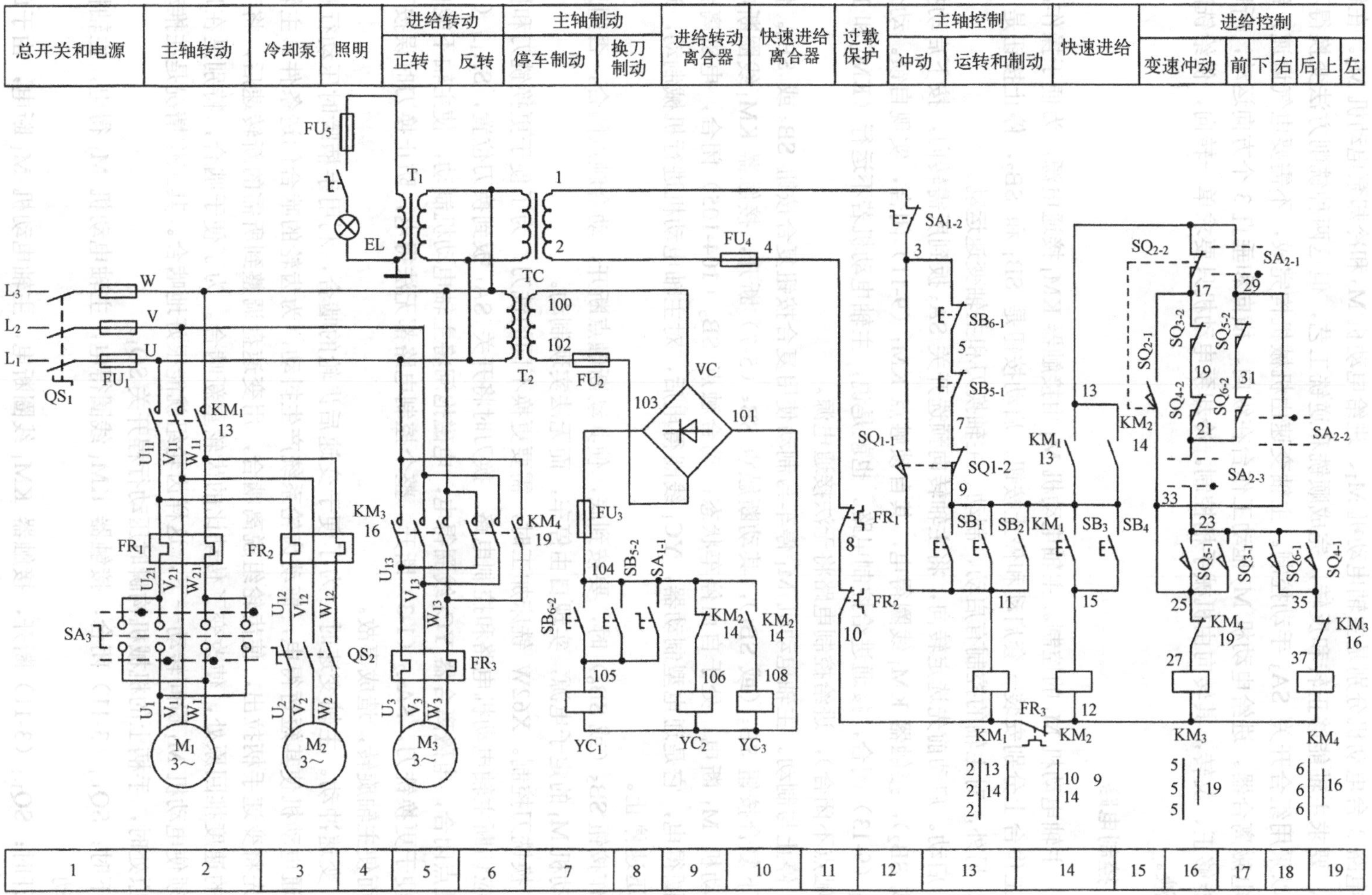


图 12.2 X62W 万能铣床的电气线路

### 1．主电路

主电路 3 台电动机分别是主轴电动机 $M_1$、进给电动机 $M_2$ 和冷却泵电动机 $M_3$。在铣削加工时，要求主轴能够正转和反转，完成顺铣和逆铣工艺，但这两种铣削方法变换得不频繁，所以采用组合开关 $SA_3$ 手动控制。主轴变速由机械机构完成，不需要电气调速，制动时采用电磁离合器。进给电动机 $M_2$ 拖动工作台在纵向、横向和垂直 3 个方向运动，所以要求 $M_2$ 能够正、反转，其转向由机械手柄控制。冷却泵电动机只要求单一转向，供给铣削用的冷却液。

### 2．控制电路

（1）主轴电动机 $M_1$ 的控制。主轴电动机 $M_1$ 由接触器 $KM_1$ 接通电源，为便于操作，在床身和工作台上分别安装一套启动和停止按钮，启动按钮是 $SB_1$ 和 $SB_2$，停止按钮是 $SB_5$ 和 $SB_6$。另外，对主轴的控制有启动、制动、主轴换刀和主轴变速运动。

① 启动。启动前先选定转向，将主轴转向预选开关 $SA_3$ 扳到所需转向，按下启动按钮 $SB_1$（或 $SB_2$），接触器 $KM_1$ 线圈得电，其自锁触点 $KM_1$（9-11）闭合，实现自锁。动合触点 $KM_1$（9-13）闭合，接通进给控制电路。也就是说，主轴电动机若不运行（$KM_1$ 和 $KM_2$ 的动合触点不闭合），进给控制电路将无法接通电源。

② 停止与制动。主轴电动机 $M_1$ 停车与制动使用复合按钮复合按钮 $SB_5$ 或 $SB_6$。停车时，按下复合按钮 $SB_5$（或 $SB_6$），其动断触点 $SB_5$（5-7）断开，接触器 $KM_1$ 线圈断电，主轴电动机 $M_1$ 断电，处于自由停车状态；动合触点 $SB_5$（104-105）闭合，电磁离合器 $YC_1$ 线圈得电，它是通电型制动器，$YC_1$ 线圈得电后，对主轴电动机进行机械制动，迫使电动机迅速停止。

操作按钮 $SB_5$（或 $SB_6$）时，要按到底，使其动断触点断开，动合触点闭合，否则只能切断电动机 $M_1$ 的定子电源，实现自由停车，而无法实现制动。

③ 换铣刀控制。X62W 铣床加工时，需要更换不同的铣刀，为了便于更换铣刀和操作安全，应切断主轴电动机电路和控制电路。换刀时将开关 $SA_1$ 扳到换刀位置，$SA_{1-1}$（104-105）触点闭合，电磁离合器 $YC_1$ 线圈得电，电磁抱闸将主轴电动机制动，使主轴不能自由转动，便于更换铣刀。$SA_{1-2}$（1-3）断开，整个控制电路都无法得电，防止换刀时误按下启动按钮而使主轴旋转，造成事故。

④ 变速冲动。主轴变速时，为了便于变速后齿轮的啮合，利用手柄瞬时压动行程开关，接通电动机使其短暂得电，拖动齿轮系统产生抖动，为齿轮的啮合创造条件。主轴变速时，先将变速手柄拉出，使齿轮组脱离啮合，用变速盘调整到所需的新转速后，将手柄以较快的速度推回原处，使改变了传动比的齿轮重新啮合。为了便于啮合，特别是在顶齿时，必须使电动机 $M_1$ 瞬间转动一下，这样齿轮组就能很好地啮合。其工作情况是在推动手柄返回原处时，手柄上的机械机构瞬时压动行程开关 $SQ_1$。

压下时：$SQ_{1-1}$（3-11）闭合，接触器 $KM_1$ 线圈得电，主轴电动机 $M_1$ 得电，主轴机械系统转动。

松开时：$SQ_{1-1}$（3-11）断开，接触器 $KM_1$ 线圈断电，主轴电动机 $M_1$ 断电，由于此时主轴电动机 $M_1$ 没有制动，所以仍然以惯性转动，使齿轮系统抖动，此时推入手柄，齿轮将很顺利地啮合。

（2）进给电动机 $M_2$ 的控制。进给运动必须在主轴电动机启动后，方能进行控制。进给电动机拖动工作台实现上、下、左、右、前、后 6 个方向的运动，即纵向（左右）、横向（前后）和垂直（上下）3 个垂直方向的运动。通过机械操作手柄（纵向手柄和十字形手柄）控制 3 个垂直方向，利用电动机 $M_2$ 的正、反转实现每个垂直方向上两个相反方向的运动。

在工作台做进给运动时，是不能进行圆工作台运动的，即转换开关 $SA_2$ 扳到"工作台进给"位置，其各触点 $SA_{2-1}$（13-29）和 $SA_{2-3}$（21-23）闭合，而 $SA_{2-2}$（29-33）断开。

① 工作台纵向（左右）进给。工作台纵向进给运动必须扳动纵向手柄，它有左、中、右 3 个位置：中间位置对应停止；左、右位置对应机械传动链分别接入向左或向右运动方向，在电动机正、反转拖动下，实现向左或向右进给运动。

工作台向左运动时，将纵向手柄扳到"左"位置，机械上电动机的传动链与左右进给丝杆相连；电气上纵向手柄压下行程开关 $SQ_6$，其触点 $SQ_{6-1}$（23-35）闭合，接触器 $KM_4$ 线圈得电，互锁触点 $KM_4$（25-27）断开，实现对接触器 $KM_3$ 的互锁，主电路中的 $KM_4$ 主触点闭合，进给电动机 $M_2$ 反转，拖动工作台向左进给；$SQ_{6-2}$（21-31）断开时，实现纵向进给运动和垂直、横向进给运动的互锁，一旦此时扳动垂直、横向运动的十字形手柄，将会断开 $SQ_{3-2}$（17-19）或 $SQ_{4-2}$（19-21）电路，使任何进给运动都因断电而停止。

工作台停止运动只需要将纵向手柄扳回中间位置，此时 $SQ_5$ 释放，同时纵向机械传动链脱离，工作台停止左右方向的进给。

工作台向右运动时，将纵向手柄扳到"右"，机械传动与向左一样，但电气上压下行程开关 $SQ_5$，其触点 $SQ_{5-1}$（23-25）闭合，接触器 $KM_3$ 线圈得电，进给电动机 $M_2$ 正转，拖动工作台向左进给运动；同样，$SQ_{5-2}$（29-31）断开时，实现纵向进给运动和垂直、横向进给运动的互锁。

② 工作台横向（前后）和垂直（上下）进给。工作台横向和垂直进给运动必须扳动十字形手柄，它有上、下、左、右、中 5 个位置：中间位置对应停止；上、下位置对应机械传动链接入垂直传动丝杆；左、右位置对应机械传动链接入横向传动丝杆。在电动机 $M_3$ 的拖动下，完成上、下、前、后 4 个方向的进给运动。

工作台向上运动时，十字形手柄扳到"上"位置，机械传动系统接通垂直传动丝杆；电气上十字形手柄在"上"位置压下行程开关 $SQ_4$，其触点 $SQ_{4-1}$（23-35）闭合，接触器 $KM_4$ 线圈得电，互锁触点 $KM_4$（25-27）断开，实现对接触器 $KM_3$ 的互锁。主电路中 $KM_4$ 的主触点闭合，进给电动机 $M_2$ 反转，拖动工作台向上运动。若要求停止上升，只要把十字手柄扳回到中间位置即可。

工作台向下运动时，十字形手柄扳到"下"位置，机械传动系统接通垂直传动丝杆；电气上十字形手柄在"下"位置压下行程开关 $SQ_3$，其触点 $SQ_{3-1}$（23-25）闭合，接触器 $KM_3$ 线圈得电，互锁触点 $KM_3$（35-37）断开，实现对接触器 $KM_4$ 的互锁。主电路中 $KM_3$ 的主触点闭合，进给电动机 $M_2$ 反转，拖动工作台向下运动。若要求停止下降，只要把十字手柄扳回到中间位置即可。

工作台向后运动时，其工作过程与工作台向上运动一样，不同之处是十字手柄扳到"右"（后）位置。机械传动接通横向传动丝杆，手柄压下 $SQ_4$，进给电动机 $M_2$ 反转，拖动工作台向后进给。

工作台向前运动时，其工作过程与工作台向上运动一样，不同之处是十字手柄扳到“左”（前）位置。机械传动接通横向传动丝杆，手柄压下 $SQ_3$，进给电动机 $M_2$ 正转，拖动工作台向前进给。

③ 终端保护。工作台前、后、左、右、上、下 6 个方向的进给运动都有终端保护装置。左、右进给运动是纵向进给运动终端保护，在工作台上安装左右终端撞块，当左、右进给运动达到极限位置时，撞击操作手柄，使手柄回到中间位置，从而达到终端保护目的。

工作台上、下、左、右进给运动的终端保护，是利用固定在床身上的挡块，当工作台运动到极限位置时，挡块撞击十字手柄，使其回到中间位置，工作台停止运动，从而实现终端保护。

④ 互锁。工作台 6 个方向的运动，在同一时刻只允许一个方向有进给运动，这就存在互锁问题，X62W 万能铣床的控制线路中，采用机械和电气方法实现。机械方法是使用两套操作手柄（纵向手柄和十字手柄），每个操作手柄的每个位置只有一种操作。如纵向手柄 3 个位置（左、中、右）本身就实现了左、右互锁，即手柄在左位置时，无法接通右运动，手柄扳到右位置时，左运动也就自然切断。十字手柄同样可以对上、下、前、后运动进行互锁。

电气互锁是由行程开关 $SQ_{3-2}$（29-31）、$SQ_{4-2}$（19-21）、$SQ_{5-2}$（29-31）、$SQ_{6-2}$（31-2）4 个动断触点机构完成的。在电气原理图中，$SQ_{3-2}$、$SQ_{4-2}$ 相串联，$SQ_{5-2}$、$SQ_{6-2}$ 相串联，然后两条支路再并联。纵向手柄控制 $SQ_{5-2}$、$SQ_{6-2}$，十字手柄控制 $SQ_{3-2}$、$SQ_{4-2}$，在扳到纵向手柄时，$SQ_{5-2}$ 或 $SQ_{6-2}$ 有一个已经断开，如果此时再扳动十字手柄，必然会导致 $SQ_{3-2}$ 或 $SQ_{4-2}$ 有一个断开，这样两条电路都会被切断，接触器 $KM_3$、$KM_4$ 不可能得电，电动机 $M_2$ 无法得电运转。

⑤ 快速移动。工作台在安装工件和对刀时，要求快速移动，以提高效率。X62W 万能铣床的快速移动是通过机械方法来实现的，按下快速进给按钮 $SB_3$（或 $SB_4$），接触器 $KM_2$ 线圈得电，动合触点 $KM_2$（9-13）闭合，接通进给控制电路，完成相应的进给运动。动断触点 $KM_2$（104-106）断开，电磁离合器 $YC_2$ 线圈断电，动合触点 $KM_2$（104-108）闭合，电磁离合器 $YC_3$ 线圈得电，快速移动传动系统接通，工作台在操作手柄控制的方向上快速移动。松开 $SB_3$（或 $SB_4$），电磁离合器 $YC_3$ 线圈断电，$YC_2$ 线圈得电，进给运动又恢复到原来的进给运动状态。

⑥ 变速冲动。进给变速与主轴变速控制一样，先外拉变速盘，调节好速度，再推回变速盘，在推回过程中，瞬时压下 $SQ_2$。在压下 $SQ_2$ 时，$SQ_{2-1}$（17-33）触点闭合，接触器 $KM_3$ 线圈得电，使进给电动机得电旋转。但 $SQ_2$ 很快被释放，$SQ_{2-1}$（17-33）触点断开，进给电动机断电停止。这种电动机瞬时得电旋转一下，可使齿轮系统抖动，变速后的齿轮更易于啮合。

⑦ 圆工作台进给运动。圆工作台进给运动是使工作台绕轴心回转，以便进行弧形加工。先将选择开关 $SA_2$ 扳到“圆工作台”位置，这时 $SA_{2-1}$（13-29）和 $SA_{2-3}$（21-33）断开，$SA_{2-2}$（29-33）闭合。工作台 6 个方向的进给运动都停止，主轴电动机启动后，接触器 $KM_3$ 线圈得电，其电流路径为：13→$SQ_{2-2}$→$SQ_{3-2}$→$SQ_{4-2}$→$SQ_{6-2}$→$SQ_{5-2}$→$SA_{2-2}$→$KM_4$ 动断

触点→$KM_3$ 线圈。$KM_3$ 线圈得电，主电路中的 $KM_3$ 主触点接通，进给电动机 $M_2$ 得电旋转，拖动工作台做圆工作台旋转。

### 3．照明控制

照明线路采用 24V 安全电压，手动开关控制，由 $FU_5$ 实现对照明线路的短路保护。

### 4．冷却泵电动机 $M_2$

冷却泵电动机 $M_2$ 在主轴电动机 $M_1$ 运转后，利用手动开关 $QS_2$ 控制，其过载保护由 $FR_2$ 实现。

## 习　题　12

**简答题**

12.1　X62W 万能铣床电路由哪些基本控制环节组成？

12.2　X62W 万能铣床是如何实现工作台向上运动控制的？

12.3　X62W 万能铣床控制电路中具有哪些互锁与保护？为什么要有这些互锁与保护？它们是如何实现的？

12.4　X62W 万能铣床中，主轴旋转工作时变速与主轴未转时变速其电路工作情况有何不同？

12.5　在 X62W 电路中若发生下列故障，请分析其故障原因：

（1）主轴停车时，正、反方向都没有制动作用。

（2）进给运动中，能向上、后、左运动，不能向前、右、下运动，也不能实现圆工作台运动。

（3）进给运动中，能向上、下、左、右、前运动，不能向后运动。

（4）进给运动中，能向上、下、右、前、后运动，不能向左运动。

12.6　主轴正、反转运行都很正常，但要停转时，按下停止按钮，主轴不停。是什么原因？

12.7　工作台垂直与横向进给都正常，但无纵向进给。是什么原因？

# 第 13 章　交流桥式起重机的电气控制

## 13.1　凸轮控制器

起重机又称为吊车或行车，是用来升降重物或水平移动重物的一种起重机械。桥式起重机按其起重量的不同，可分为单钩起重机和双钩起重机，其中常见的单钩起重机有 5t、10t，双钩起重机有 15/3t、20/5t 等。它们的起重吨位虽然不同，但其结构和运动情况是大致相同的。

凸轮控制器主要用于起重设备中控制小型绕线式转子异步电动机的启动、停止、调速、换向和制动，也适用于有相同其他电力拖动的场合，如卷扬机等。

### 1．凸轮控制器的结构与工作原理

（1）凸轮控制器的结构。常用的凸轮控制器外形、结构及符号如图 13.1 所示，它们都由静触点、动触点、杠杆、凸轮、转轴和手轮组成。

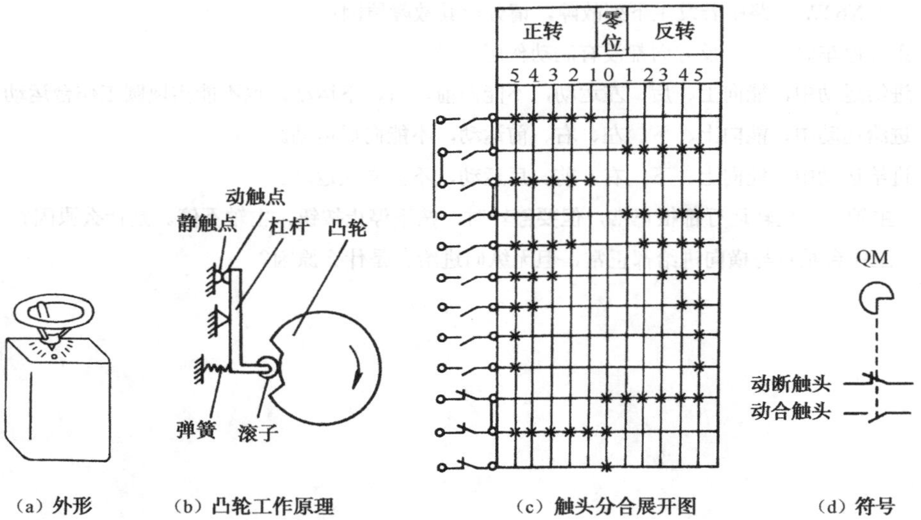


（a）外形　（b）凸轮工作原理　（c）触头分合展开图　（d）符号

图 13.1　KT12-25J 型交流凸轮控制器

（2）凸轮控制器的工作原理。凸轮控制器的转轴上套着很多（一般为 12 片）凸轮片，当手轮经转轴带动转位时，使触点断开或闭合。例如，当凸轮处于如图 13.1（b）所示位置时（滚子在凸轮的凹槽中），触点是闭合的；当凸轮转位而使滚子处于凸缘时，触点就断开。由于这些凸轮片的形状不相同，因此触点的闭合规律也不相同，因而实现了不同的控制要求。

手轮在转动过程中共有 11 个挡位，中间为零位，向左、向右都可以转动 5 挡。

### 2．触点分合展开图

由于凸轮控制器有 11 个挡位，凸轮形状又各不相同，为了表明凸轮控制器的触点分合情况，通常用展开图来表示，如图 13.1（c）所示。展开图中“正转”、“反转”和“零位”的“1”～“5”及“0”表示手轮的 11 个位置。展开图左边（有时画在中间）就是凸轮控制器上 12 个触点。触点的符号表示当手轮在零位时的通断状态，各触点在手轮的 11 个位置时有“×”或“・ ”表示触点是闭合的，无此标记表示断开。例如，手轮在正转“3”位置时，从上往下的触点 1，3，5，6 和 11 有记号“×”，它们是闭合的，而其余触点都处于断开状态。两触点之间有短接线的（如 1 和 4 的左边短画线）表示它们一直是接通的。

### 3．控制器型号意义

控制器型号意义如下：

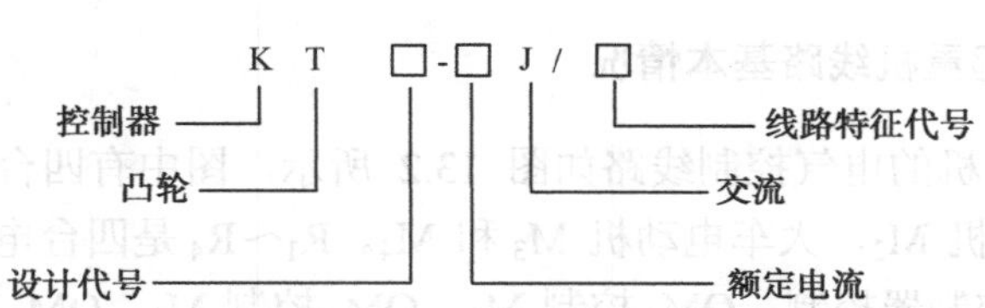


线路特征代号是为区别不同控制对象而设的。例如，在 KT12-25/J 系列中，“1”代表控制一台绕线式转子三相异步电动机；“2”代表控制两台绕线式转子三相异步电动机。

## 13.2 交流桥式起重机的结构及控制要求

### 1．交流桥式起重机的结构

桥式起重机主要由大车、小车和提升结构组成。大车的轨道安装在车间两侧的柱子上，桥架横跨车间，桥架两端有两台大车电动机。经传动机构同轴传动，使大车沿轨道在车间长度（左、右）方向上移动。小车安装在大车桥架的轨道上，由小车电动机经传动机构使其沿轨道在车间宽度（前、后）方向上移动。提升机构是一个装在小车上的绞车，由电动机带动绞车、钢绳和钩子运动，10t 以下的小型起重机只有一个钩子，15t 以上的起重机有两个钩子——主钩和副钩，两个钩子分别由主钩电动机和副钩电动机传动。控制屏和电动机的控制电阻安装在桥架上。桥架一端下方的驾驶室内有控制器和保护柜，驾驶室随大车在车间长度方向上移动。

考虑到桥式起重机的特殊工作情况，它不像一般用电设备那样固定连接导线，而必须使用滑触线和电刷的导电装置。滑触线通常由圆钢、角钢、V 形钢或工字钢制成，沿车间长度方向上敷设的叫主滑线，沿桥架敷设的叫辅滑线。电源由主滑线经电刷送到驾驶室的保护柜，再经辅滑线和电刷送到提升机构、小车上的电动机、电磁抱闸和转子电阻等。

### 2．桥式起重机对电气控制的要求

（1）重物应能沿着上、下、左、右、前、后方向移动，且能在立体方向上同时运动。

除向下运动外，其余五个方向的终端都应设置终端保护。

（2）要有可靠的制动装置，即使在停电的情况下，重物也不会因自重落下。

（3）应有较大的调速范围，在由静止状态开始运动时，应从最低速开始逐渐加速，加速度不能太大。

（4）为防止超载或超速时可能出现的危险，要有短时过载保护措施。一般采用过流继电器作为电路的过载保护。

（5）要有失压保护环节。

（6）要有安全措施，如遇检修人员通过驾驶室的舱顶或跨过横梁栏杆门时，应使电路切断，因此，这里应分别设置限位开关以确保安全。

## 13.3　10t 桥式起重机的电气控制

### 1．10t 桥式起重机线路基本情况

10t 桥式起重机的电气控制线路如图 13.2 所示，图中有四台绕线式电动机：提升电动机 $M_1$，小车电动机 $M_2$，大车电动机 $M_3$ 和 $M_4$。$R_1$～$R_4$ 是四台电动机的调速电阻。电动机转速要三只凸轮控制器控制：$QM_1$ 控制 $M_1$，$QM_2$ 控制 $M_2$，$QM_3$ 控制 $M_3$ 和 $M_4$。停车制动分别用制动器 $YB_1$～$YB_4$ 进行。

三相电源经刀开关 $QS_1$、线路接触器 KM 的主触点和过流继电器 $FA_0$～$FA_4$ 的线圈送到各凸轮控制器和电动机的定子。

扳动 $QM_1$～$QM_3$ 中的任一个，它的四副主触点能控制电动机的正、反转，中间五副触点能短接转子电阻以调节电动机的转速，大车电动机、小车电动机和提升电动机的转向和转速都能得到控制。

### 2．10t 桥式起重机控制小车工作情况

图 13.2 所示线路中 $M_2$ 是小车电动机，$R_2$ 是调速电阻，$YB_2$ 是制动电磁铁，KM 是线路接触器，$FA_0$ 与 $FA_2$ 是过流继电器，$SQ_6$ 是门开关的安全保护，$SA_1$ 是紧急停开关，SB 是启动按钮，$QM_2$ 是 KTJ1-50/1 型凸轮控制器，其中左面四副动合触点（1～4）用来控制电动机的正、反转，中间五副动合触点（5～9）用来切换电动机的转子电阻以启动和调节电动机的转速，最后面一副动合触点 12 作为零位保护用（此触点只有在零位时才接通），另两个触点（10，11）分别与两个终端限位开关 $SQ_3$ 及 $SQ_4$ 串联，作为终端保护用，触点 10 只有在零位和正转（向前）时是接通的；触点 11 只有在零位和反转（向后）时是接通的。

如果门开关 $SQ_6$ 和紧急开关 $SA_1$ 是闭合的，控制器放在零位，合上电源开关 QS 后，按下启动按钮 SB，接触器 KM 通电吸合并自锁。自锁回路有两条：分别为控制器触点 10 和 $SQ_3$、触点 11 和 $SQ_4$ 组成的两条回路。三相电源中有一相直接接电动机定子绕组。若将控制器放到正转 1 位，触点 1，3，10 闭合（此时 KM 仅经 $SQ_3$、触点 10 和自保触点通电），定子绕组通电，制动电磁铁 $YB_2$ 将制动器打开，转子接入全部电阻，电动机启动工作在最低转速挡。当控制器放在正转 2，3，4，5 各挡时，触点 5～9 逐个闭合，依次短接转子电阻，电动机运转速度越来越快。

QM₁ → $QM_1$

| 触点 \ 位置 | 向上 5 | 4 | 3 | 2 | 1 | 0 | 向下 1 | 2 | 3 | 4 | 5 |
|---|---|---|---|---|---|---|---|---|---|---|---|
| 1 | | | | | | | × | × | × | × | × |
| 2 | × | × | × | × | × | | | | | | |
| 3 | | | | | | | × | × | × | × | × |
| 4 | × | × | × | × | × | | | | | | |
| 5 | × | × | × | × | | | | × | × | × | × |
| 6 | × | × | × | | | | | | × | × | × |
| 7 | × | × | | | | | | | | × | × |
| 8 | × | | | | | | | | | | × |
| 9 | × | | | | | | | | | | × |
| 10 | | | | | | × | × | × | × | × | × |
| 11 | × | × | × | × | × | × | | | | | |
| 12 | | | | | | × | | | | | |

吊钩凸轮控制器触头闭合表

$QM_2$

| 触点 \ 位置 | 向后 5 | 4 | 3 | 2 | 1 | 0 | 向前 1 | 2 | 3 | 4 | 5 |
|---|---|---|---|---|---|---|---|---|---|---|---|
| 1 | | | | | | | × | × | × | × | × |
| 2 | × | × | × | × | × | | | | | | |
| 3 | | | | | | | × | × | × | × | × |
| 4 | × | × | × | × | × | | | | | | |
| 5 | × | × | × | × | | | | × | × | × | × |
| 6 | × | × | × | | | | | | × | × | × |
| 7 | × | × | | | | | | | | × | × |
| 8 | × | | | | | | | | | | × |
| 9 | × | | | | | | | | | | × |
| 10 | | | | | | × | × | × | × | × | × |
| 11 | × | × | × | × | × | × | | | | | |
| 12 | | | | | | × | | | | | |

小车凸轮控制器触头闭合表

$QM_3$

| 触点 \ 位置 | 向右 5 | 4 | 3 | 2 | 1 | 0 | 向左 1 | 2 | 3 | 4 | 5 |
|---|---|---|---|---|---|---|---|---|---|---|---|
| 1 | | | | | | | × | × | × | × | × |
| 2 | × | × | × | × | × | | | | | | |
| 3 | | | | | | | × | × | × | × | × |
| 4 | × | × | × | × | × | | | | | | |
| 5 | × | × | × | × | | | | × | × | × | × |
| 6 | × | × | × | | | | | | × | × | × |
| 7 | × | × | | | | | | | | × | × |
| 8 | × | | | | | | | | | | × |
| 9 | × | | | | | | | | | | × |
| 10 | × | × | × | × | | | | × | × | × | × |
| 11 | × | × | × | | | | | | × | × | × |
| 12 | × | × | | | | | | | | × | × |
| 13 | × | | | | | | | | | | × |
| 14 | × | | | | | | | | | | × |
| 15 | | | | | | × | × | × | × | × | × |
| 16 | × | × | × | × | × | × | | | | | |
| 17 | | | | | | × | | | | | |

大车凸轮控制器触头闭合表

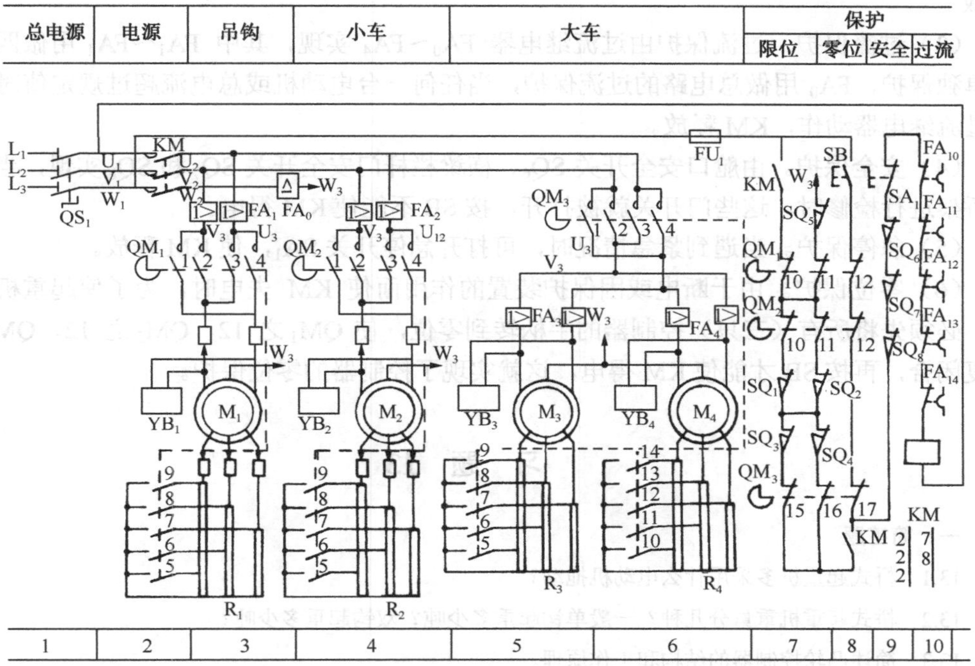

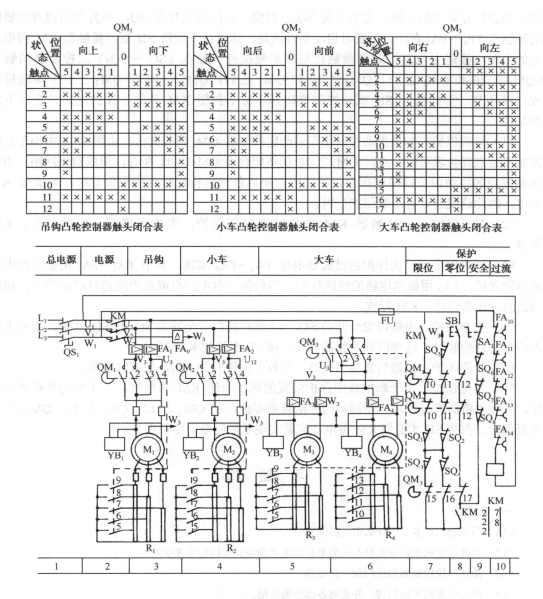

图 13.2　10t 桥式起重机控制线路

将控制器放在反转各挡的情况与放在正转各挡时相似（KM 经触点 11 及限位开关 $SQ_4$ 自保）。在运行中，若终端限位开关 $SQ_3$ 或 $SQ_4$ 被撞开，则 KM 线圈断电，电动机和制动电磁铁同时断电，制动器在强力弹簧下对电动机制动，迅速停车，若要重新启动电动机，必须先将凸轮控制器置零位，再按下按钮 SB，将控制器扳到反方向，电动机反向启动，退出极限位置。

### 3．保护电路

图 13.2 中坐标 7～10 是保护柜的电气原理图，其工作原理为：当三台电动机的控制器都置于零位时，坐标 8 上的三零位保护触点 $QM_1$ 之 12，$QM_3$ 之 12，$QM_3$ 之 17 都是接通

的。当急停开关 $SA_1$、舱口安全开关 $SQ_6$、横梁栏杆门安全开关 $SQ_7$、$SQ_8$ 和过流继电器的动断触点 $FA_0$～$FA_4$ 在闭合位置时启动条件满足，这时按下按钮 SB 后，接触器 KM 得电，它的主触点接通主电路，其辅助触点与终端限位开关触点（$SQ_1$～$SQ_5$）及控制器的触点（$QM_1$ 之 10 和 $QM_1$ 之 11，$QM_2$ 之 10 和 $QM_2$ 之 11，$QM_3$ 之 15 和 $QM_3$ 之 16）串联后形成自锁环节，因此松开 SB 或是控制器离开零位不会使 KM 释放。保护电路具有以下六个功能。

（1）终端保护。如果扳动控制小车的凸轮控制器 $QM_2$ 使其向前，由图 13.2 中小车凸轮控制器触点开合表可知，此时 $QM_2$ 之 10 仍然闭合而 $QM_2$ 之 11 断开，形成自保回路。由于运动方向的终端限位被串联在自保回路中，所以任何机构运行到极限位置时，均能使 KM 失电，因此该线路具有终端保护作用。

（2）欠压保护。由接触器 KM 本身实现欠压保护，当电压降到一定数值时，KM 释放。

（3）过流保护。过流保护由过流继电器 $FA_0$～$FA_4$ 实现，其中 $FA_1$～$FA_4$ 用做四台电动机单独保护，$FA_0$ 用做总电路的过流保护，当任何一台电动机或总电流超过规定值时，相应的过流继电器动作，KM 释放。

（4）安全保护。由舱口安全开关 $SQ_6$、横梁栏杆门安全开关 $SQ_7$ 和 $SQ_8$ 实现，当有人进入桥架进行检修时，这些门开关就被打开，按 SB 不能使 KM 得电。

（5）急停保护。当遇到紧急情况时，可打开急停开关 $SA_1$，使 KM 释放。

（6）零位保护。由于断电或因保护装置的作用而使 KM 失电时，为了使起重机重新工作，必须先将所有（三只）控制器的手柄转到零位，使 $QM_1$ 之 12，$QM_2$ 之 12，$QM_3$ 之 17 恢复闭合，再按 SB 才能使 KM 得电，这就实现了控制器的零位保护。

## 习　题　13

### 一、简答题

13.1　桥式起重机多采用什么电动机拖动？

13.2　桥式起重机重量分几种？一般单钩起重多少吨？双钩起重多少吨？

13.3　简述凸轮控制器的结构和工作原理。

13.4　简述交流起重机结构，并说明各部分的作用。

13.5　10t 起重机电气控制原理图中转子电阻的作用是什么？是根据什么短接电阻的？

13.6　10t 起重机电气控制原理图中有哪些保护措施？

# 参考文献

[1] 许谬．工厂电气控制设备．北京：机械工业出版社，2002

[2] 张冠生，丁明道．常用低压电器及应用（修订本）．北京：机械工业出版社，1994

[3] 郑凤翼，孙铁宸，孟庆涛．怎样看电工实用线路图．北京：人民邮电出版社，1996

[4] 武汉市教学研究室．机床维修电工．北京：高等教育出版社，1996

[5] 宋健雄．低压电器设备运行与维修．北京：高等教育出版社，1997

[6] 职业技能鉴定指导编审委员会．维修电工．北京：中国劳动出版社，1998

[7] 赵承荻．电机与电气控制．北京：高等教育出版社，2008

[8] 周希章．机床电路故障的诊断与维修．北京：机械工业出版社，2002

[9] 宋家成，张春雷．电气维修技术高手读本．济南：山东科学技术出版社，2002

[10] 张友汉，赵承荻．电气技师手册．福州：福建科学技术出版社，2004

[11] 程周．设备电气故障诊断与排除．北京：高等教育出版社，2007